华北中—新元古界
油气地质条件与勘探方向
图集

王铜山　方　杰　李秋芬　等著

石油工业出版社

内容提要

本图集汇总了华北中—新元古界区域构造、地层、沉积与岩相古地理、烃源岩、储层、含油气远景等六个方面成果图件，展示了三方面认识：指出华北克拉通深层发育大型陆内裂谷，控制华北中—新元古界油气成藏地质要素的发育；提出华北克拉通中—新元古界发育规模烃源灶、有效储层及成藏组合，元古宇—寒武系油气勘探具现实性；建议在古裂陷槽周缘寻找原生型油气藏，在潜山发育区寻找新生古储型油气藏。

本书可供从事石油地质专业的研究人员及高等院校相关师生参考使用。

图书在版编目（CIP）数据

华北中—新元古界油气地质条件与勘探方向图集 / 王铜山等著 .—北京：石油工业出版社，2021.11

ISBN 978-7-5183-4898-5

Ⅰ. ①华… Ⅱ. ①王… Ⅲ. ①元古宙－石油天然气地质－华北地区－图集 ②元古宙－油气勘探－华北地区－图集 Ⅳ. ① P618.130.8-64

中国版本图书馆 CIP 数据核字（2021）第 207024 号

审图号：GS（2021）7922 号

出版发行：石油工业出版社
（北京安定门外安华里 2 区 1 号　100011）
网　址：www.petropub.com
编辑部：（010）64523594　　图书营销中心：（010）64523633
经　　销：全国新华书店
印　　刷：北京中石油彩色印刷有限责任公司

2021 年 11 月第 1 版　2021 年 11 月第 1 次印刷
787×1092 毫米　开本：1/16　印张：15.75
字数：300 千字

定价：150.00 元
（如出现印装质量问题，我社图书营销中心负责调换）

华北中—新元古界油气地质条件与勘探方向

图 集

主要编写人员：王铜山　方　杰　李秋芬

主要编图人员：王铜山　方　杰　李秋芬　王　坤　马　奎
秦胜飞　赵振宇　杨　辉　罗顺社　李三忠
罗　平　张宝民　李　军　林　潼　周义军
张宏伟　王　鹏　李玺瑶　吕奇奇　王蓝军
孙琦森　谭　聪　袁　苗

FOREWORD

序

尽管中亚、北非等地区的元古宇已经取得油气重大发现，但在世界范围内这样古老的层系是否都具有勘探价值仍不明朗。我国学者早在20世纪70—80年代就开始了元古宇油气地质研究，但受资料限制，研究工作主要集中在四川盆地及周缘的震旦系和京津冀地区中元古界，研究重点是油苗、烃源岩及古油藏等。四川盆地震旦系—寒武系安岳特大型气田的发现，坚定了古老层系找油找气的信心，我国元古宇油气地质条件与勘探前景再次受到地质研究者与勘探家重视。

华北克拉通是全球中—新元古界保存最完整的地区之一，发育良好的古老烃源岩，并发现大量油苗，其勘探潜力备受关注，油气地质条件的研究也成为难点和热点。2016年中国石油勘探开发研究院设立超前基础研究项目，针对古老烃源岩是否有效、规模储层是否发育、成藏组合是否有利等关键问题开展研究，在华北中—新元古界残留盆地分布、油气地质条件、勘探领域方向等方面取得了重要进展。《华北中—新元古界油气地质条件与勘探方向图集》一书是王铜山博士带领研究团队，利用新的地质—地球物理分析技术，重新解译地质、地震、重磁电资料，开展了大量野外地质、地震解释、实验室分析及油气地质基础工作，历经5年的持续探索和攻关而完成。全书包含了华北中—新元古界区域构造、地层、沉积与岩相古地理、烃源岩、储层以及含油气远景六个方面的成果图件，展示了华北克拉通中—新元古代盆地原型恢复、岩相古地理重建、油气地质条件评价、勘探方向选择等方面的重要研究进展，揭示了裂谷发育区沉积充填序列、源储盖组合特征、有利成藏组合，初步评价了华北中—新元古界有利勘探方向和区带，为在鄂尔多斯、沁水、渤海湾等中—新生代盆地之下寻找勘探接替领域提供重要依据。

该图集是近年来对华北中—新元古界油气地质研究全面总结的最新成果，具有基础性、系统性和实用性，它的出版不仅对致力于基础地质和油气地质尤其是古老地层油气地质研究的科技工作者们大有裨益，也将在我国华北克拉通中—新元古界油气勘探中发挥更重要的指导和推动作用！

中国工程院院士：刘中建

2021年4月29日

PREFACE

前 言

世界范围内，中—新元古界等古老地层是重要的勘探领域，在中亚、北非等地区取得重大突破。中国学者早在20世纪70—80年代就开始了元古宇油气地质研究，但受资料限制，主要集中在四川盆地及周缘的震旦系和京津冀地区的中元古界。四川盆地震旦系—寒武系安岳特大型气田的发现，坚定了人们在古老层系找油找气的信心，中国元古宇—寒武系油气地质条件与勘探前景再次受到地质研究者与勘探家重视。那么，华北克拉通深层能否成为油气勘探的接替领域？鄂尔多斯、渤海湾、沁水等中—新生代盆地之下古老层系是否发育潜在的成藏组合和勘探有利区，都值得深入探索。

事实上，中国中—新元古界油气地质研究始于20世纪80年代，以王铁冠院士为代表开展了对燕山地区中—新元古界油气地质研究，认为燕山地区中—新元古界发育优质的烃源岩，且生烃阶段始终处于“液态窗”，有利于中—新元古界原生油气资源的保存。郝石生、赵澄林等对华北地区中—新元古界的油气地质特征做了系统总结，认为中—新元古界具有良好的原生油气远景。2012年，孙枢、王铁冠召集了以“中国东部中—新元古界沉积地层与油气资源”为主题的“第444次香山科学会议”，针对中—新元古界相关的科学问题进行了深度交流和研讨，并将会议成果结集出版《中国东部中—新元古界地质学与油气资源》。前辈专家的研究工作为进一步深入研究中国中—新元古界油气地质条件与勘探潜力奠定了坚实基础。

2016年，中国石油勘探开发研究院启动超前基础研究项目，针对制约华北地区中—新元古界勘探潜力评价的关键问题开展研究。项目组历经5年持续攻关，聚焦华北克拉通中—新元古界盆地原型恢复、岩相古地理重建、油气地质条件评价、勘探方向选择等难点问题，开展地质、地震、重力、磁力资料的重新处理和综合解译，刻画克拉通内裂谷形态及展布规模，重建华北中—新元古界关键时期的岩相古地理格局与裂陷槽内地层充填序列，围绕裂陷槽及其周缘生储盖匹配条件，评价烃源岩、储层及成藏组合特征，优选勘探领域有利区带。在大量工作的基础上，编撰完成本书。

本书汇总了华北中—新元古界区域构造、地层、沉积与岩相古地理、烃源岩、储层、含油气远景等六个方面成果图件，形成了三方面重要认识。

一是指出华北克拉通深层发育大型陆内裂谷，控制华北中—新元古界油气成藏地质要素的发育。中—新元古界华北克拉通存在多期裂谷事件，裂谷盆地继承发育。从长城纪早期开始，华北克拉通开始进入裂谷环境，克拉通大部分地区裂而不陷；到长城纪中期，华北克拉通广泛进入裂谷环境，发育巨厚沉积；长城纪晚期—蓟县纪，克拉通内裂谷盆地发育范围达到最大；新元古代开始裂谷的发育规模变小，受中元古代构造格局控制。华北克拉通中元古代经历“裂陷—坳陷”演化过程，裂谷盆地沉积序列两分特征明显，下部碎屑岩，上部碳酸盐岩。不同裂谷发育区在沉积环境、充填序列方面具有差异性、继承性特征，地层充填序列揭示裂谷发育晚期（坳陷期）形成烃源岩。

二是提出华北克拉通中—新元古界发育规模烃源灶、有效储层及成藏组合，元古宇—寒武系油气勘探具现实性。烃源岩方面，研究表明中—新元古界低等微生物繁盛，为有机质富集奠定物质基础。近克拉通水域发育强滞留水体的贫氧—缺氧环境和弱滞留水体的缺氧—硫化环境两类水体环境，促进有机质的保存和富集。间冰期 DOC 储库释放，有利于形成优质烃源岩。除燕辽裂谷串岭沟组、下马岭组，熊耳裂谷崔庄组，徐淮裂谷凤台组等烃源岩外，近期又发现多套中—新元古界黑色泥页岩，进一步夯实了华北克拉通前寒武系资源基础。储层方面，中—新元古界大气氧含量低，风化淋滤作用弱，储层物性总体偏差。持续埋藏和硅质胶结是造成长城系碎屑岩储层致密的主要原因；多期构造—成岩作用造成碳酸盐岩储集性能整体变差，非均质性强。整体上，从元古宇到古生界，风化强度加大，储层质量变好。成藏组合方面，元古宇—寒武系发育原生型、次生型两类成藏组合。在鄂尔多斯盆地，元古宇致密储层与烃源岩主生烃期不匹配，自生自储型组合成藏有效性差；下古生界直接覆盖在长城系之上，且与烃源岩主生烃期匹配好，元古宇—下古生界次生型成藏组合有利。在沁水盆地，蓟县系白云岩储层与烃源岩主生烃期匹配好，元古宇自生自储型成藏组合有效性好，但原生气藏能否留存至今，保存条件是关键。

三是建议油气勘探在古裂陷槽周缘寻找原生型油气藏，在潜山发育区寻找新生古储型油气藏。鄂尔多斯盆地深层发育中元古代克拉通内裂陷，西南缘是有利区；沁水盆地南部新发现中元古代克拉通内裂陷，可能存在勘探有利区；渤海湾盆地中—新元古界—寒武系受中—新生代改造强烈。初步明确华北中元古界有利勘探方向和区带，优选鄂尔多斯盆地东南缘鼻状构造带黄龙背斜，鄂尔多斯盆地西缘冲断带环县西背斜，渤海湾盆地大厂凹陷南部断裂构造带侯尚村背斜，沁水盆地南部断裂构造带长治西背斜四个有利勘探目标区，推动超前领域向现实领域转化。

本书共分为六章。前言由王铜山完成；第一章区域构造部分由王铜山、方杰、杨辉、李三忠、周义军、张宏伟、王鹏、李玺瑶、李军等完成；第二章区域地层部分由方杰、罗顺社、李三忠、杨辉、罗平、张宝民、吕奇奇等完成；第三章沉积与岩相古地理部分由李秋芬、王铜山、方杰、张宝民、李三忠、罗顺社、赵振宇、管树巍完成；第四章烃源岩部分由王铜山、罗平、马奎、赵振宇、秦胜飞、王坤、王蓝军、谭聪等完成；第五章储层部分由方杰、赵振宇、罗顺社、罗平、张宝民、林潼、孙琦森等完成；第六章含油气远景部分由方杰、王铜山、李秋芬、王坤、林潼等完成。本书文字说明经编写组反复讨论，形成统一认识，最终由王铜山、方杰、李秋芬负责统稿。

在本书编撰过程中，得到了中国石油勘探开发研究院、中国石油长庆油田分公司、中国石油华北油田分公司、中国石油煤层气公司、中国石油集团东方地球物理勘探有限责任公司、中国海洋大学、长江大学、中国科学院南京古生物研究所、自然资源部地质调查局等单位领导的大力支持，得到了邱中建、赵文智、胡素云、汪泽成、陈志勇、李建忠、张研、郭彦如、高瑞祺、杜金虎等专家的指导与帮助，在此一并表示诚挚的谢忱！

本书是近年来华北中—新元古界油气地质研究的最新成果，既有推动基础地质研究的科学意义，又有指导勘探选区的实用价值，是一本教学、生产和科研的参考书。但由于作者水平及资料所限，错误和不当之处在所难免，希望广大读者批评指正。

CONTENTS

目 录

第一章 区域构造

第二章　区域地层

第三章 沉积与岩相古地理

第四章　烃源岩

第五章 储 层

第六章 含油气远景预测

第一章　区域构造

受全球超大陆旋回拼合—裂解构造环境影响，中国华北、扬子、塔里木三大克拉通中—新元古界都发育大型陆内裂陷，裂陷槽区及其周缘可能发育良好的生储盖组合，是一套尚未充分认识也未充分勘探的“处女地”。

第一节　超大陆旋回与华北克拉通形成

超大陆由全球大部分或所有的大陆地壳组成。前寒武纪区域地质的研究证明古大陆曾多次聚合和裂解，称为超大陆旋回。每个旋回包括单个克拉通陆壳的增生，不同克拉通陆块拼合、碰撞、缝合形成新的超大陆，以及超大陆裂解离散两大阶段。聚合事件主要表现为碰撞造山带发育，并在不同地区具有一定的持续时间；而裂解事件则持续时间较短，有明显的地质标志（裂谷、岩墙群、岩浆省等）。超大陆旋回的本质是地球上陆壳的周期性的聚合与离散，而一个完整的超大陆旋回需要 3 亿—5 亿年（Nance，1988），但超大陆形成周期和超大陆整体生命时限随着地质时代变新而缩短，如哥伦比亚（Columbia）和罗迪尼亚（Rodinia）超大陆的形成需要 2.5 亿—3 亿年时间，而纳瓦纳（Gondwana）和潘吉亚（Pangea）超大陆的形成只需要 1.2 亿—1.7 亿年时间（Codie，2011）。大陆碰撞形成少而大的大陆，而裂解导致多而小的大陆。因此，全球超大陆的聚合与裂解对华北、扬子、塔里木中—新元古界裂陷槽的形成有重要影响。

Piper（1976）基于古地磁数据最早提出了存在于中元古代的哥伦比亚（Columbia）超大陆，该超大陆被认为存在于距今 19 亿—15 亿年，从距今约 16 亿年开始发生裂解并一直持续到距今 14 亿年。国际地层委员会据此将 16 亿年作为中元古界的底界年龄。而中国一直将距今 18 亿年作为中元古代的开始时间，长城纪时限为距今 18 亿—16 亿年。华北克拉通南缘熊耳群为一套厚度 3000～7000m 的火山岩系，以安山岩为主体。这一火山岩多被认定为拉斑系列，经历了地壳混染和分离结晶。熊耳群下部太古宇太华群的变质年龄为 18.4 亿年；熊耳群岩浆岩和侵入马家河组顶部的石英闪长岩的锆石 U—Pb 年龄均在 17.8 亿年左右；大古石组碎屑锆石的年龄将其沉积时代限定在距今 18 亿年之后。表明哥伦比亚超大陆在距今 18 亿年左右就已发生裂解，华北克拉通长城系为这一全球性事件的产物。

华北克拉通主体是由一系列小块体在太古宙—古元古代时期聚合而成，最终在古元古代（距今约 18 亿年），华北东西块体最终拼合形成华北克拉通的统一结晶基底。华北克拉通基底形成时间（最终克拉通化距今约 18 亿年）为哥伦比亚超大陆的聚合末期。此时，华北克拉通处于超大陆边缘，华北北缘与印度地块相连接。根据最新的古元古—中元古界古地磁资料研究显示，古元古—中元古界长城系沉积早期，华北可能处于赤道附近，到中元古界蓟县系沉积时期，华北可能处于热带地区，而发育页岩和石灰岩沉积。

第二节 华北克拉通中元古代裂谷发育特征

全球哥伦比亚超大陆在早—中元古代，距今 2.0 亿—1.8 亿年左右聚合，距今 1.6 亿—1.3 亿年左右裂解。早期形成的拼合带，是晚期裂解发育裂陷槽的主要部位。华北克拉通在距今 2.5 亿—1.8 亿年历经两次大的区域性构造—热事件之后发生克拉通化。根据火山活动及火山岩岩墙群的分布趋势看（图 1–1），华北克拉通中—新元古界发生裂解的中心发生过迁移，从而在空间上形成多期裂谷发育区。

重磁电震综合解释揭示，华北克拉通发育大型陆内裂陷槽（图 1–2 至图 1–5），太古宇古陆核在中元古代发生裂解，形成的克拉通内裂陷槽群环绕古陆核分布，主要依据包括航磁异常、航磁与重磁对比、航磁与二维地震宽角反射资料对比、二维长测线地震剖面解释等。航磁资料解译的原则是，强磁性带代表太古宇陆核及古元古界基性火山岩的响应，而弱磁性带是中元古界沉积盖层的响应，由此得到新的看法，即甘陕裂陷槽向东北延伸到大同地区，再向北可能与北缘裂陷槽相连通；宝鸡—延安裂陷槽可能与燕辽裂陷槽相连，经过航磁 20km、10km 延拓处理之后，航磁资料更加清晰地反映出明暗相间裂陷槽响应特征。同时，二维地震宽角反射资料及重磁资料解译出来的洼槽发育区与航磁解译的裂谷发育区基本对应，反映了深层堑垒相间的古地貌特征，与航磁资料互为印证，也是古裂陷槽发育的证据。

裂陷槽于长城纪发展壮大，蓟县纪开始萎缩，青白口纪裂陷中心转移并趋于消亡。而且，中—新元古界裂陷槽发展演化可能控制寒武系隆凹古地貌。长城纪早期（距今 18.5 亿—17 亿年）超级大陆裂解，裂陷槽围绕环古陆核成群分布，团山子组与大红峪组连续沉积，区域上超覆；长城纪晚期（距今 17 亿—14 亿年）大红峪组含有火山沉积，代表了裂陷槽发展的相对活跃期；高于庄组构成中元古代最大一次海侵；蓟县期（距今 14 亿—10 亿年）总体处于海平面下降阶段，裂陷槽萎缩；雾迷山组沉积范围最大，之后洪水庄组、铁岭组出现退覆；芹峪抬升使得铁岭组顶部发育富铁的风化壳，与上覆的下马岭组平行不整合接触；青白口纪至蓟县纪末期（距今10亿—8.5亿年）的芹峪运动结束了西部裂陷—沉降活动，沉降中心向东移动，裂陷范围趋于萎缩，新元古界整体退覆。此时的华北古陆已经准平原化。及至震旦纪—寒武纪，盆地延缓表现为水体整体向东、向北入侵，克拉通边缘局部呈隆凹地貌。

贯穿全区或局部二维长测线地震解释表明（图1–5至图1–11），深层中—新元古界乃至太古宇滹沱群均有深大断裂和裂谷发育的响应特征，表现为双断或单断的堑垒相间样式。鄂尔多斯盆地内部二维地震剖面构造解释也表明（图1–12至图1–18），从北向南依次发育NE走向的贺兰裂陷槽、定边裂陷槽、晋陕裂陷槽，总体NE—SW向延伸，裂陷槽前段表现为支脉状分叉，与地层厚度SW—NE向减薄的趋势一致。

渤海湾盆地拼接大剖面显示（图1–19至图1–31），中—新元古界—寒武系中—新生代改造强烈，纵向上深大断裂贯穿元古宇—新近系全部地层。受断块掀斜作用影响，中—新生代断陷盆地凹陷中心发育巨厚的古近—新近系烃源岩，往往与元古宇—寒武系侧向接触。

沁水盆地南部深层发育SN向中元古代克拉通内裂陷（图1–32至图1–37），比对冀中坳陷雾迷山组中部和杨庄组强相位反射，确定寒武系底、蓟县系雾迷山组底、杨庄组底、太古宇顶四个关键界面。该区虽无钻井资料，但从地震反射追踪看，长城系、蓟县系保存相对完整，地层厚度从盆地中心向盆缘变薄。推测该裂陷槽既是熊耳裂陷槽向克拉通内部的延伸，又是燕辽、晋陕两大裂陷槽的交会部位。

第三节　华北克拉通构造演化历史

综合分析区域构造背景，基于地震地质剖面、地质—年代学资料，编制区域构造演化剖面，揭示华北中—新元古界构造演化历史（图1–38至图1–41）。

在华北地区西部，鄂尔多斯盆地古元古代中期，华北东、西部块体发生拼合，形成华北克拉通；古元古代末期—中元古代早期，随着哥伦比亚超大陆的裂解，华北地区发生响应的裂解事件，西部块体有同期初始裂解事件，发育多条初始断裂。中元古代早—中期（长城纪），华北西部裂解事件达到最强期次，在鄂尔多斯盆地区发育多条裂陷槽。

在中元古代末期（蓟县纪），是此次裂解事件的末期，全区发育沉积；新元古代时期，本区整体抬升，仅少量地区存在青白口系沉积；寒武—奥陶纪本区接收稳定沉积；到志留—泥盆纪，本区受加里东运动作用影响，发生整体抬升；石炭—三叠纪本区发生连续沉积；中生代中—晚期，本区受燕山期早—晚期构造作用影响，对本区盖层进行强烈改造，并对部分基底的早期构造发生构造反转。

同时，基于地震剖面、地质—年代学研究，揭示华北北部—北缘的中—新元古代构造演化。古元古代末（距今约 18.5 亿年），吕梁运动完成了华北最终克拉通化；古元古代末期—中元古代早期的裂解可能最先开始于南缘及北缘，中部燕辽地区稍晚，长城系底部不整合是穿时的，主要以裂陷盆地中形成的碎屑岩沉积为主，伴随着快速的海侵过程；蓟县系开始华北北缘一直处于被动大陆边缘环境，形成于坳陷阶段的披覆式沉积，主要表现在类似陆表海的广泛的含叠层石的碳酸盐岩；蓟县系末期（距今约 13 亿年），华北克拉通发生了最终裂解，主要表现在同期广泛的基性岩浆事件，完成了哥伦比亚超大陆的最终分裂；新元古代，本区整体抬升，局部地区存在青白口系沉积。

综合分析认为，华北地块在古元古代晚期—中元古代早期形成广泛的与裂谷活动相关的沉积盆地。结合基性岩墙群、地球物理解释可以看出，华北克拉通发生长期而广泛的裂解事件。同时，从华北克拉通中元古代长城纪盆地分布图中可以看出，克拉通裂解事件形成帚状宽裂谷。本次研究认为，在哥伦比亚超大陆拼合形成的后期，由于挤压活动持续的末期，在部分块体边界形成一定的区域性走滑活动，在块体边缘和内部形成区域性裂谷盆地。同时，由于超大陆内部块体裂解过程中的诸多条件因素，如旋转轴变化、地幔柱影响、挤压边界俯冲回卷效应等，走滑及相应的裂解拉张活动不断变化，在华北地区可能显示出沉降中心由中—西部逐渐向东迁移。

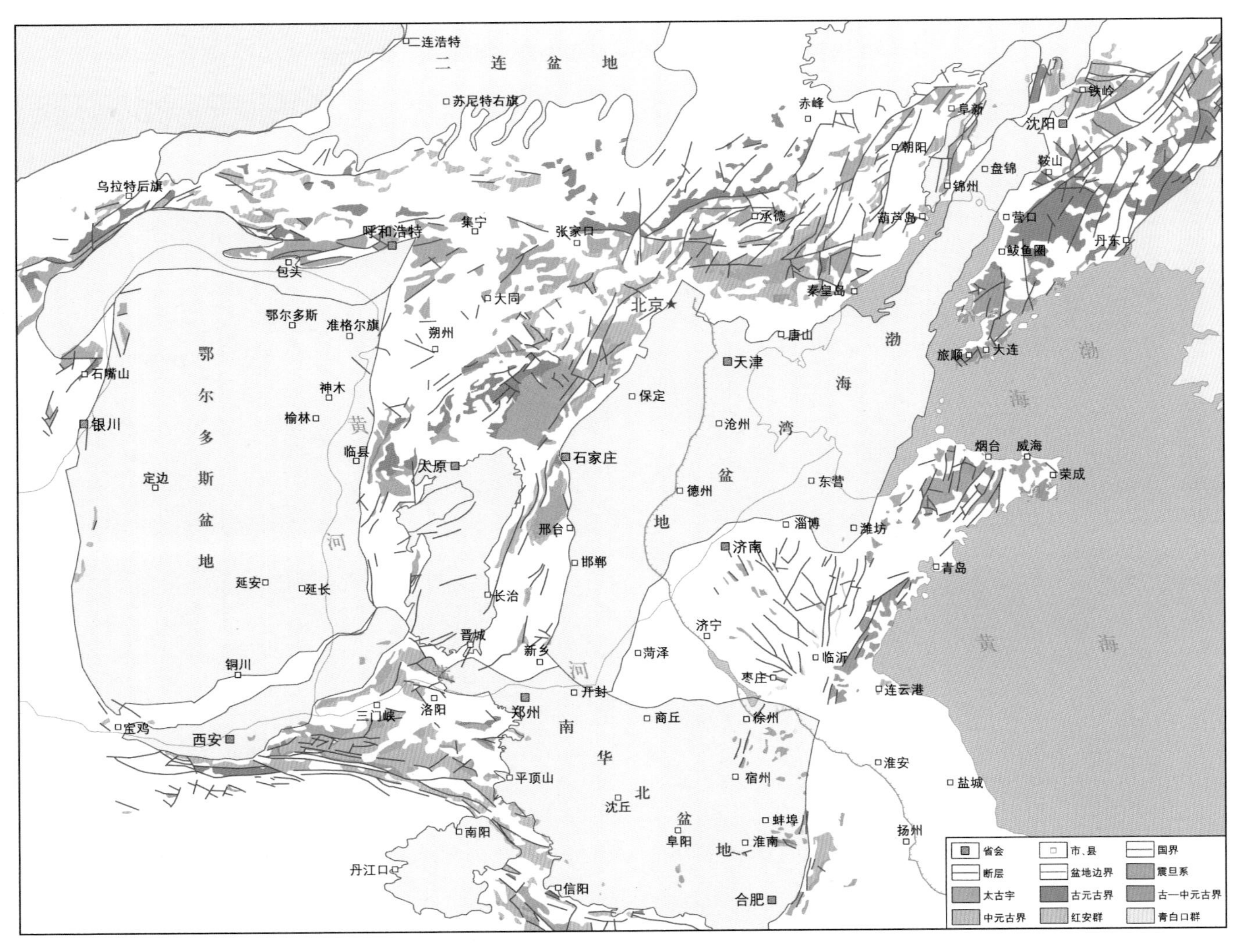

图 1-1　华北地区中一新元古界地质简图

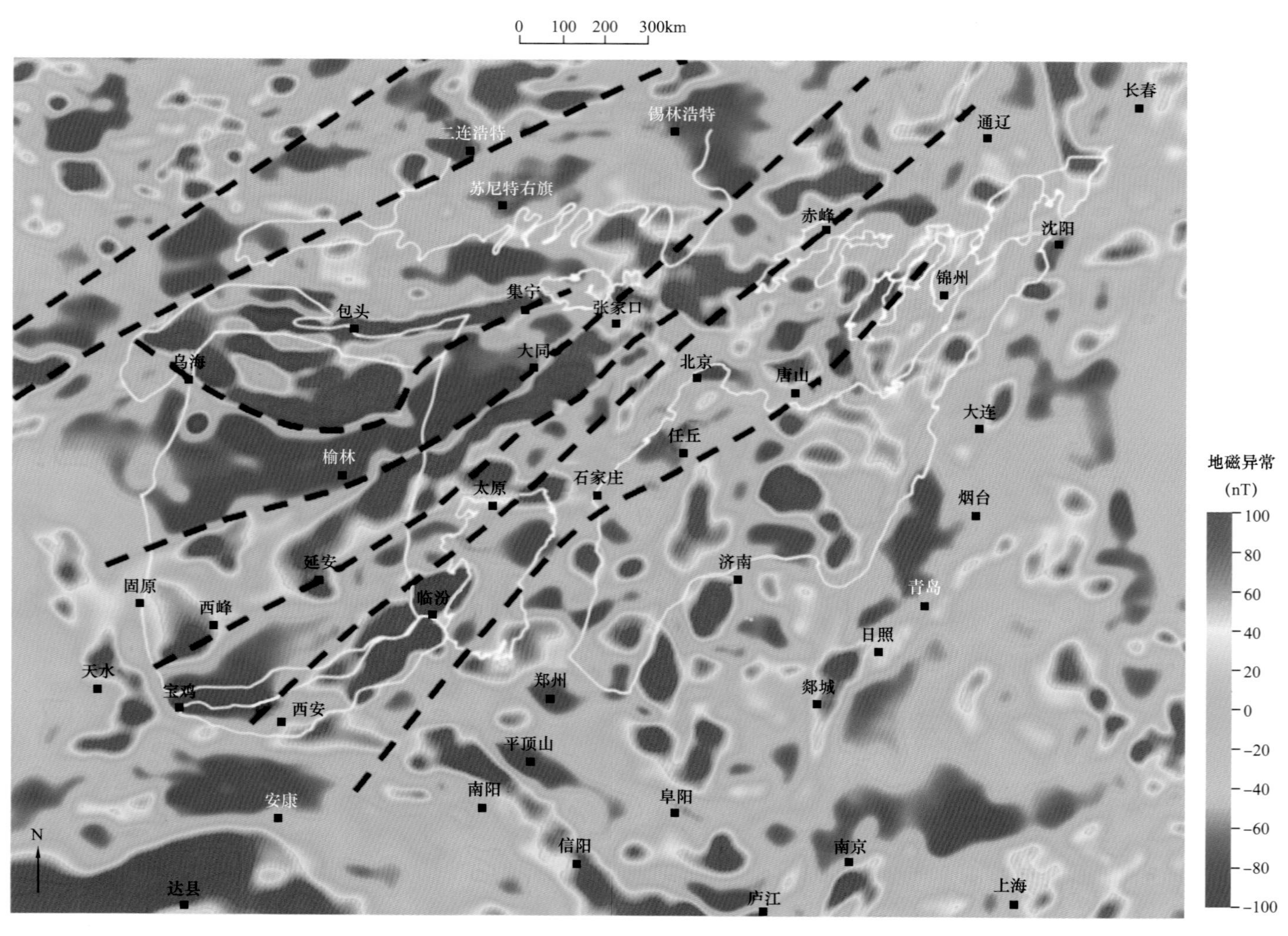

图 1-2　华北地区航磁垂直一次导数异常图（延拓 5km）

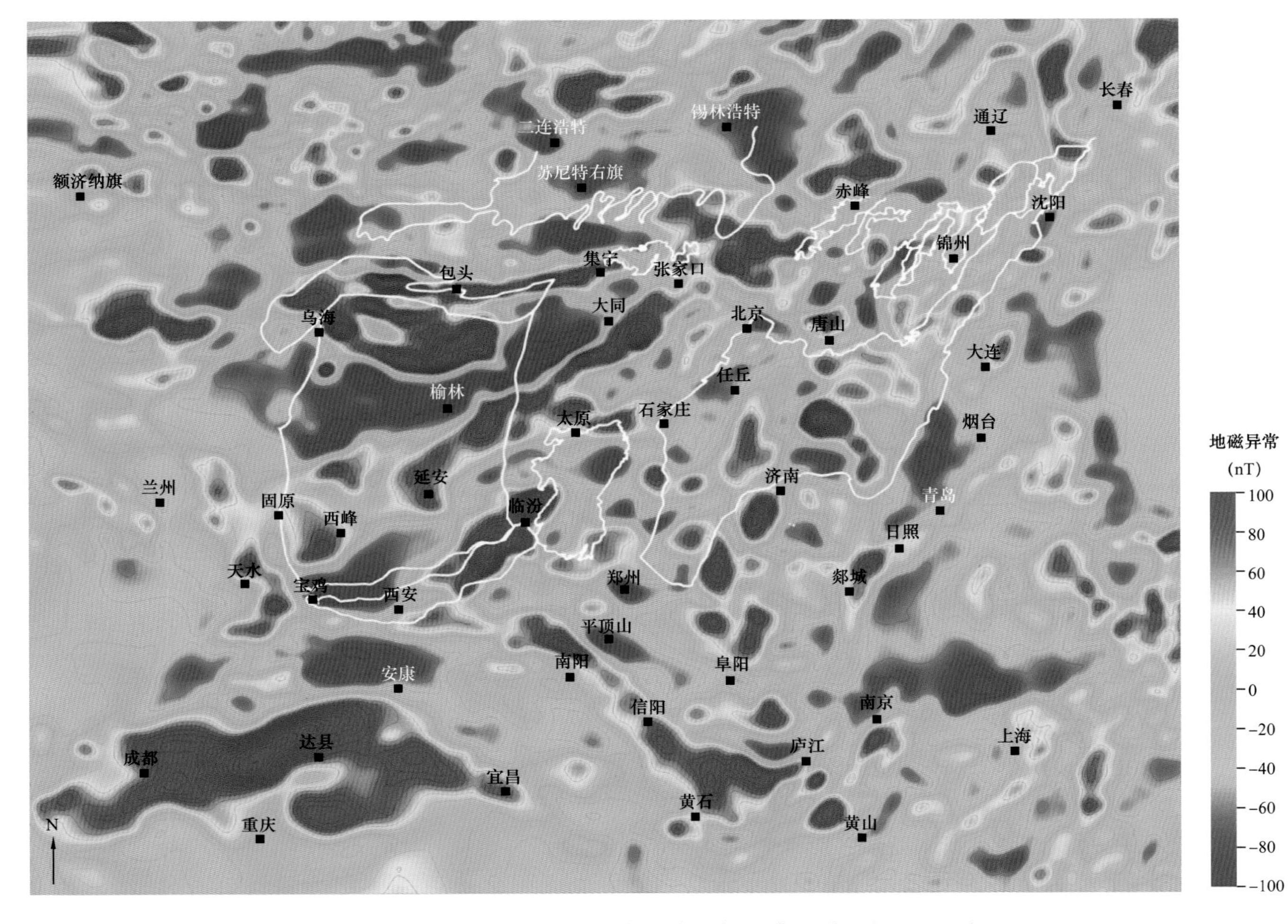

图 1-3　华北地区航磁垂直一次导数异常图（延拓 10km）

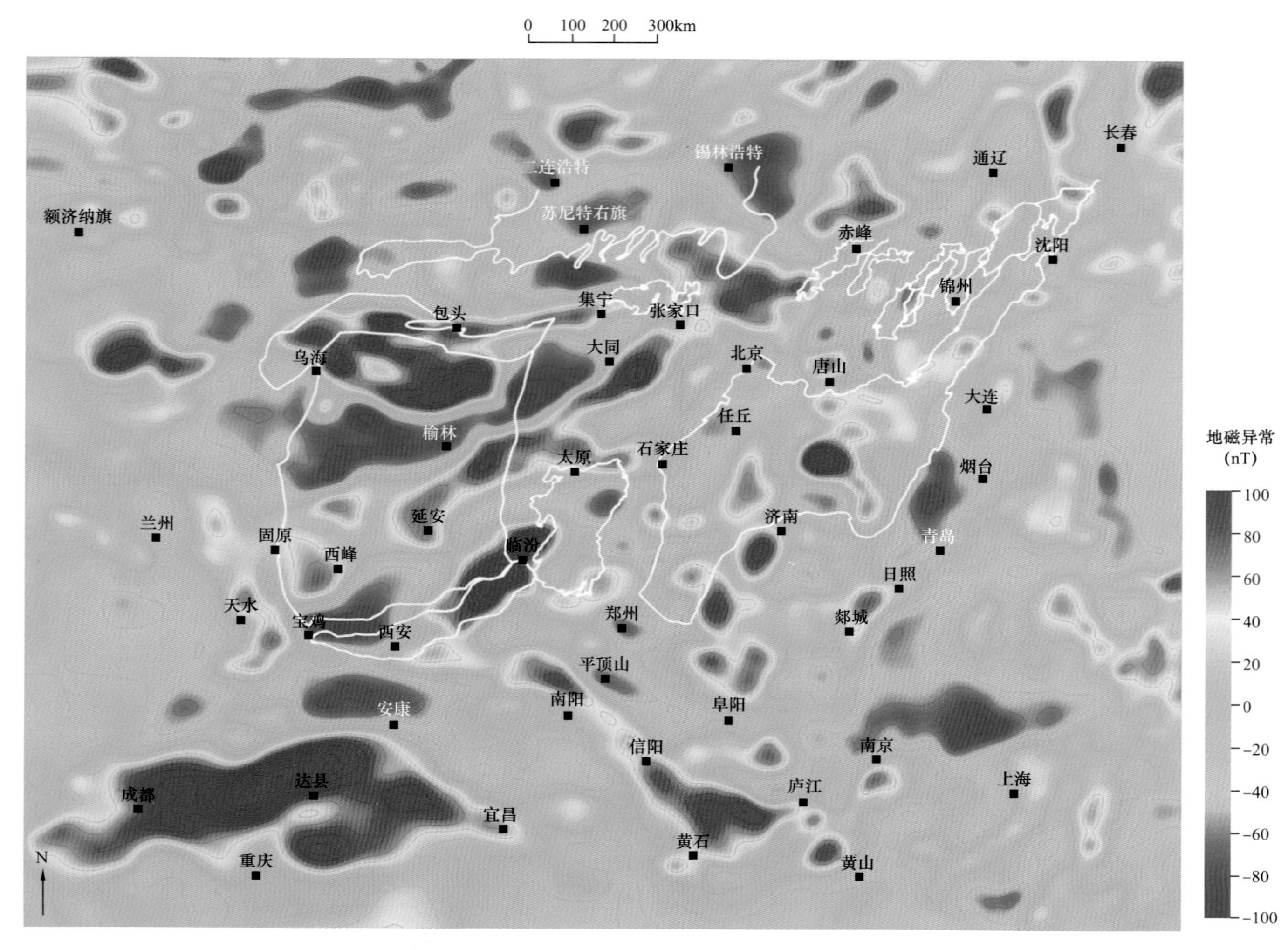

图 1–4 华北地区航磁垂直一次导数异常图（延拓 20km）

图 1-5　华北克拉通地质—地球物理大剖面剖面位置图

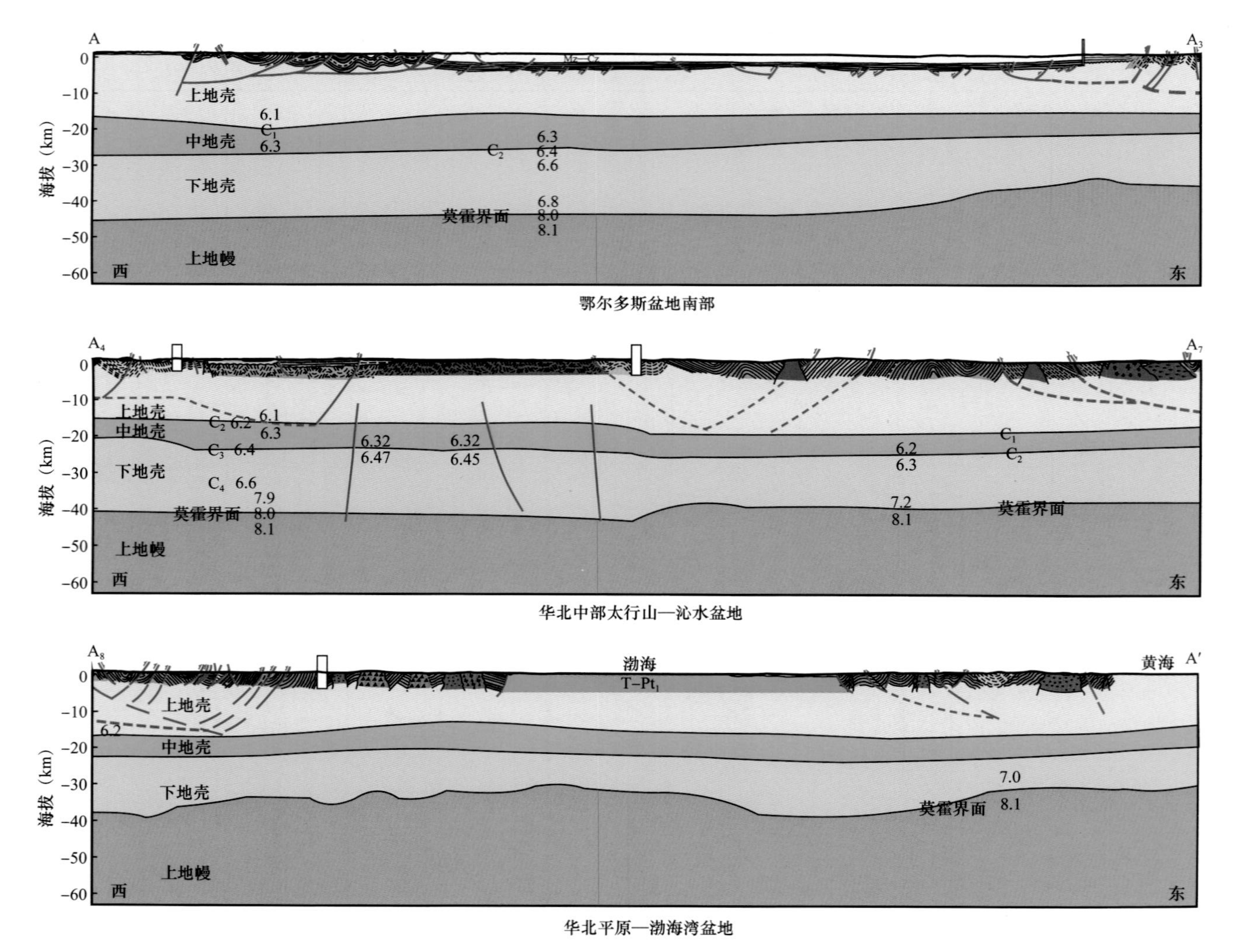

图 1-6　华北克拉通地质—地震大剖面——剖面 1（南线）

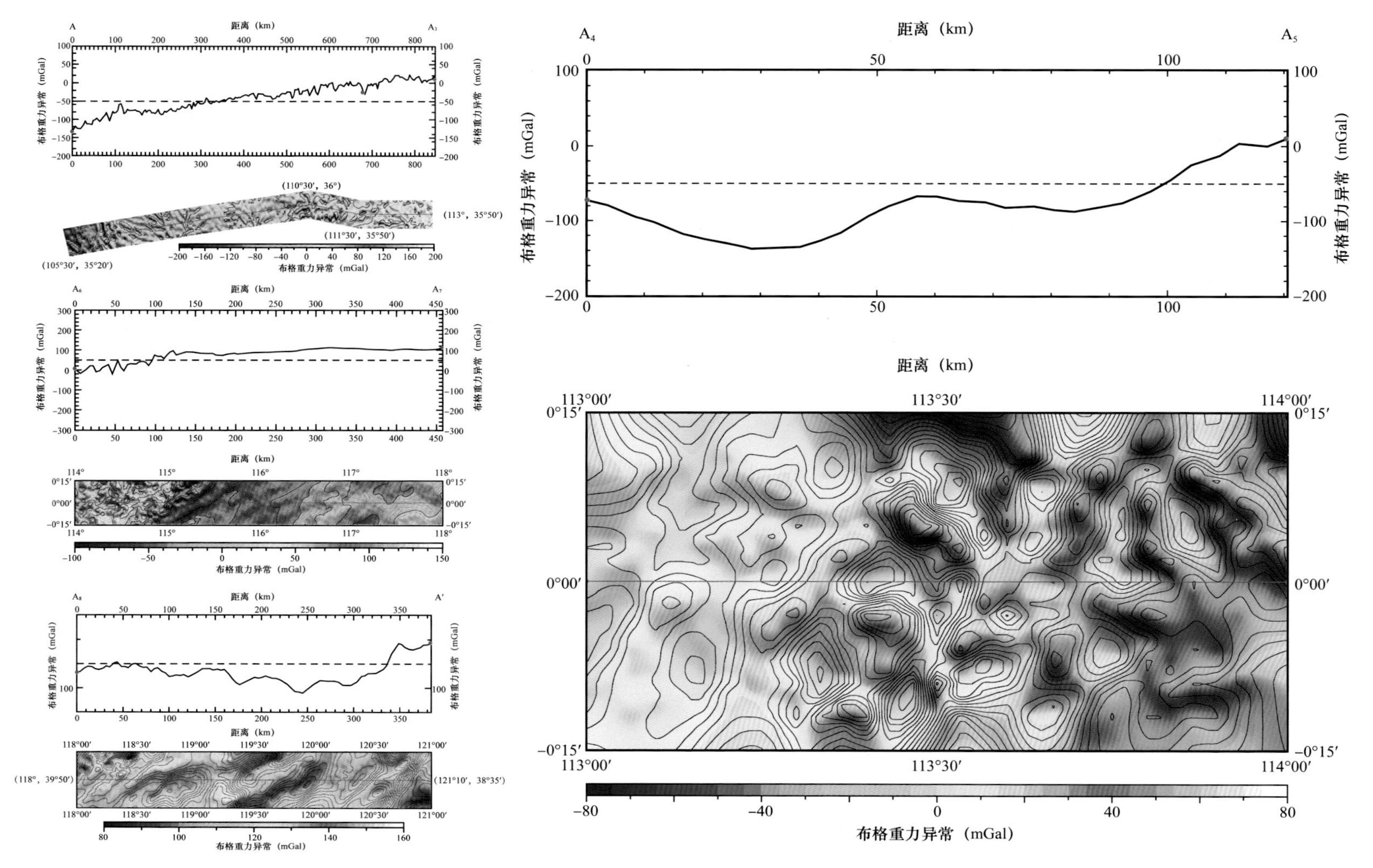

图 1-7　华北克拉通地质—地震大剖面重力资料——剖面 1（A—A′）

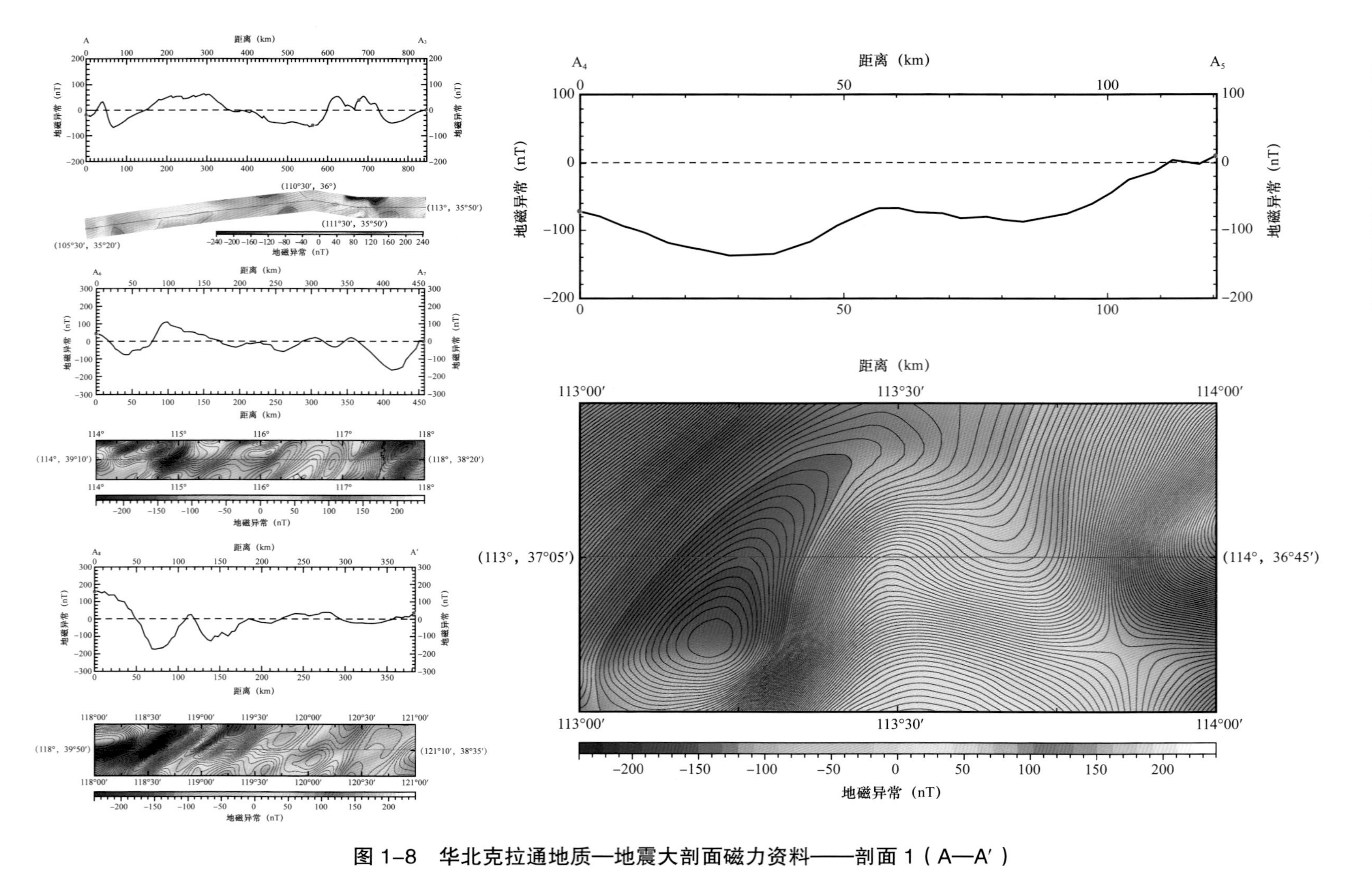

图 1-8 华北克拉通地质—地震大剖面磁力资料——剖面 1（A—A′）

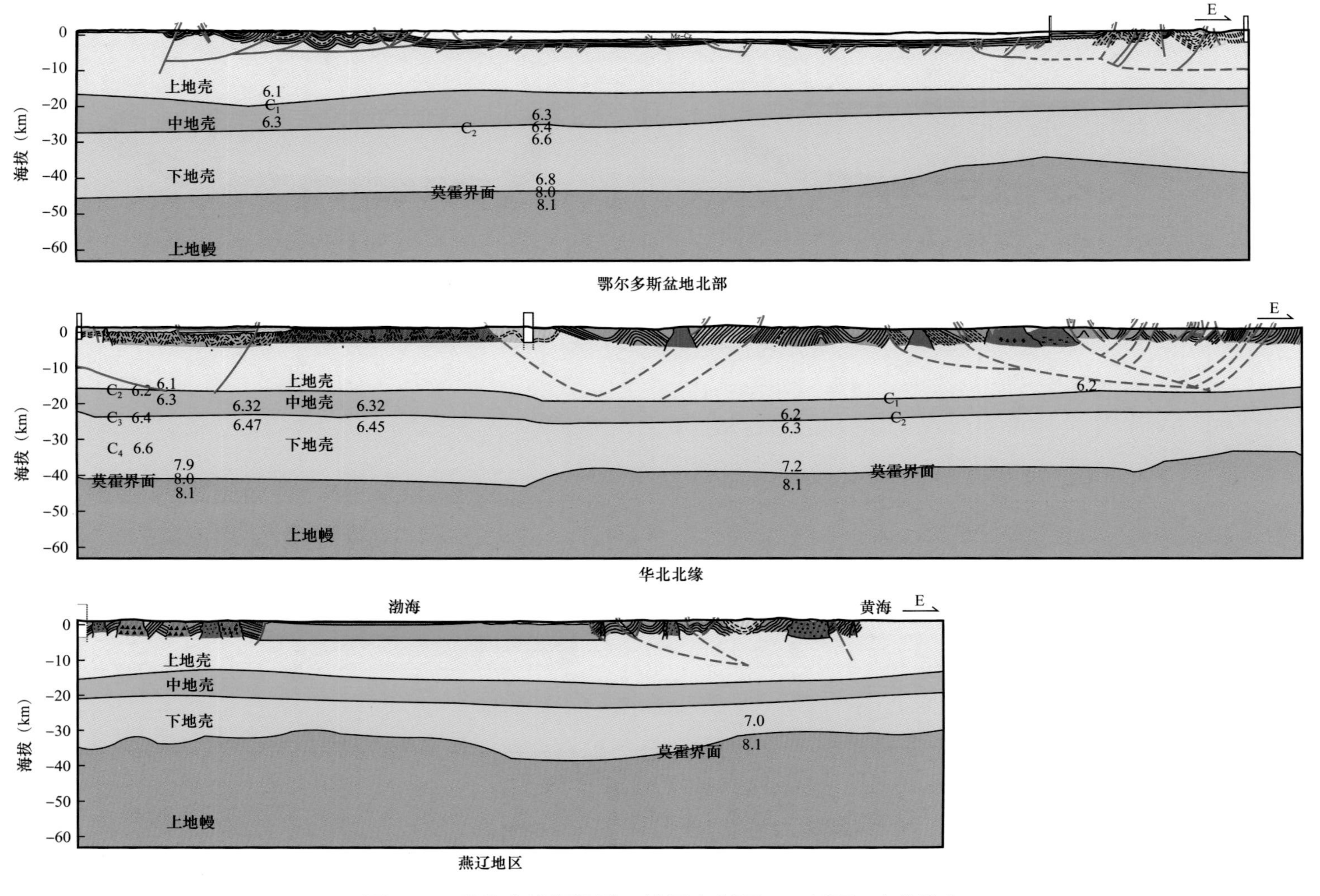

图 1-9 华北克拉通地质—地震大剖面——剖面 2（北线）

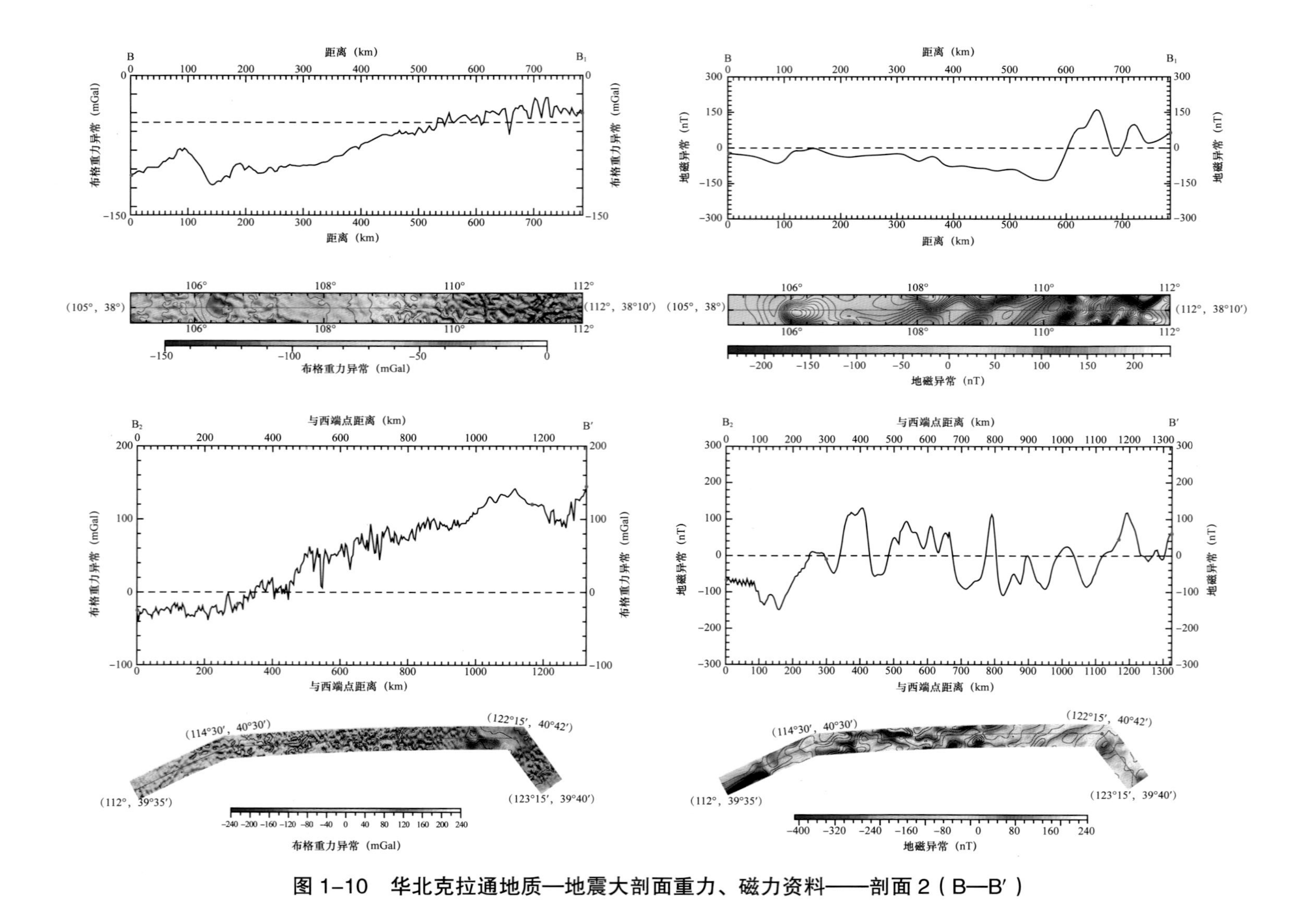

图 1-10 华北克拉通地质—地震大剖面重力、磁力资料——剖面 2（B—B′）

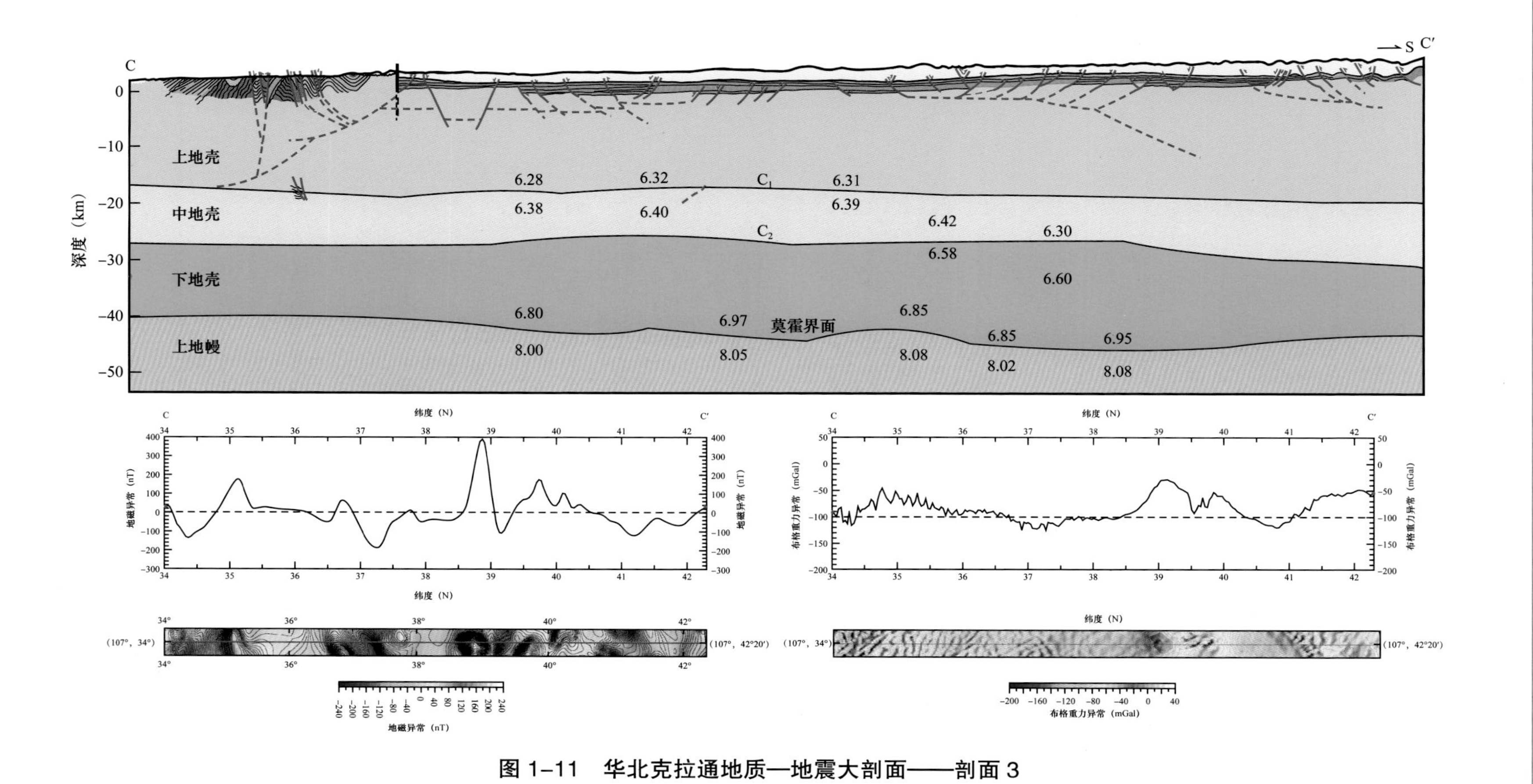

图 1-11 华北克拉通地质—地震大剖面——剖面 3

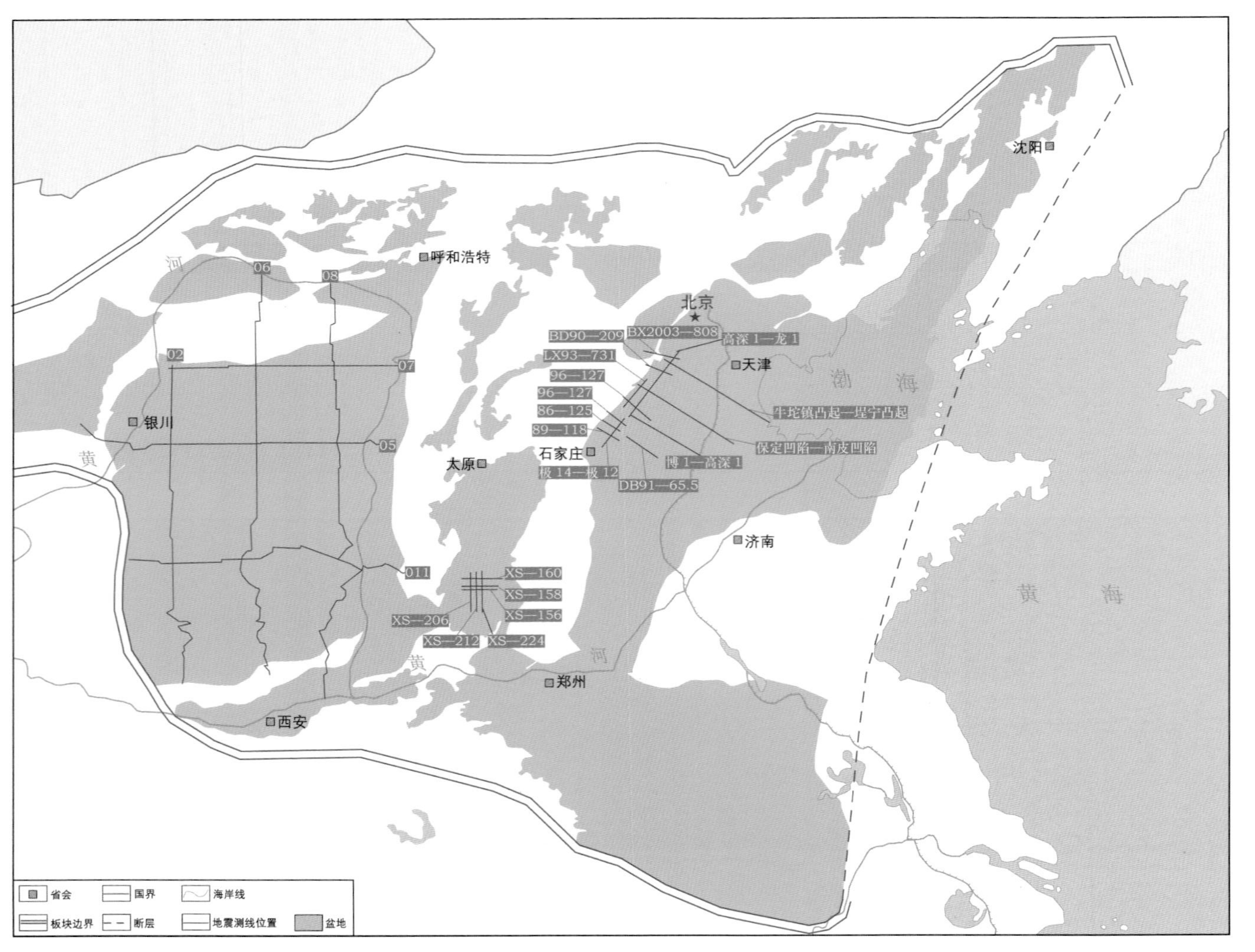

图 1-12 华北克拉通中—新元古界地震地质解释剖面测线位置图

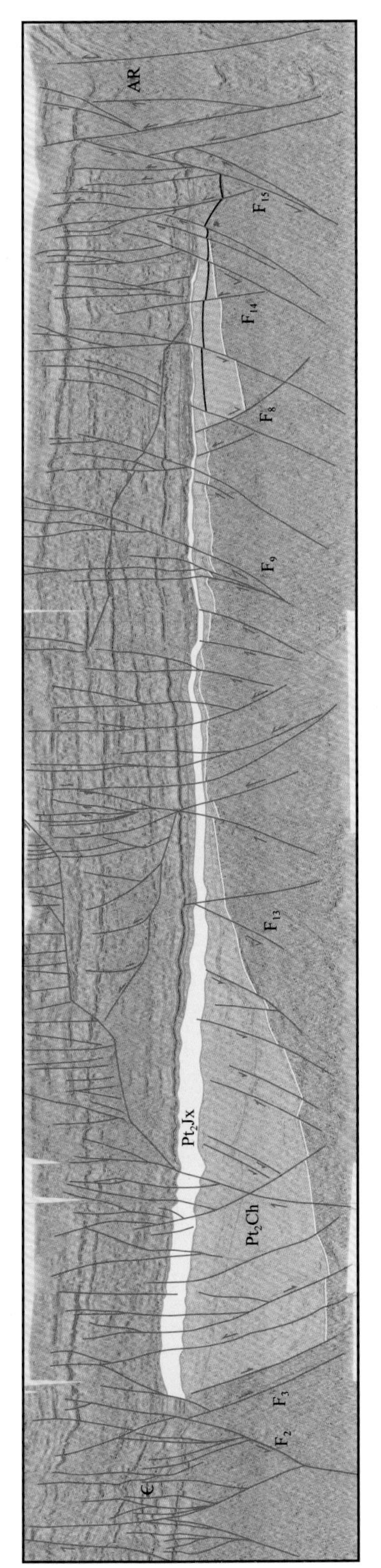

图 1-13 鄂尔多斯盆地 02 测线地震地质解释剖面图

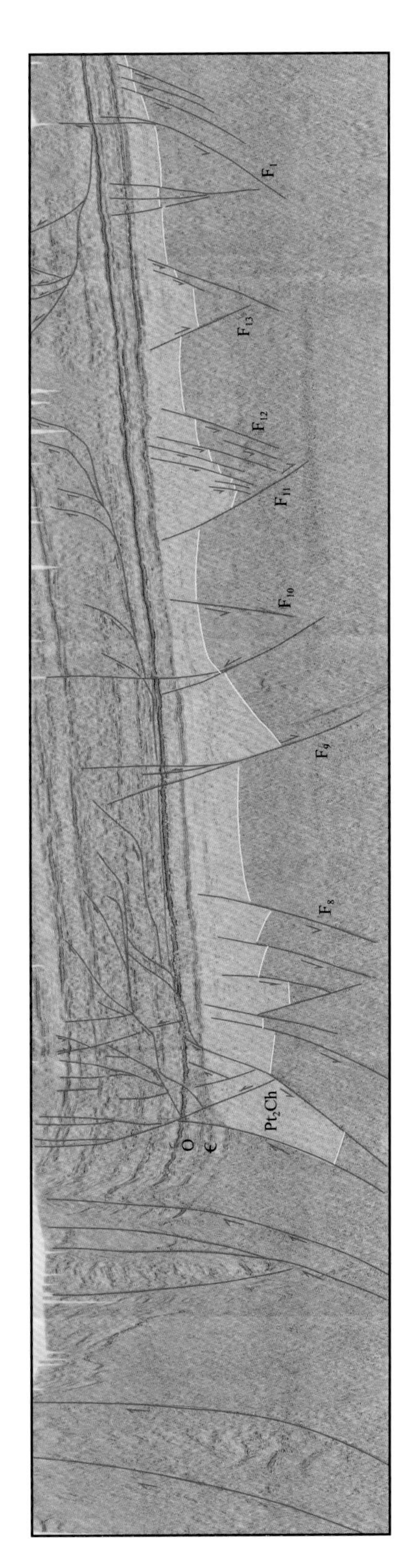

图 1-14 鄂尔多斯盆地 05 测线地震地质解释剖面图

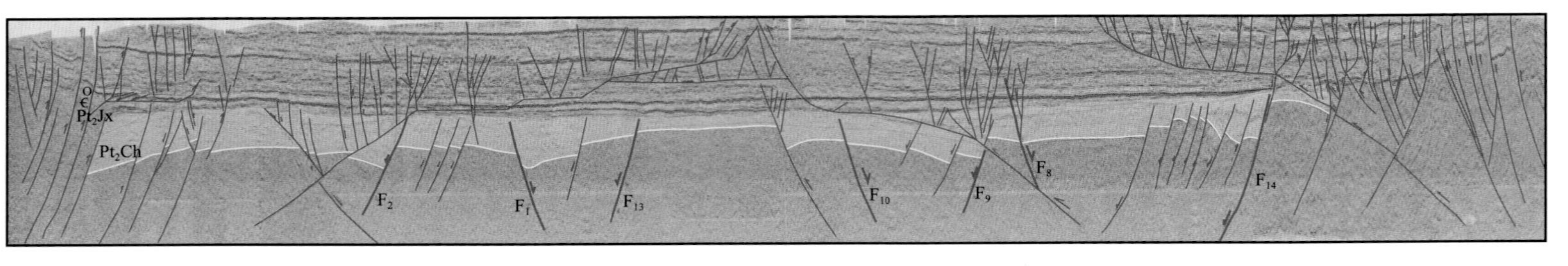

图 1-15　鄂尔多斯盆地 06 测线地震地质解释剖面图

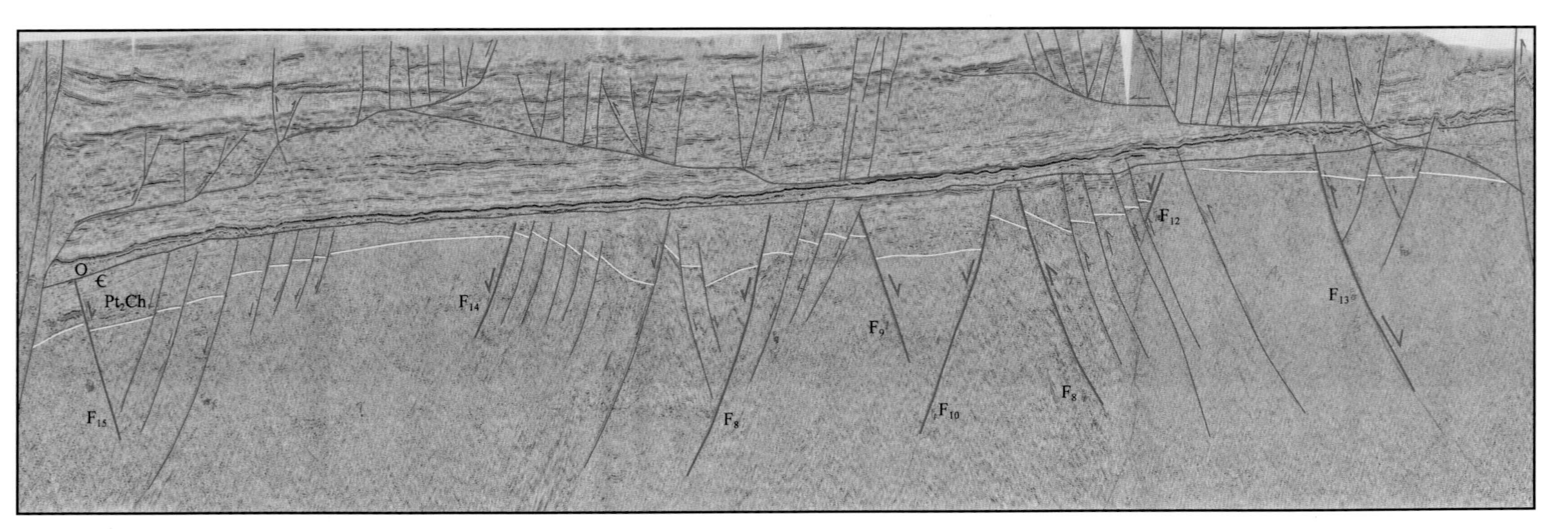

图 1-16　鄂尔多斯盆地 07 测线地震地质解释剖面图

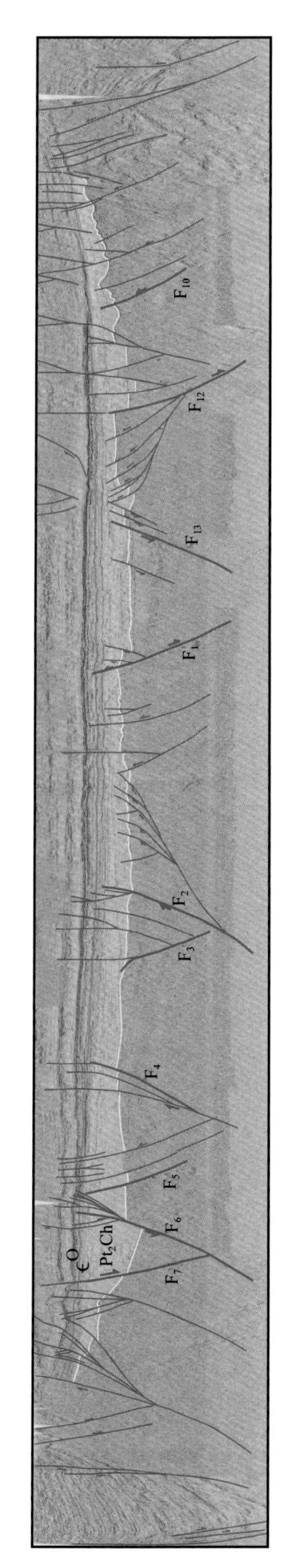

图 1-17　鄂尔多斯盆地 08 测线地震地质解释剖面图

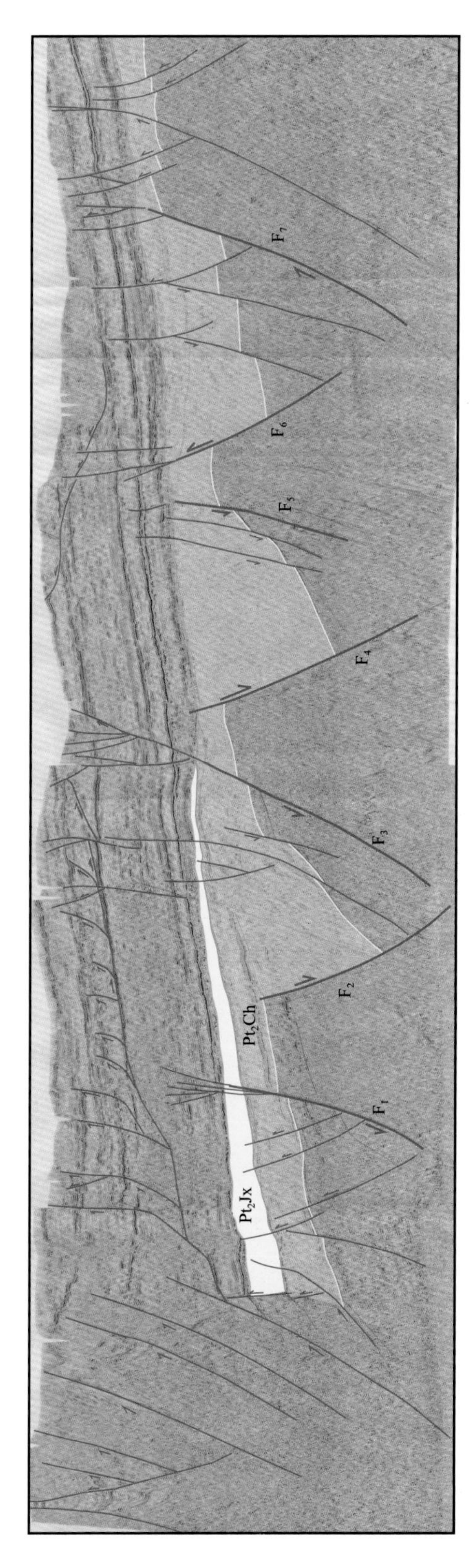

图 1-18　鄂尔多斯盆地 11 测线地震地质解释剖面图

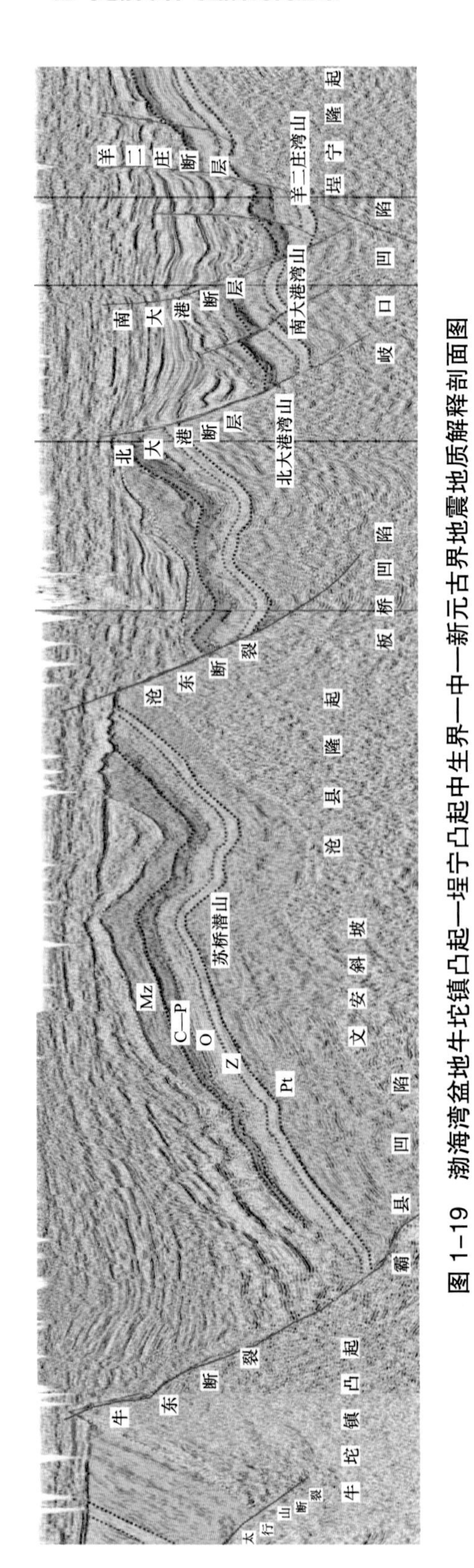

图1-19 渤海湾盆地牛坨镇凸起—埕宁凸起中生界—中—新元古界地震地质解释剖面图

图1-20 保定凹陷—南皮凹陷中生界—中—新元古界地震地质解释剖面图

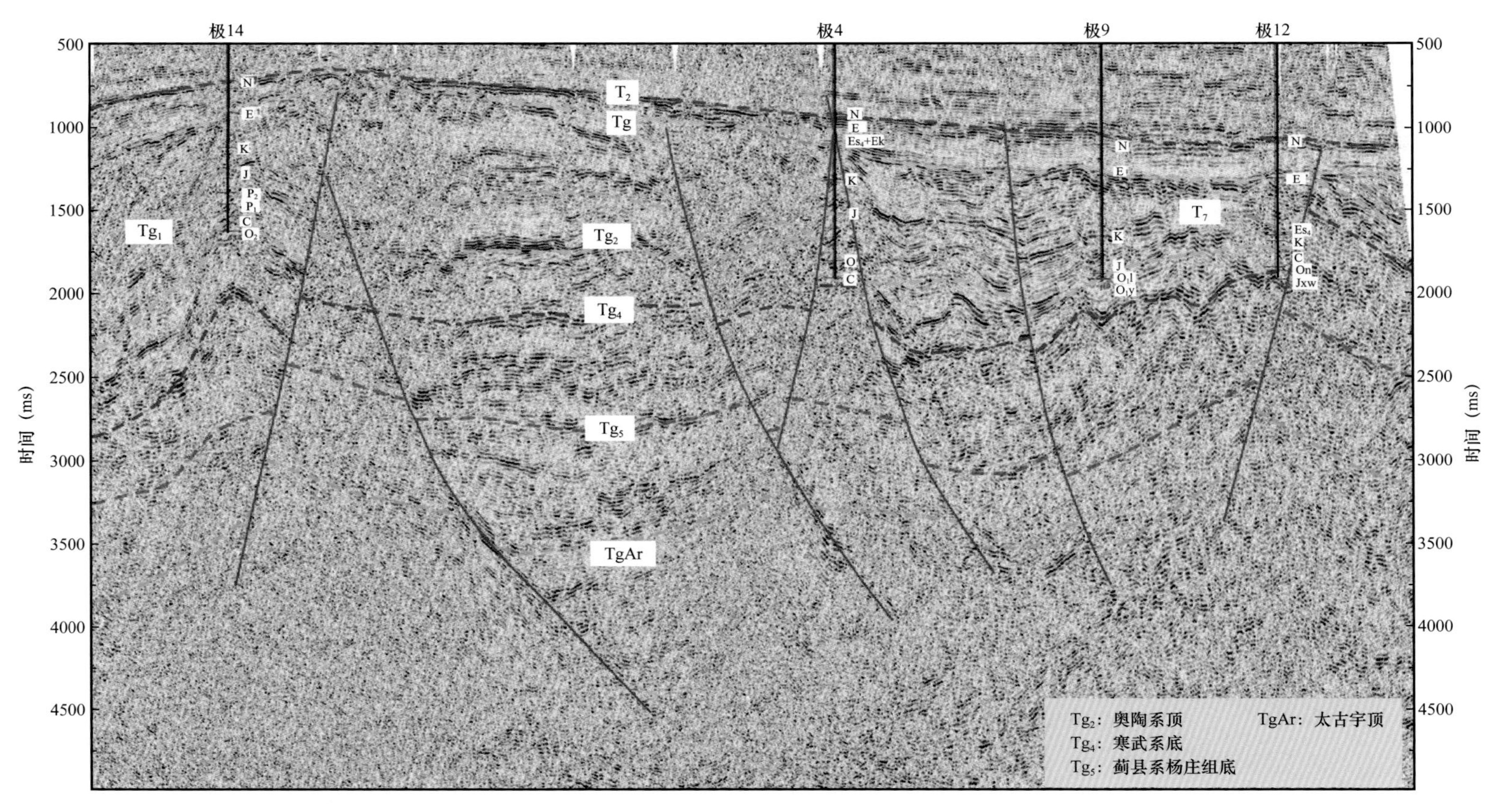

图 1-21 极 14—极 12 井地震地质解释剖面图

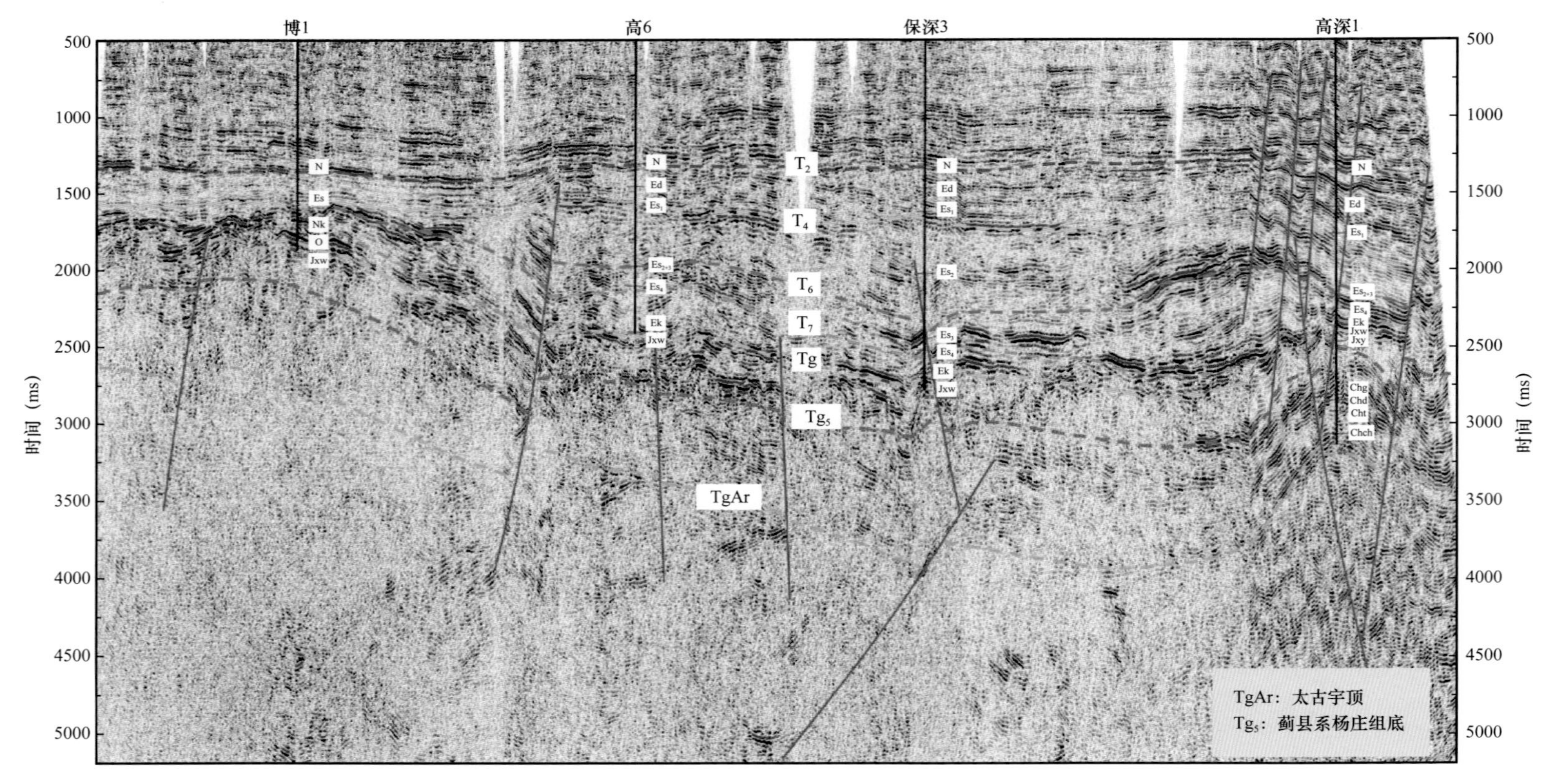

图 1-22 博 1—高深 1 井地震地质解释剖面图

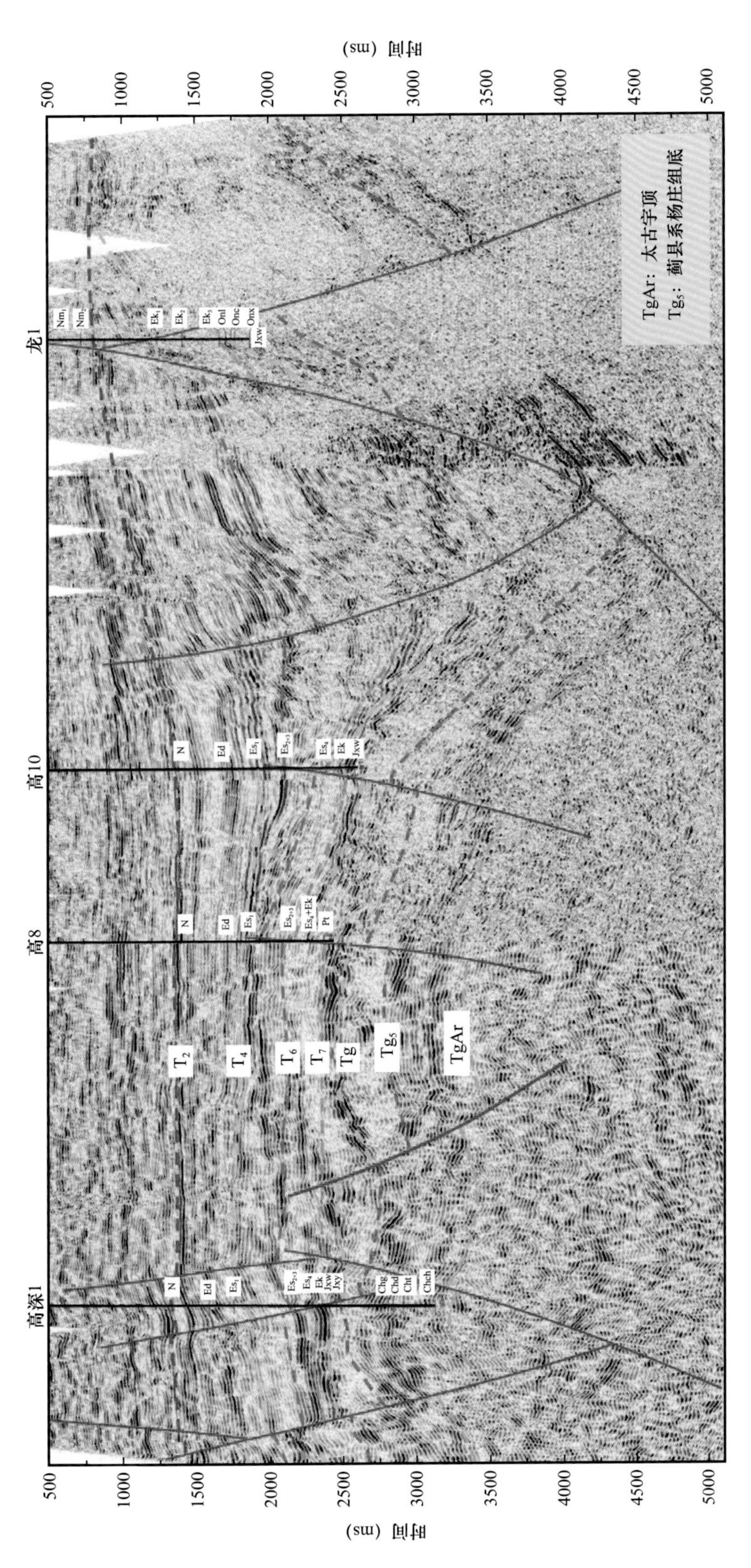

图 1-23 高深 1—龙 1 井地震地质解释剖面

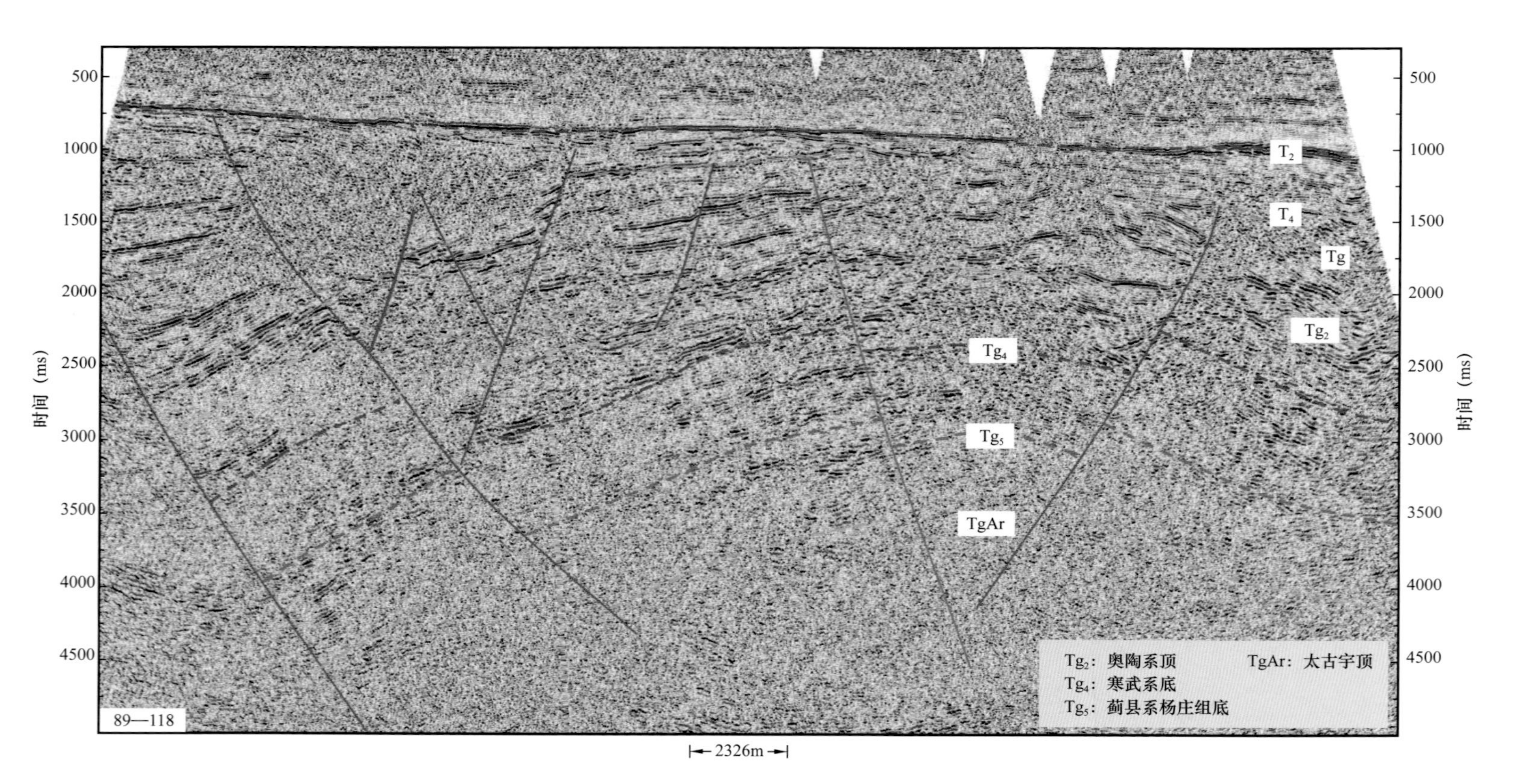

图 1-24　石家庄凹陷 89—118 地震测线地质解释剖面图

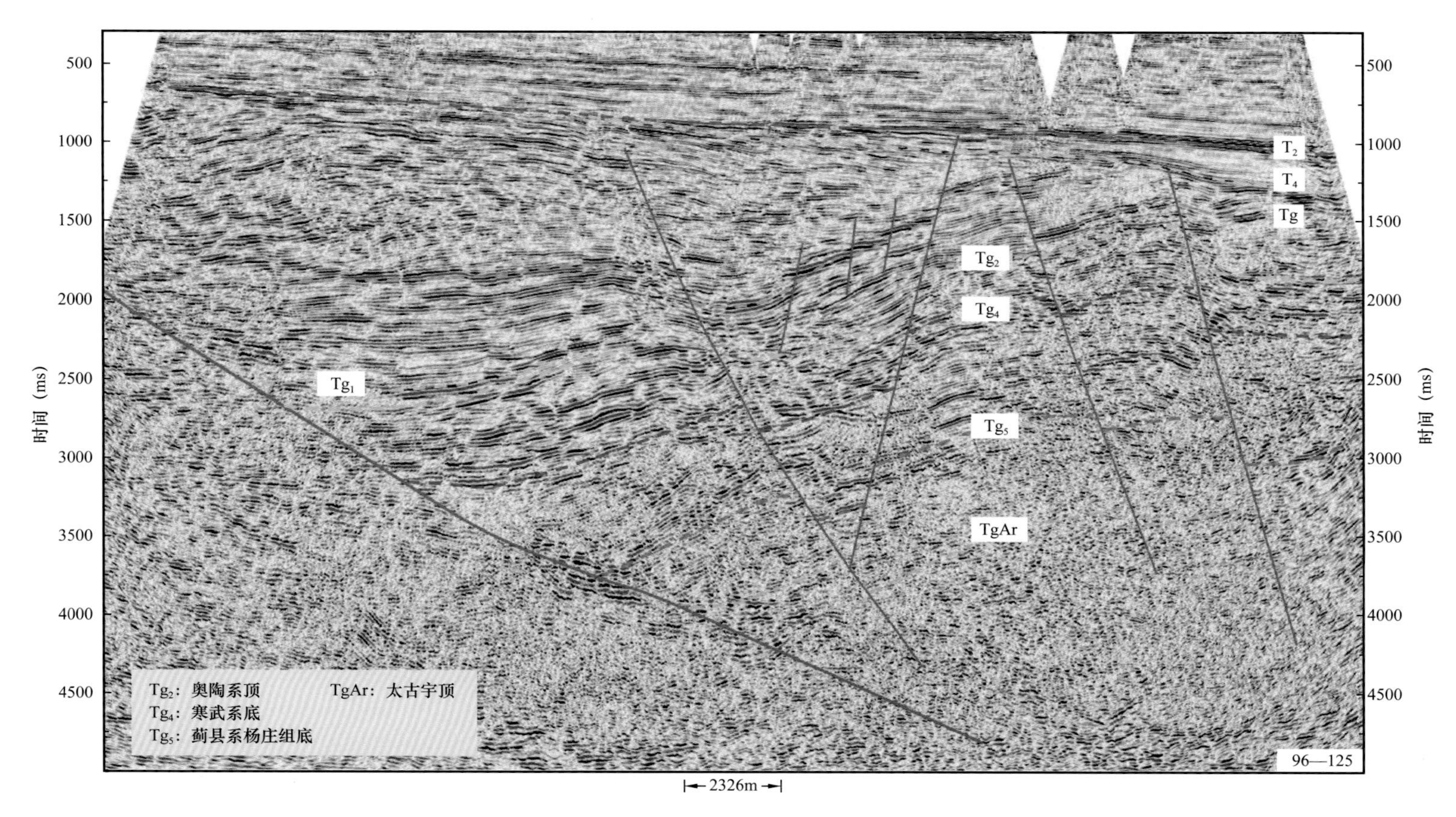

图 1-25　石家庄凹陷 96—125 地震测线地质解释剖面图

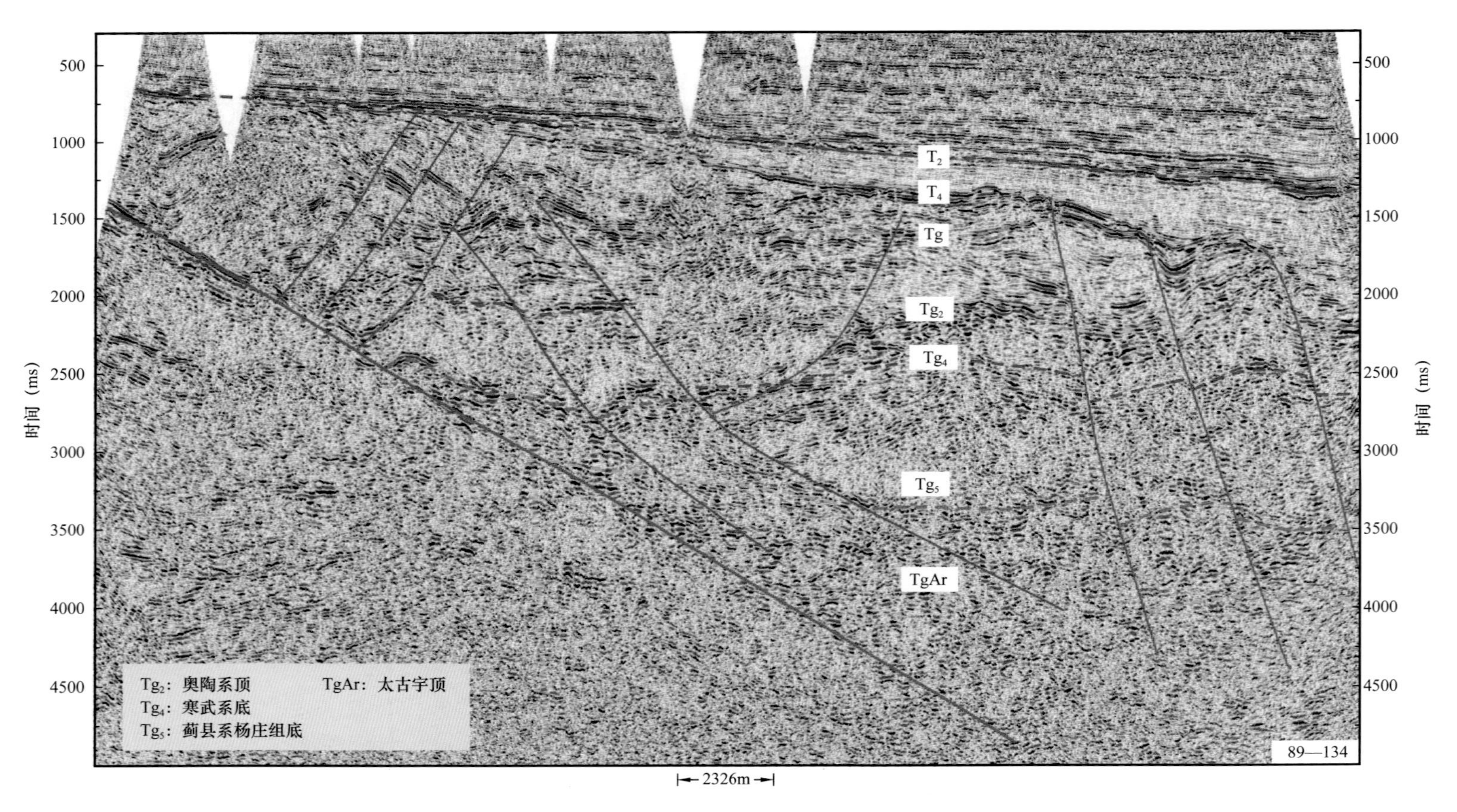

图 1-26　石家庄凹陷 89—134 地震测线地质解释剖面图

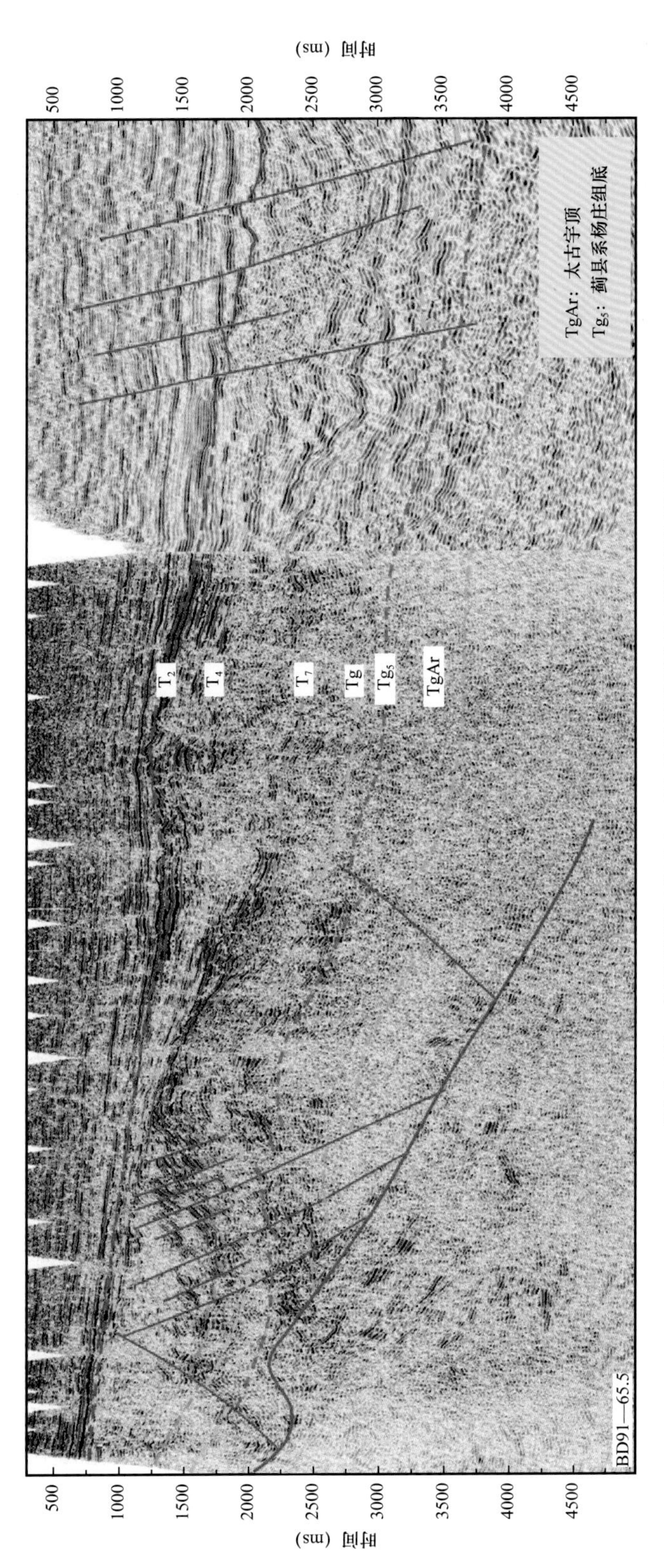

图 1-27　保定凹陷 BD91—65.5 地震测线地质解释剖面图

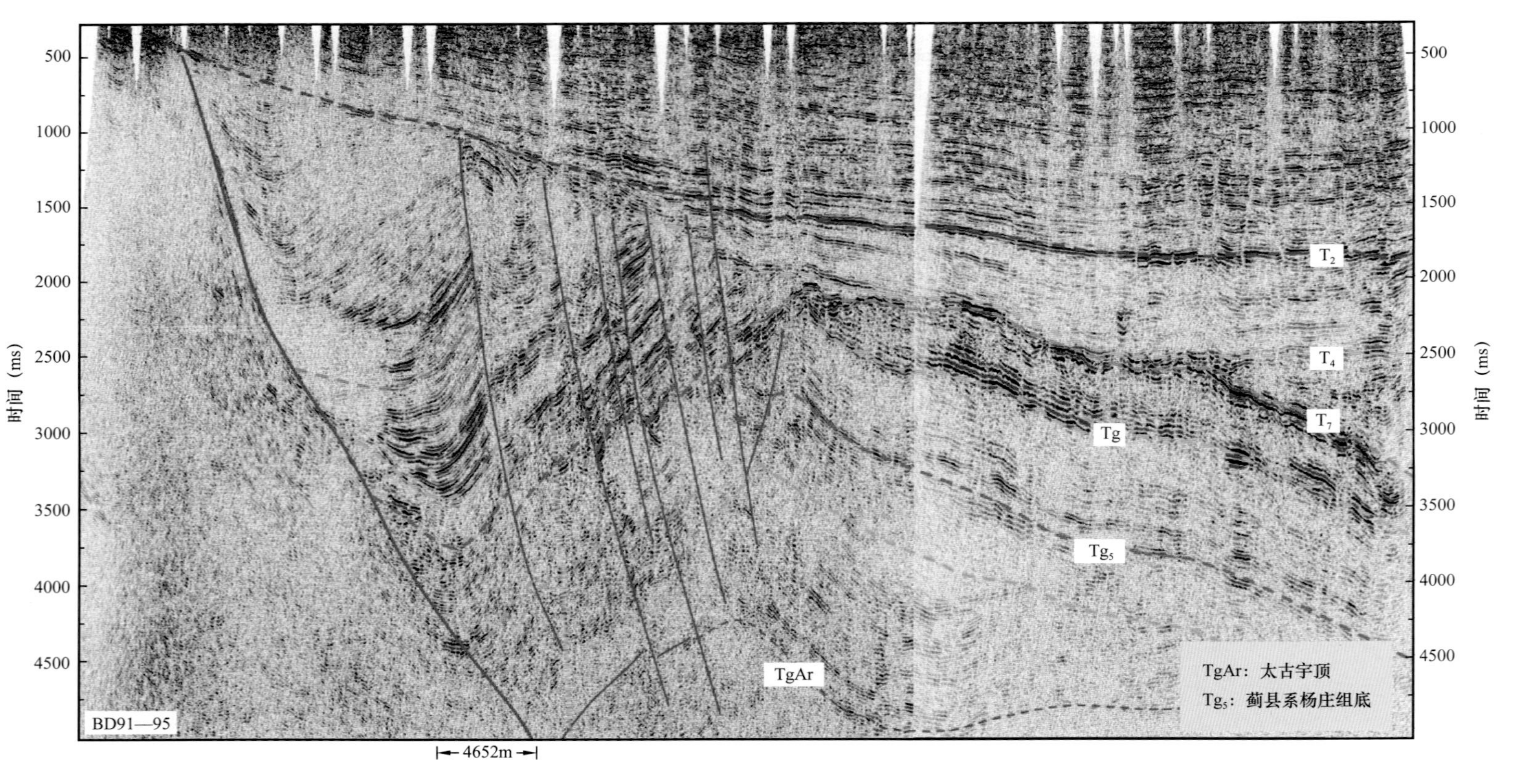

图 1-28 保定凹陷 BD91—95 地震测线地质解释剖面图

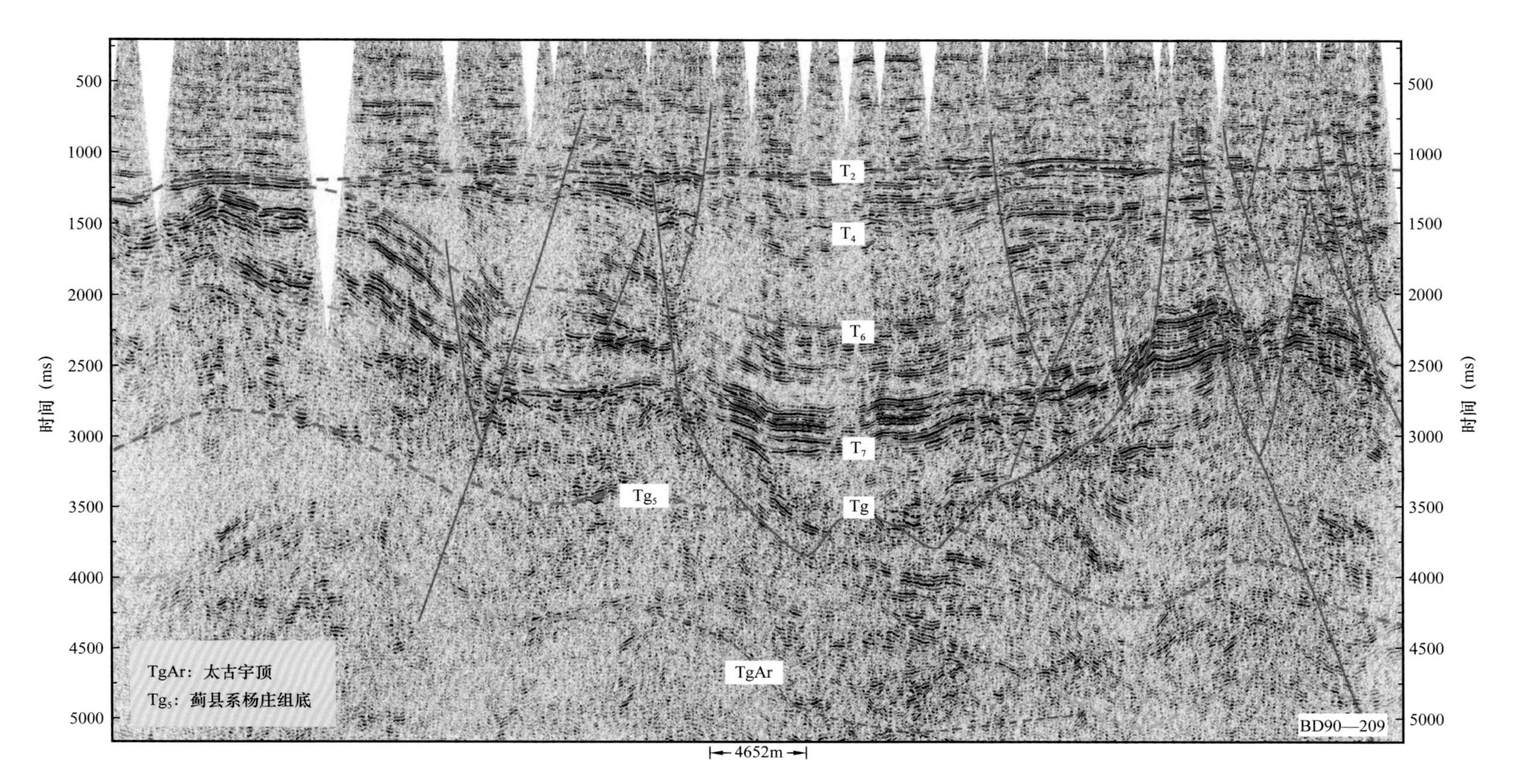

图 1-29　保定凹陷 BD90—209 地震测线地质解释剖面图

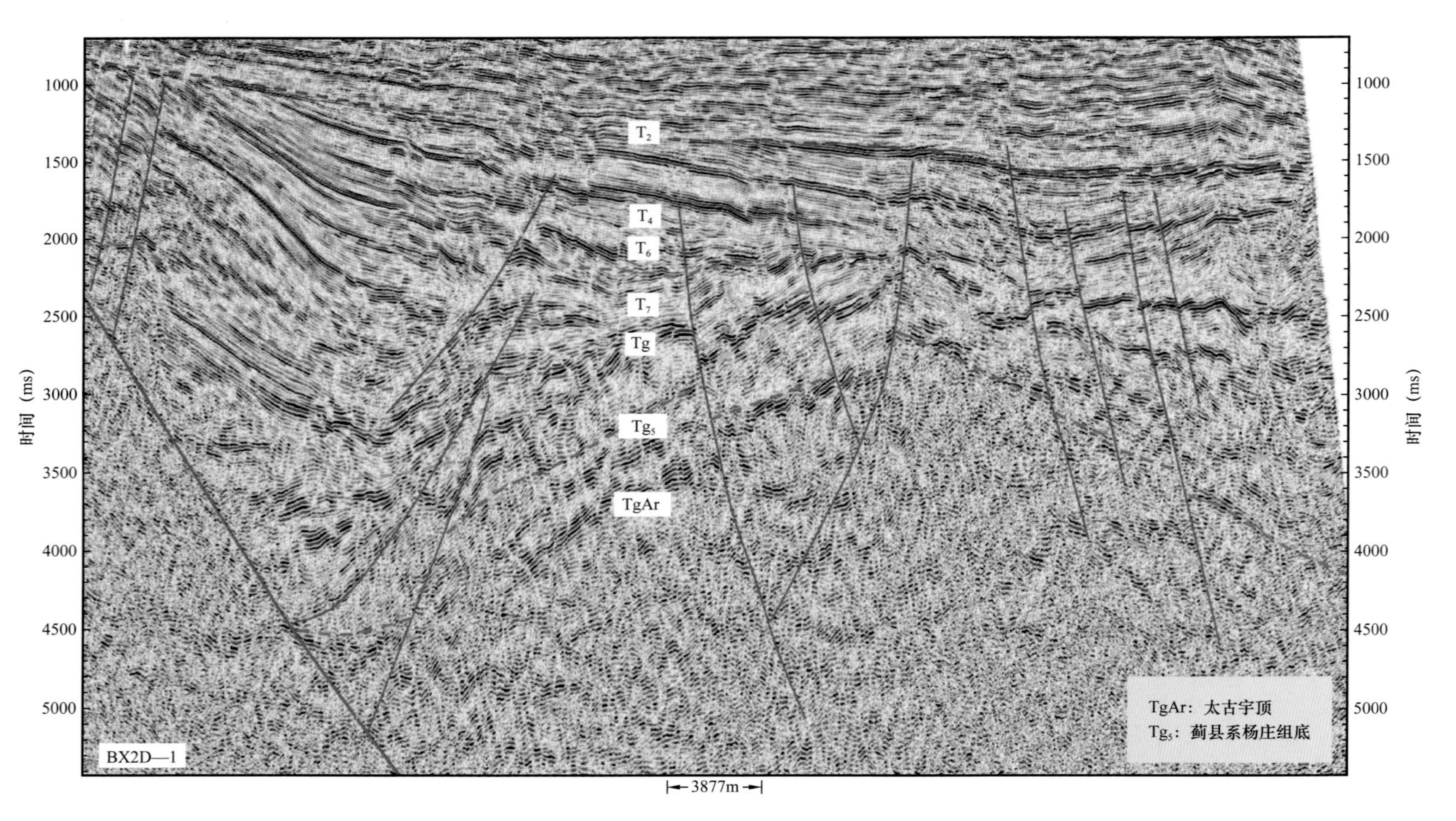

图 1-30　霸县凹陷 BX2D—1 地震测线地质解释剖面图

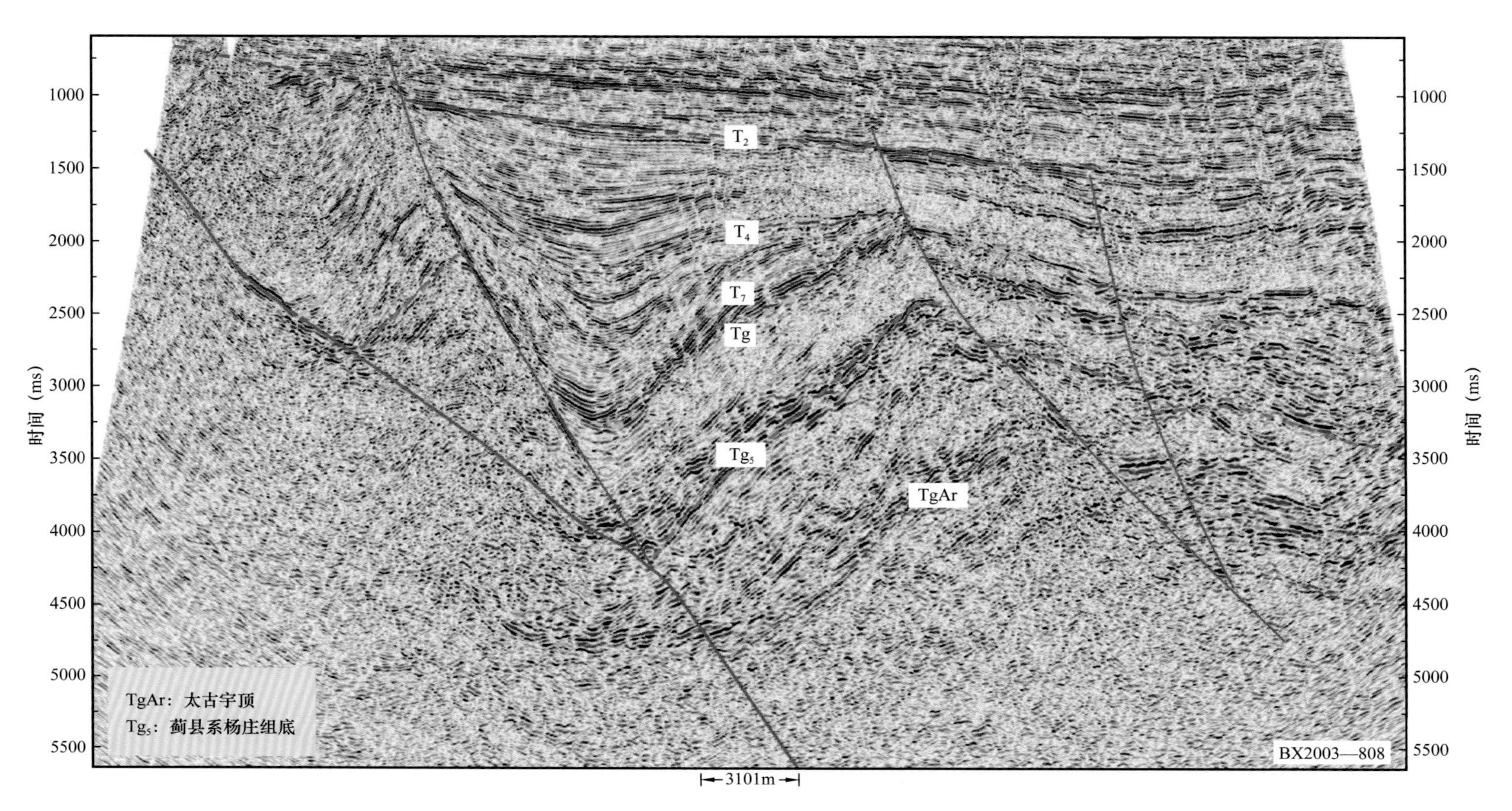

图 1-31　霸县凹陷 BX2003—808 地震测线地质解释剖面图

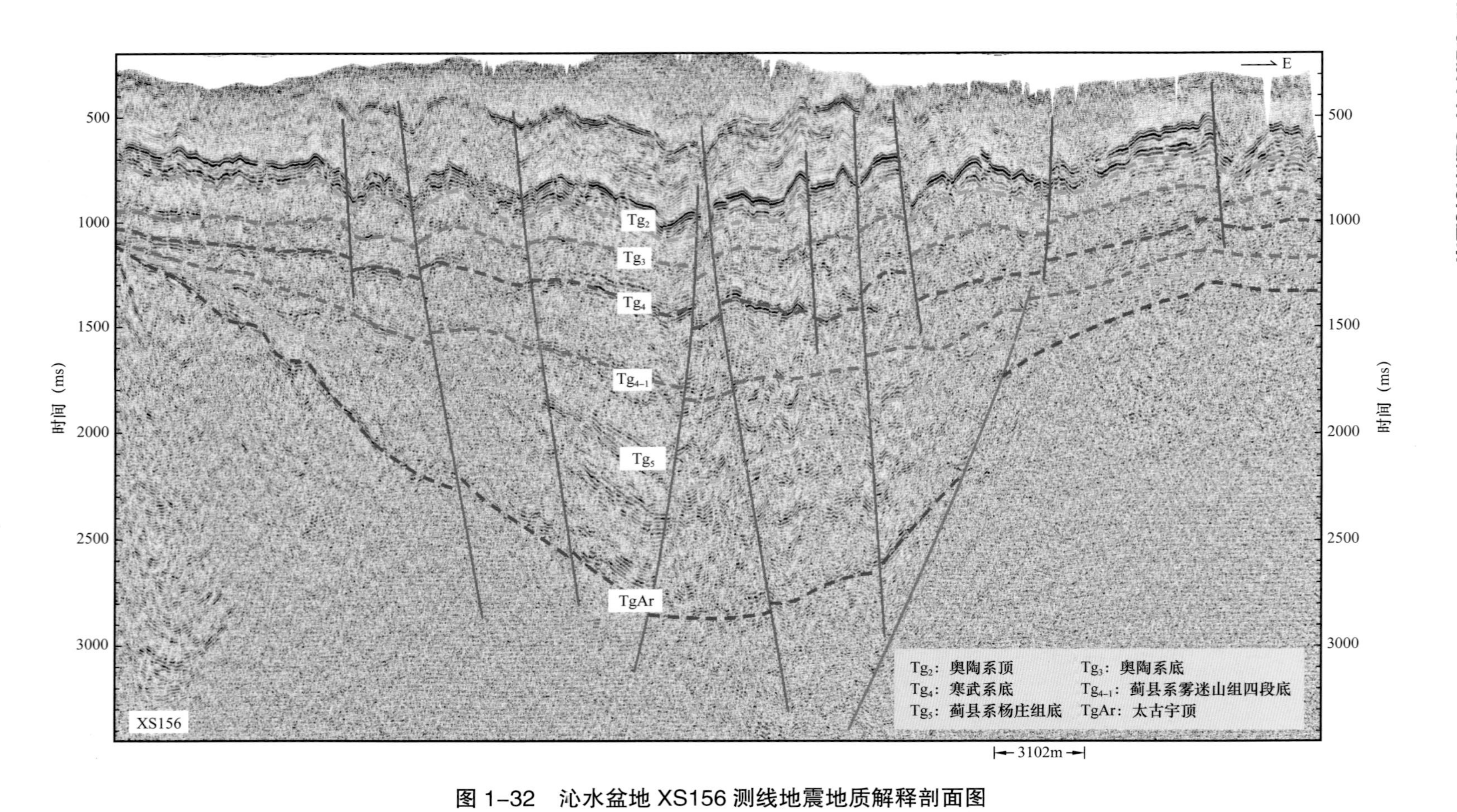

图 1-32　沁水盆地 XS156 测线地震地质解释剖面图

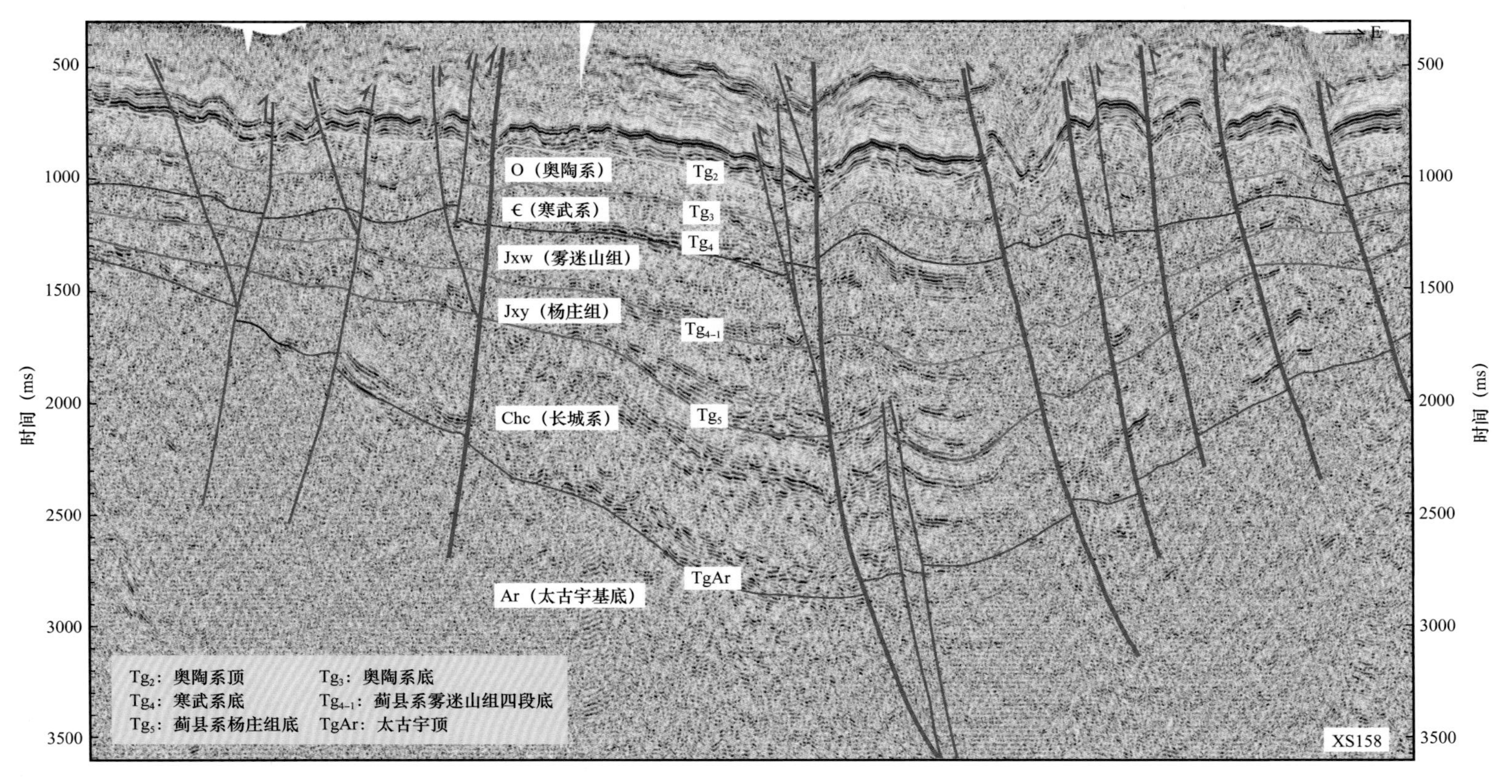

图 1-33 沁水盆地 XS158 测线地震地质解释剖面图

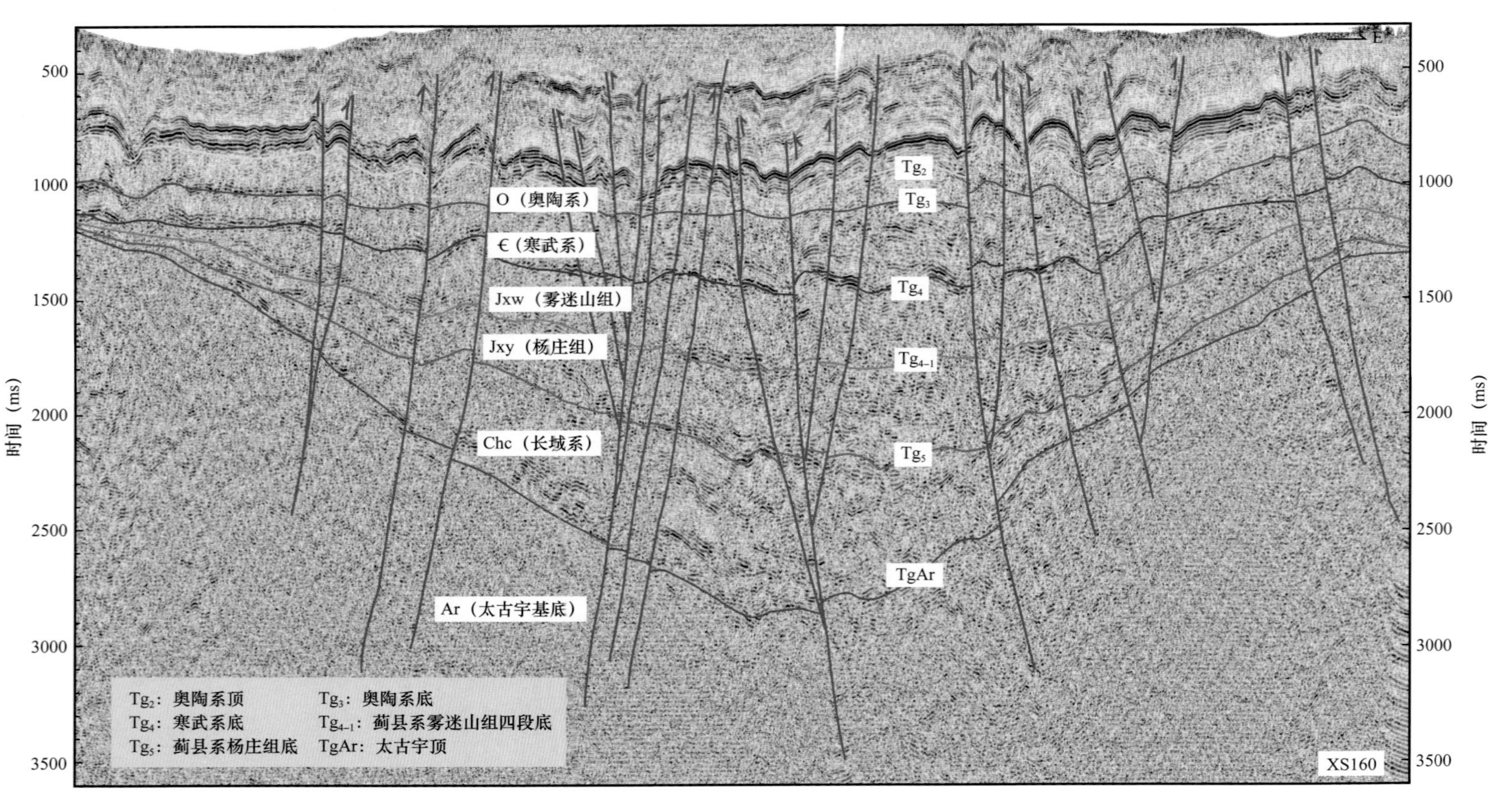

图 1–34　沁水盆地 XS160 测线地震地质解释剖面图

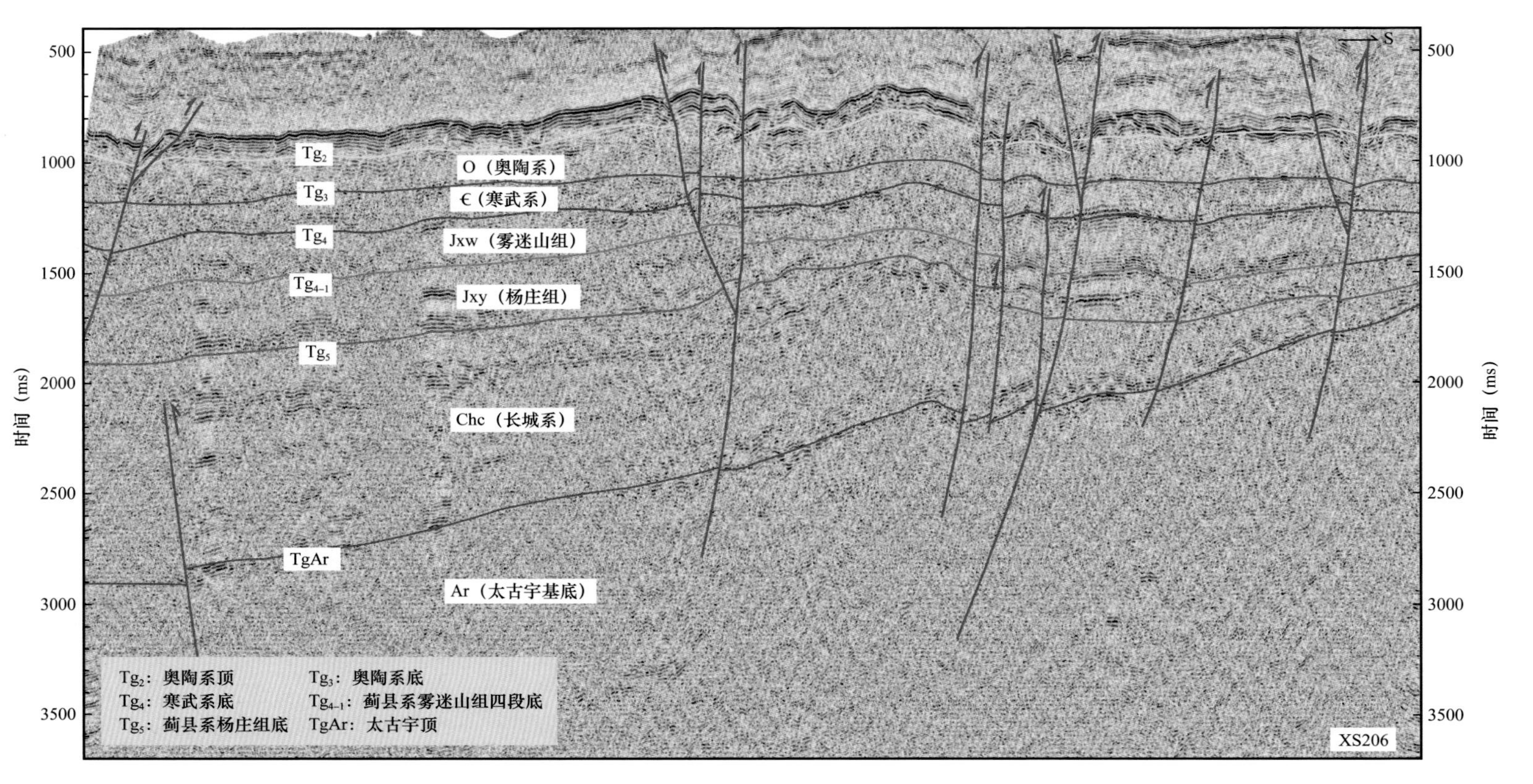

图 1–35　沁水盆地 XS206 测线地震地质解释剖面图

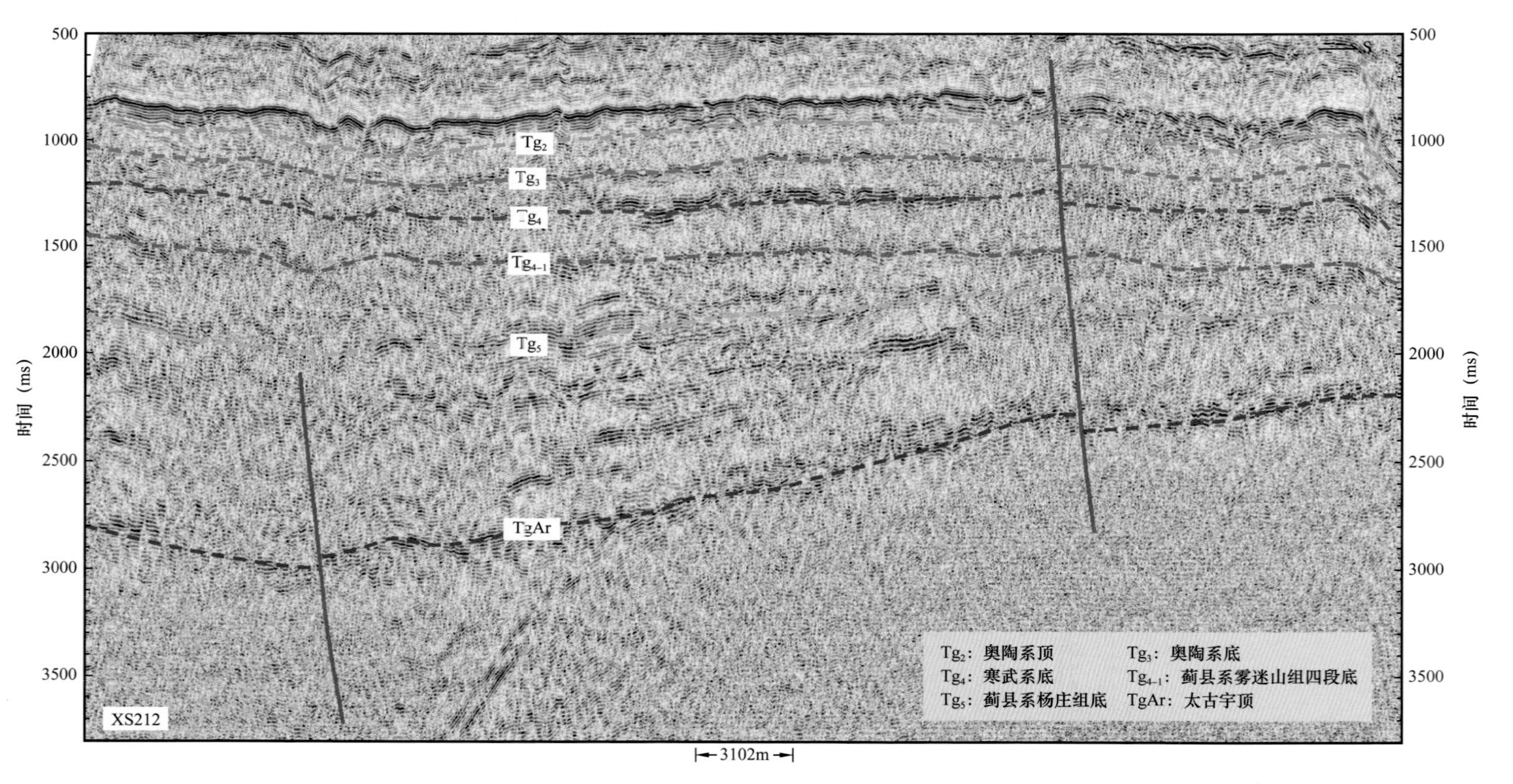

图 1-36 沁水盆地 XS212 测线地震地质解释剖面图

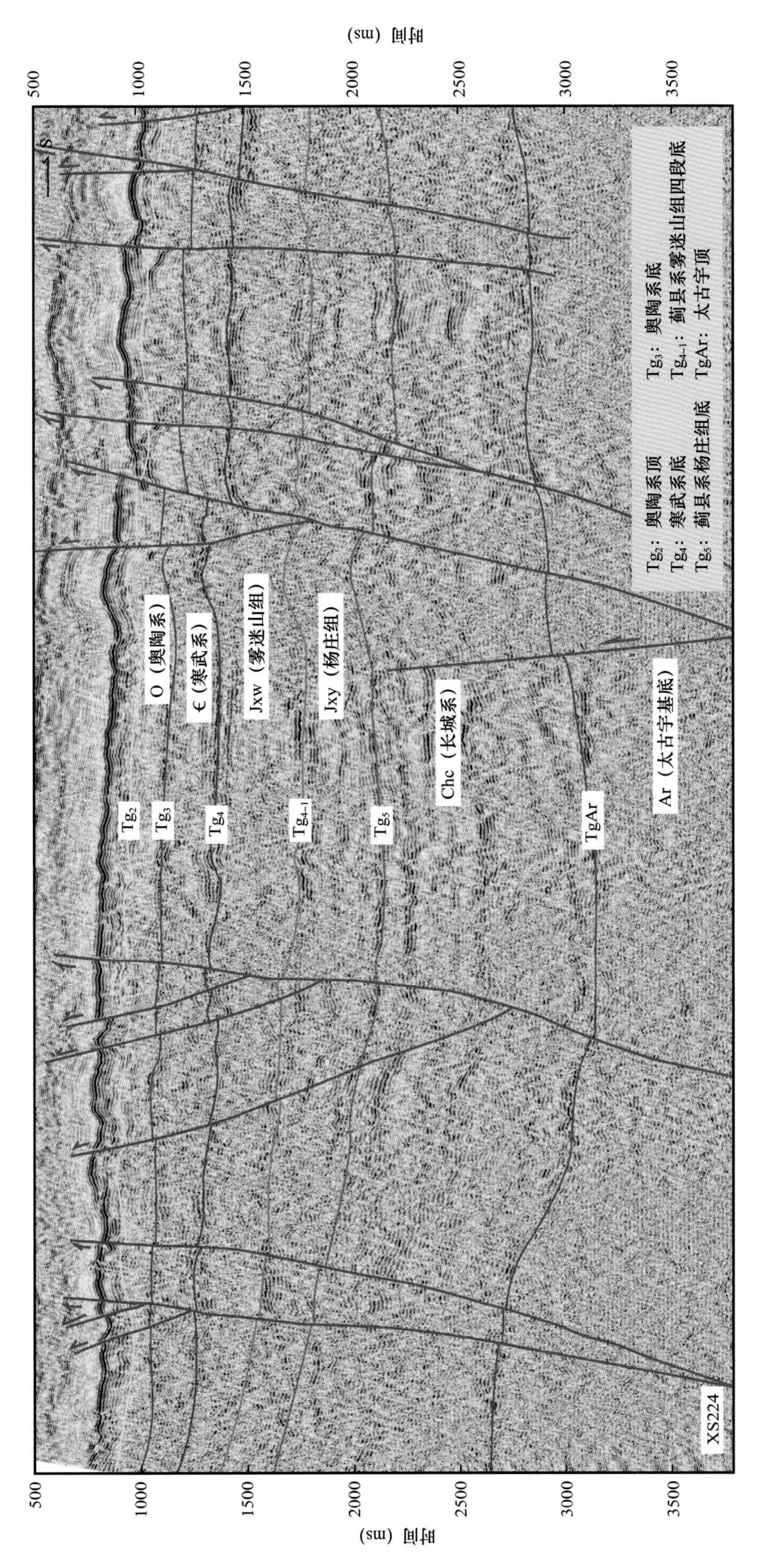

图 1-37 沁水盆地 XS224 测线地震地质解释剖面图

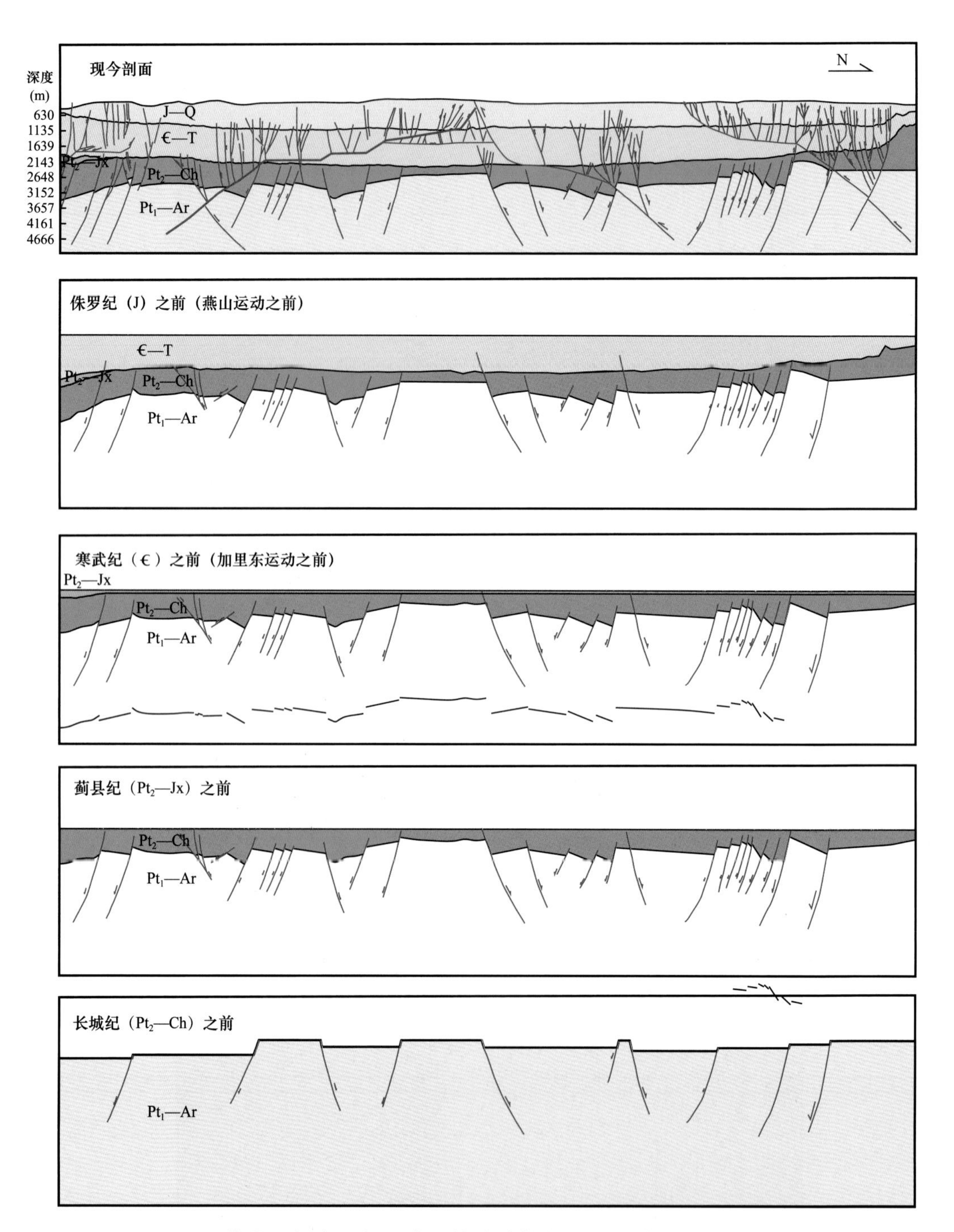

图 1-38　华北西部中—新元古界构造演化剖面（据地震剖面 06 测线）

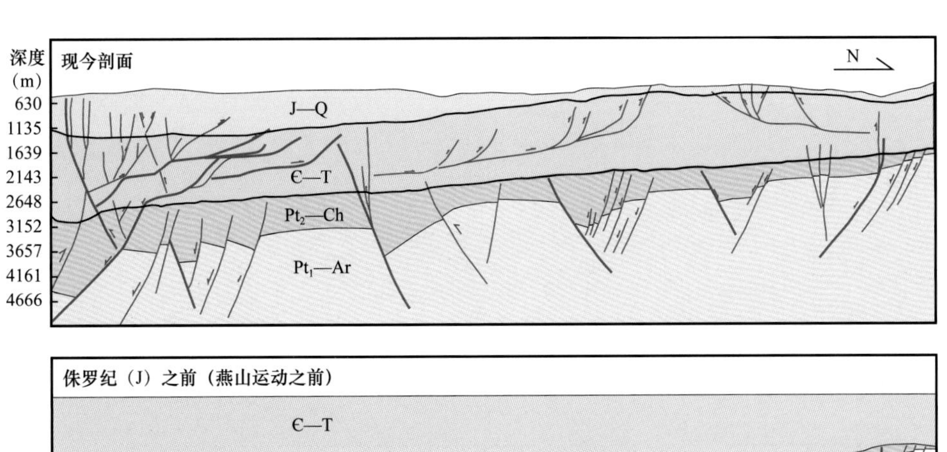

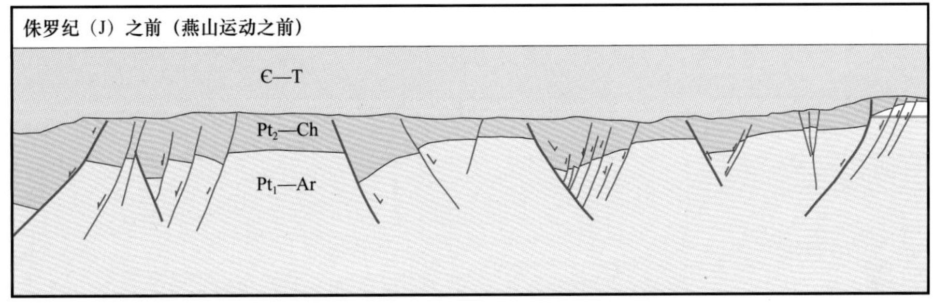

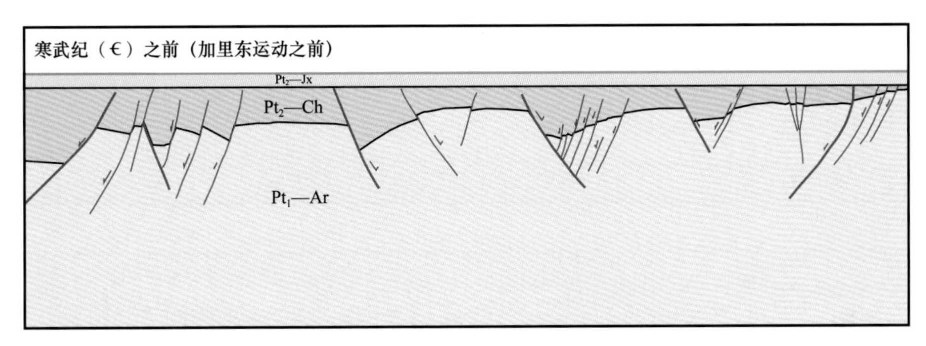

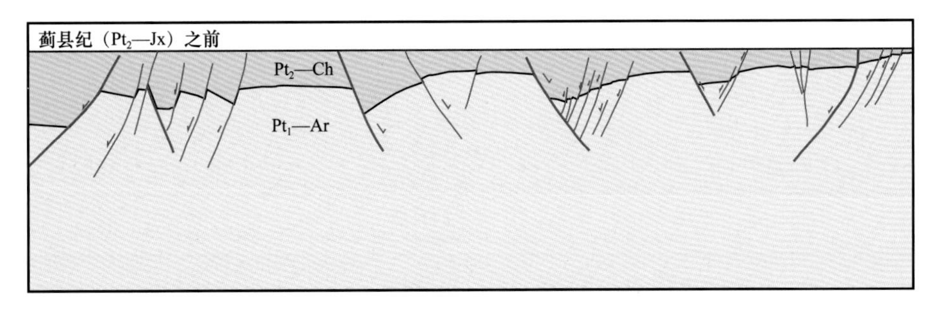

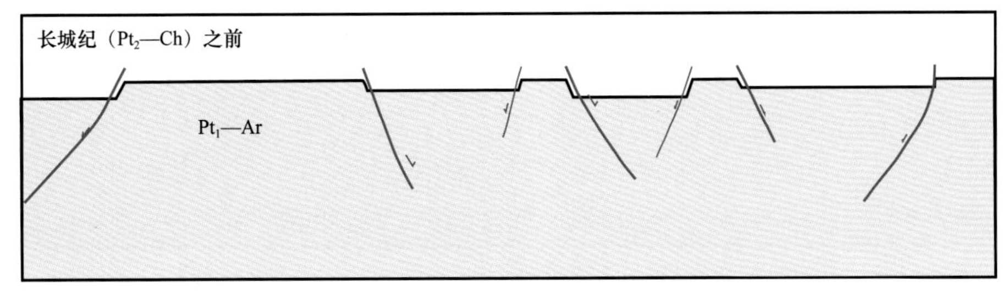

图 1–39 华北西部中—新元古界构造演化剖面(据地震剖面 05 测线)

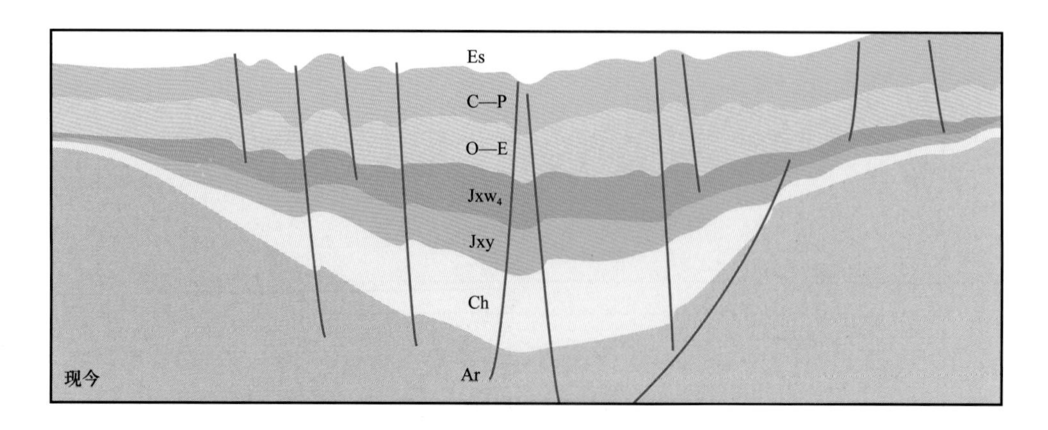

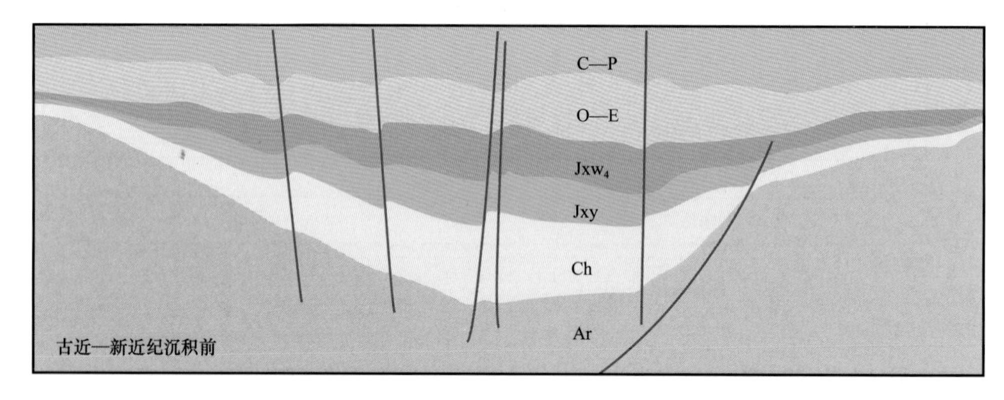

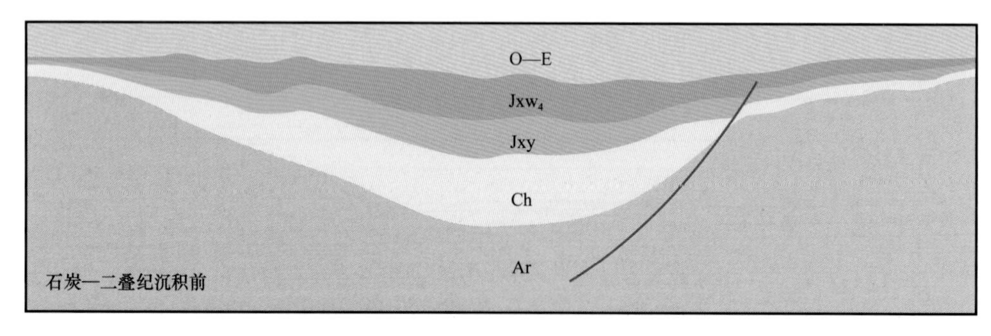

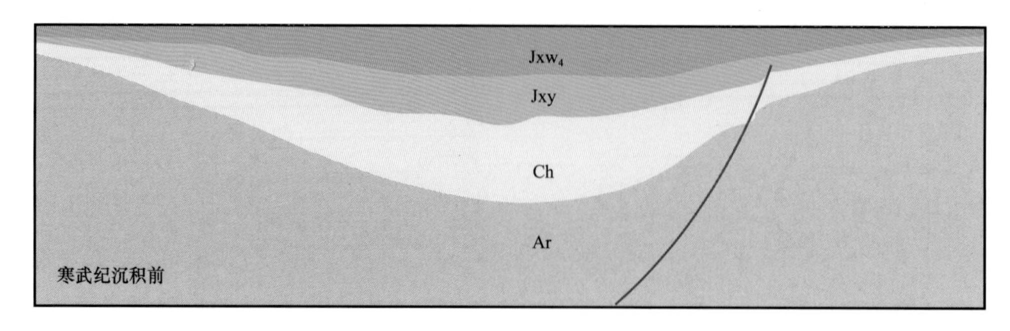

图 1-40　沁水盆地地震剖面 XS158 测线中—新元古界构造演化剖面图

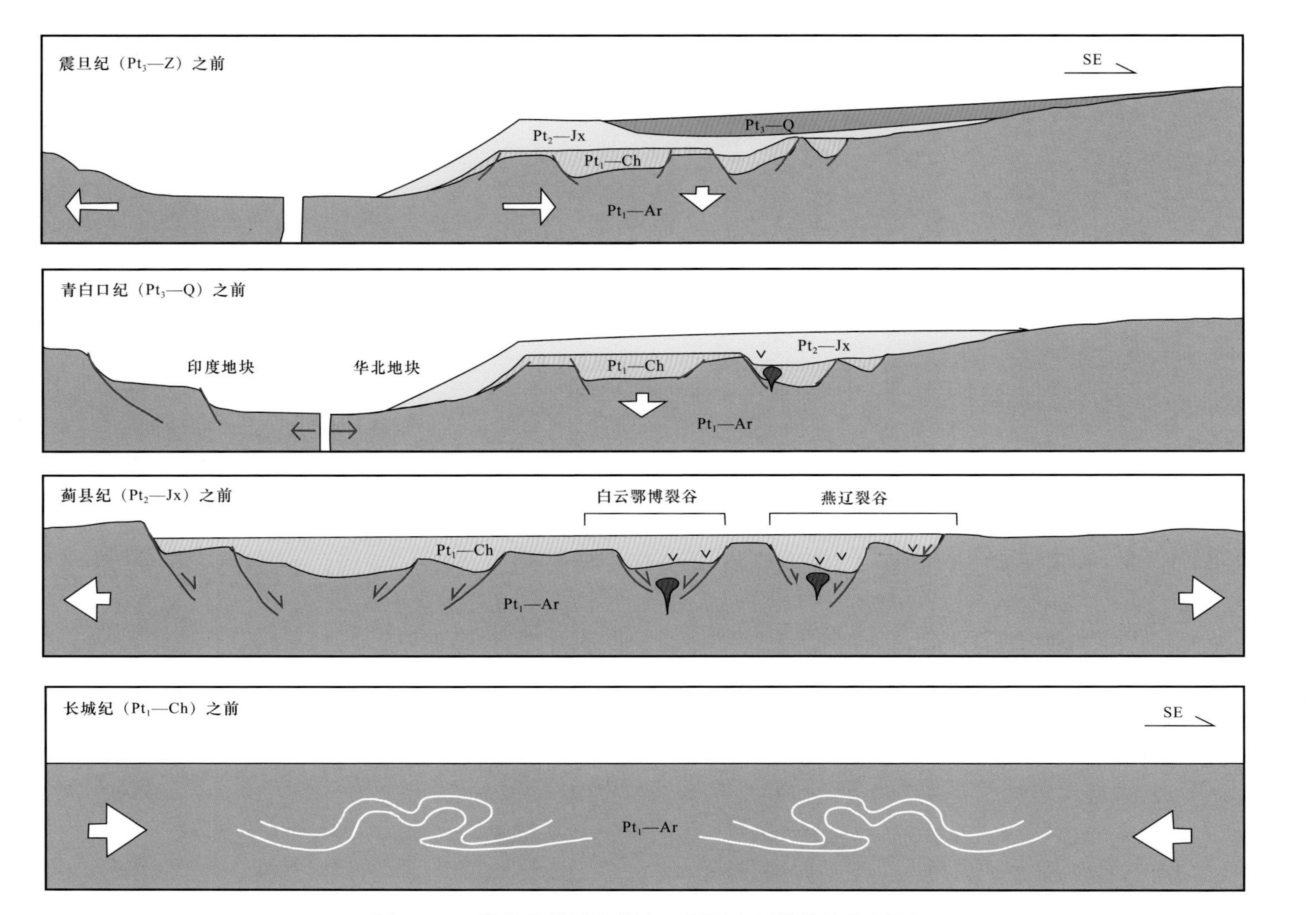

图1-41 华北北缘到中部中—新元古界构造演化剖面

第二章　区域地层

在中—新元古界年代地层划分标准方面，国外地质学家进行了长时间的研究，1960年国际地质科学联合会成立后，建立全球标准地质年代表的工作得以推进。1988年国际前寒武纪地层分会提出了元古宙三个阶段的新名称，即目前使用的古元古代（Palaeoproterozoic）、中元古代（Mesoproterozoic）和新元古代（Neoproterozoic），并进一步划分为10个纪，这个方案中，新元古代正式建立（底界年龄从900Ma下移到1000Ma），并三分为拉伸纪（Tonian）、成冰纪（Cryogenian）和末元古代或新元古代Ⅲ（Terminal Proterozoic/Neoproterozoic Ⅲ）。目前，中—新元古界的划分主要依据包括同位素化学地层学、事件地层学、放射性同位素年代地层学和生物地层学在内的综合地层学研究方法，其年代地层划分的国际标准正在逐步建立和完善。

第一节　华北中—新元古界地层划分与对比

中国中—新元古界地层划分研究历史悠久，1975年在北京召开“震旦系学术专题讨论会”，确立震旦系以三峡剖面为标准，其底部以莲沱组为底界，并对蓟县剖面的北方“震旦系”进行三分，自下而上分别命名为长城系、蓟县系和青白口系，从而在中国寒武系之下建立四个系，底界年龄分别是1900Ma、1400Ma、1000Ma和800Ma，四个系合称为“震旦亚界”。1999年为了与国际地层年代标准接轨，全国地层委员会提出了中国新元古界三分方案，即将震旦系底界上移至陡山沱组底界，以湖北三峡地区原震旦系的下部地层为标准剖面，建立南华系，与国际地层表中的成冰系相对应。自此中国区域地层表的新元古界三分为青白口系、南华系和震旦系，南华系上覆震旦系陡山沱阶冰碛层。2012年9月，全国地层委员会发表了新的中国地层表（试用稿），该试用稿的划分意见是在近年研究进展的基础上发表的。中—新元古界被划分为：长城系（1800—1600Ma），包括常州沟组、串岭沟组、大红峪组；蓟县系（1600—1400Ma），包括高于庄组、杨庄组、雾迷山组、洪水庄组、铁岭组；待建系（1400—1000Ma），下部仅发育下马岭组；青白口系（1000—780Ma）；南华系（780—635Ma）；震旦系（635—541Ma）。本次研究以前人地层划分为基础，补充部分测年数据，综合建立地层划分对比方案（图 2–1）。

第二节　华北中—新元古界区域地层分布

华北克拉通中—新元古界分布较为广泛（图 2–2 至图 2–7）：长城系残余厚度 200～1800m，在鄂尔多斯盆地西南缘及燕辽裂陷槽厚度最大；蓟县系残余厚度 200～4000m，在燕辽裂陷槽厚度最大；青白口系残余厚度 200～600m，在燕辽裂陷槽厚度最大，鄂尔多斯盆地南缘少量残存；下寒武统残余厚度 20～220m，在徐淮裂谷厚度最大，鄂尔多斯盆地西南缘带状展布。

以下结合华北地区典型露头及部分钻穿或钻遇元古宇的单井资料分析（图 2–8），介绍不同地区中—新元古界特征。

一、燕辽地区

燕辽地区在中—新元古界主要位于燕辽裂陷槽内，位于华北克拉通西部东北缘，是前人根据燕山构造带和辽西地区的中—新元古界所恢复的中—新元古代沉积区。该沉积中心可能在天津蓟县地区，向东可到黄骅、秦皇岛地区，向西到大同、阳泉一带，向南可至石家庄附近。燕山地区中—新元古界残留厚度最大，中元古界包括长城系、蓟县系、待建系，时限分别为距今 18 亿—16 亿年、距今 16 亿—14 亿年、距今 14 亿—10 亿年，长城系自下而上包括常州沟组、串岭沟组、团山子组和大红峪组，为一套浅海碎屑岩和碳酸盐岩组合，分布范围广泛，沉积厚度大于 2600m，主要的火山岩分布在团山子组和大红峪组；蓟县系自下而上包括高于庄组、杨庄组、雾迷山组、洪水庄组和铁岭组，沉积厚度大于 6000m，下部为碳酸盐岩，上部为一套页岩、泥质白云岩和砂岩组合，蓟县系之上被待建系下马岭组不整合覆盖。新元古界主要为青白口系，时限为距今 10 亿—8.5 亿年，包括龙山组和景儿略组，岩性以砂岩和页岩为主，夹少量碳酸盐岩，厚度一般小于 400m。典型露头主要包括大连、凌源、平泉、宽城、蓟县、十三陵、张家口、易县、任丘、曲阳等剖面（图 2–9 至图 2–13），主要钻井集中在冀中坳陷的龙 1 井、高 10 井、高深 1 井、保深 3 井、博 1 井、极 12 井、极 9 井、极 4 井、极 14 井等（图 2–14）。

二、豫陕晋地区

豫陕晋地区在中—新元古界主要位于熊耳裂陷槽内，位于华北克拉通西部东南缘，呈三角形，豫陕晋地区构造复杂，地层出露多。主要露头包括五台、黎城、永济、渑池、洛南、鲁山等剖面（图 2–12、图 2–13、图 2–15 至图 2–21），鄂尔多斯盆地内旬探 1 井

（图 2–22）等多口探井钻遇或钻穿元古宇。

前人将华北地台南部中—新元古界划分为小秦岭—栾川地层小区、渑池—确山地层小区和嵩山—箕山地层小区。

小秦岭—栾川地层小区：由于其元古宇在空间分布上与陕西洛南相连，中下部长期沿用了邻近的陕西洛南地区地层划分，由老到新依次发育高山河组（下）和洛南群（官道口群）（中），其上部与洛南相比，多发育了一套栾川群。地层由老到新依次发育中元古界长城系（熊耳群），高山河组［鳖盖子组（下）、三道河组（中）、陈家涧组（上）］，蓟县系官道口群［龙家园组（底部部分紫红色白云岩段属长城系—蓟县系）、巡检司组、杜关组、冯家湾组］，待建系（大庄组）；新元古界青白口系栾川群（三川组、南泥湖组、煤窑沟组、大红口组、鱼库组）。

渑池—确山地层小区（中条山等地区亦在此区）：地层由老到新依次发育中元古界长城系（熊耳群）、汝阳群（小沟背组、云梦山组、白草坪组、北大尖组）、洛峪群（崔庄组、三教堂组、洛峪口组），蓟县系（黄连垛组）；新元古界青白口系（董家组），震旦系（罗圈组、东坡组）。

嵩山—箕山地层小区：地层由老到新依次发育中元古界长城系熊耳群、兵马沟组、五佛山群（马鞍山组、峡间组、葡萄峪组、骆驼畔组、何家寨组）；新元古界震旦系（罗圈组）。

三、贺兰山—阴山地区

贺兰山位于华北地台鄂尔多斯地块西缘（图 2–23、图 2–24），在基底发育孔兹岩带，孔兹岩带位于华北克拉通西部鄂尔多斯地块北缘，总体呈近 EW 走向，包括贺兰山杂岩、千里山杂岩、乌拉山大青山杂岩及集宁杂岩，该带形成于约 19.5 亿年，记录了阴山地块和鄂尔多斯地块的碰撞拼合过程。在该地区中—新元古界包括了中元古界长城系黄旗口组（群）、蓟县系王全口组（群），新元古界南华系正目关组（镇木关），其间均发育有平行不整合。其中正目观组因下部含有典型的冰碛砾岩，被推测与豫陕晋交界地区的罗圈组相当、并可与扬子地区南沱组等对比。在与鄂尔多斯地块隔黄河相望的内蒙古阴山地区（一些学者称之为“阴山地块”），其“中元古界”包括了渣尔泰山群（南）、白云鄂博群（北）和什那干群（南）。其中前两者一般被认为属于“同时异相”的长城系，后者被归为蓟县系或震旦系。

四、阿拉善地区

阿拉善地块的结晶基底主要由太古宙迭部斯格岩群和古元古代阿拉善岩群组成（图 2–11、图 2–12）。其中迭部斯格岩群分布于阿拉善地块北缘狼山以南地区，岩性主要为斜长角闪岩、斜长角闪片麻岩，其原岩为镁铁质火山岩碳酸盐岩建造，经历了角闪岩相麻粒岩相变质作用，其原岩形成于太古宙，距今约30亿年，阿拉善岩群分为下部巴彦乌拉山岩组和上部德尔和通特岩组，前者主要由斜长角闪岩、角闪斜长片麻岩组成，原岩为基性中基性火山岩，后者主要由变粒岩、石英岩、各种片岩和大理岩组成，原岩为碎屑岩、火山碎屑岩和硅质岩碳酸盐岩建造。阿拉善岩群原岩形成于古元古代距今约20.05亿—19.2亿年，后期经历了以角闪岩相为主的变质作用。阿拉善地区中—新元古界主要分布于银根盆地南缘的巴音西别山一带，地层由老到新依次发育中元古界长城系诺尔公群（沙布更茨组、塔克林敖包组），蓟县系巴音西别组，青白口系海生哈拉组、珠拉扎嘎毛道组。

五、淮南—徐淮地区

江苏、安徽北部的前寒武系按照发育、出露情况可划分为北部的徐淮地区和南部淮南凤阳地区（图2-12）。在淮南地区地层由老到新依次发育中元古界待建系淮南群曹店组、八公山组；新元古界青白口系淮南群刘老碑组，淮北群寿县组、九里桥组、四顶山组，震旦系凤台组。

在徐淮地区，传统的"新元古界"以淮南群及徐淮群等为代表。地层由老到新依次发育中元古界待建系淮南群曹店组、八公山组（蓝陵组）；新元古界青白口系淮南群刘老碑组（新兴组），淮北群寿县组、九里桥组、赵圩组、倪园组、九顶山组、张渠组、魏集组、史家组、望山组。

第三节 华北中—新元古界地层序列

一、华北北部地层序列

华北北缘地区以渣尔泰群、白云鄂博群、化德群为代表。根据赵国春等（2002）关于古元古代华北克拉通基底的划分，这一套沉积体系分布在阴山地块之上。按照现今的构造格架，再向北是横贯东西的古生代中亚造山带。

从地层分布上，渣尔泰群与白云鄂博群并不相邻，渣尔泰群南部以佘太—固阳断裂与华北克拉通基底构造接触，佘太—固阳断裂可能向东与集宁—隆化断裂相连，向北不整合覆盖于华北克拉通基底之（孔兹岩系）上。白云鄂博群在南部不整合覆盖于华北克拉通古元古代基底乌拉山岩群（色尔腾山群）之上，向北则是古生界白乃庙岛弧带，白云鄂博群与岛弧带之间为乌兰宝力格断裂，向东可能延伸至赤峰，再向北则依次是包尔汉图—温都尔庙加里东期加积杂岩带，索伦山—西拉木伦河海西期加积杂岩带，再北边则是西伯利亚地块。关于白云鄂博群以及东部的化德群，实际上在全国 1∶20 万比例尺地质图上两套地层相互连续，在本书的研究中实际上属于同物异名，化德群东南边与华北克拉通古元古界红旗营子群不整合接触，再向南则是华北经典的中—新元古界研究区——燕辽裂谷，与燕辽地区经典的长城系、蓟县系、青白口系不同的是，北缘这套沉积体系由于受到后期构造运动的影响，发生了轻微的变质作用。

二、华北中—西部地层序列

华北中—西部中—新元古界以长城系、蓟县系以及青白口系为代表，主要分布在河北燕山南部和太行山地区，以及辽宁西部，大致沿凌源、宽城、蓟县、保定、石家庄一线及其两侧地区分布，呈 NE—SW 向带状延伸，向东北可延伸至阜新—铁岭一带，向西南可以追溯到山西黎城、平顺及河南林县，向西高于庄组可以延伸至河北省尚义县、山西省应县三条岭和五台县茶房山一带，向东一直到秦皇岛。至今多数研究中基本沿用了燕辽裂谷的概念，认为中部当时为深入克拉通内部的陆内裂谷。《河北省岩石地层》中根据地层分布的区域，又将华北中部的中—新元古界分为燕辽分区和晋陕豫分区，近年来关于地层学、地质年代学的进展多以燕辽分区地层的研究为基础。晋陕豫分区中—新元古界在沉积位置上位于华北北缘燕辽地区与华北南缘之间，不整合覆盖于太古宇片麻岩或古元古界滹沱群之上，仅发育中元古界下部层位，缺失蓟县系、青白口系，与上覆寒武系微角度不整合接触。

根据最新的地层划分与对比，燕山—辽西地区长城系现今包括常州沟组、串岭沟组、团山子组、大红峪组；蓟县系包括杨庄组、雾迷山组、洪水庄组、铁岭组，近年来将下马岭组归为待建系；青白口系包括龙山组与景儿峪组。

常州沟组主要分布在燕辽分区燕山南麓和晋陕豫分区赞皇地区的平山、头泉一带，不整合覆盖于太古宇变质岩之上，在河北兴城地区，常州沟组不整合于太古代绥中花岗岩之上。岩性特征下部为砾岩、含砾粗砂岩、长石石英砂岩、石英砂岩；上部为石英岩状砂岩夹砂质页岩，与上覆串岭沟组为连续沉积。

串岭沟组岩性主要以粉砂质页岩为主，在山西长治一带发育灰黑色页岩，加少量碎屑岩和碳酸盐岩的岩石组合，顶部以黑色粉砂质页岩与团山子白云岩分界，两者之间为整合接触。

团山子组主要为一套以厚层白云岩、淡红色白云岩为主，夹砂岩、石英岩状砂岩及粉砂质页岩的岩石组合。顶部与大红峪组整合接触，以中—厚层石英岩状砂岩为分界。

大红峪组主要岩性为一套石英岩状砂岩、长石石英砂岩、白云岩夹火山岩的岩石组合。火山岩以富钾粗面岩和钾质玄武岩为主，底部以石英岩状砂岩与下伏地层分界，顶界为高于庄组底部含砾粗砂岩和含长石石英砂岩之底面，两者之间为平行不整合接触。

原属长城系的高于庄组最新的地层划分为蓟县系，岩性为一套以碳酸盐岩占绝对优势的地层，岩石组合以厚层白云岩为主，其底部以一层含砾粗砂岩和长石石英岩状砂岩与大红峪组平行不整合接触，顶部与杨庄组灰白色泥质白云岩整合接触。

杨庄组主体岩性为红色或白色含粉砂质泥质白云岩，夹燧石白云岩、白云质灰岩及沥青质白云岩，顶部以大套红色岩层消失于雾迷山组块状含叠层石白云岩分界，为整合接触。杨庄组相对于高于庄组，分布局限，向西至涿鹿白云山以西，向南至曲阳以南，均缺失该组沉积。

雾迷山组特征非常明显，主体为大套块状白云岩，底部含叠层石间夹少量泥质粉砂质白云岩和硅质岩，顶部与洪水庄组以黑色粉砂质页岩为界，整合接触。

洪水庄组整合于雾迷山组之上，主要岩性为一套黄绿色含石英粉砂质页岩，上部夹薄层石英砂岩，下部夹薄层泥质白云岩。底部以黑色粉砂质页岩与雾迷山组分界，顶部与铁岭组灰白色中—厚层中粒石英砂岩分界，整合接触。

铁岭组主要分布在宽城以东，整合于洪水庄组之上，岩性主要为含铁白云岩、紫红色页岩、含叠层石灰岩等。其底部为灰白色中—厚层中粒石英砂岩与洪水庄整合接触，顶部与下马岭组黄褐色含铁粗砂岩或砾岩分界，为不整合接触。

下马岭组岩性主要是灰绿色、灰黑色页岩和粉砂岩，底部可见赤铁矿、铁质粉砂岩及底砾岩，中部夹泥质灰岩，上部为灰色硅质页岩，与下伏铁岭组白云岩以及上覆龙山组石英砂岩均为平行不整合接触。

近年来在鄂尔多斯盆地内部根据钻遇中—新元古界的钻井资料来看，不仅在盆地西南部分布厚度较大的中元古界，而且断裂的走向同样为NE向，与燕辽裂陷槽内同沉积断裂的走向接近。

三、华北南缘地层序列

华北南缘中—新元古界主要分布在河南、山西、陕西三省交界地区，在山西省主要分布在运城地区，在河南省分布广泛包括卢氏、灵宝、渑池、确山、以及嵩山地区。根据地层分区，华北南缘中—新元古界又可以划分为三个地层小区，包括小秦岭—栾川地层小区（熊耳山小区）、渑池—确山地层小区以及嵩箕地层小区。不同地层小区发育地层沿革不一。

小秦岭—栾川小区发育地层为高山河群、官道口群。高山河群分为三个组，从底部向上依次为鳖盖子组、二道河组以陈家涧组；官道口群划分为龙家园组、巡检司组、杜关组以及冯家湾组。在渑池—确山地层小区，发育汝阳群与洛峪群。汝阳群被划分为小沟背组、云梦山组、白草坪组以及北大尖组；洛峪群从底部至上部划分为崔庄组、三教堂组以及洛峪口组。在河南嵩山地区的嵩箕地层小区，发育地层主要为五佛山群，包括兵马沟组、马鞍山组、葡萄峪组、骆驼畔组以及何家寨组。上述中，小沟背组以及兵马沟组被认为是华北南缘最早的中元古界沉积，被单独划分出来，分别位于汝阳群以及五佛山群下部，并且属于同物异名。

在华北南缘，发育一套巨厚的火山岩以及火山碎屑岩地层，即熊耳群，垂向上以不整合形式覆盖在太古宇基底或者熊耳群之上。在济源、渑池地区，兵马沟组（小沟背组）不整合覆盖在熊耳群火山岩之上；在伊川地区，兵马沟组不整合覆盖在太古宇登封群之上；在鲁山、舞钢地区，兵马沟组不整合覆盖在太古宇太华群之上。

兵马沟组（小沟背组）岩性主要为一套正粒序碎屑岩沉积，以砾岩、砂砾岩、砂岩、粉砂质页岩为主。下部以底砾岩为标志，与下伏太古宇登封群或者熊耳群不整合接触，其上与五佛山群马鞍山组或者汝阳群云梦山组底砾岩平行不整合接触。

五佛山群主要分布在嵩山地区，整体上是一套轻微变质的碎屑岩组合，岩性主要为砾岩、石英砂岩、粉砂质页岩、页岩等。

汝阳群为分布于渑池—确山地层小区及山西地区的一套碎屑岩—碳酸盐岩组合，在河南主要分布在济源、渑池、汝阳、汝州、鲁山、确山以及舞钢等地。

云梦山组岩性为肉红色、灰白色石英砂岩夹少量紫红、灰绿色页岩，底部为砾岩及不稳定的铁矿层，下部以底砾岩为标志与兵马沟组平行不整合接触，上部以石英砂岩层基本结束为标志，与上覆白草坪组整合接触。

白草坪组岩性为紫红、灰绿色粉砂质页岩、页岩夹薄层石英砂岩，局部夹砾岩及白云岩，下部以紫红色、灰绿色页岩、粉砂质页岩大量出现为标志，上部以页岩的结束为标志与北大尖组整合接触。

北大尖组岩性为石英砂岩、长石石英砂岩夹页岩、海绿石砂岩、白云岩及铁矿层等，下部以石英砂岩的出现为标志与白草坪组整合接触，上部以白云岩结束标志与洛峪群崔庄组整合接触。

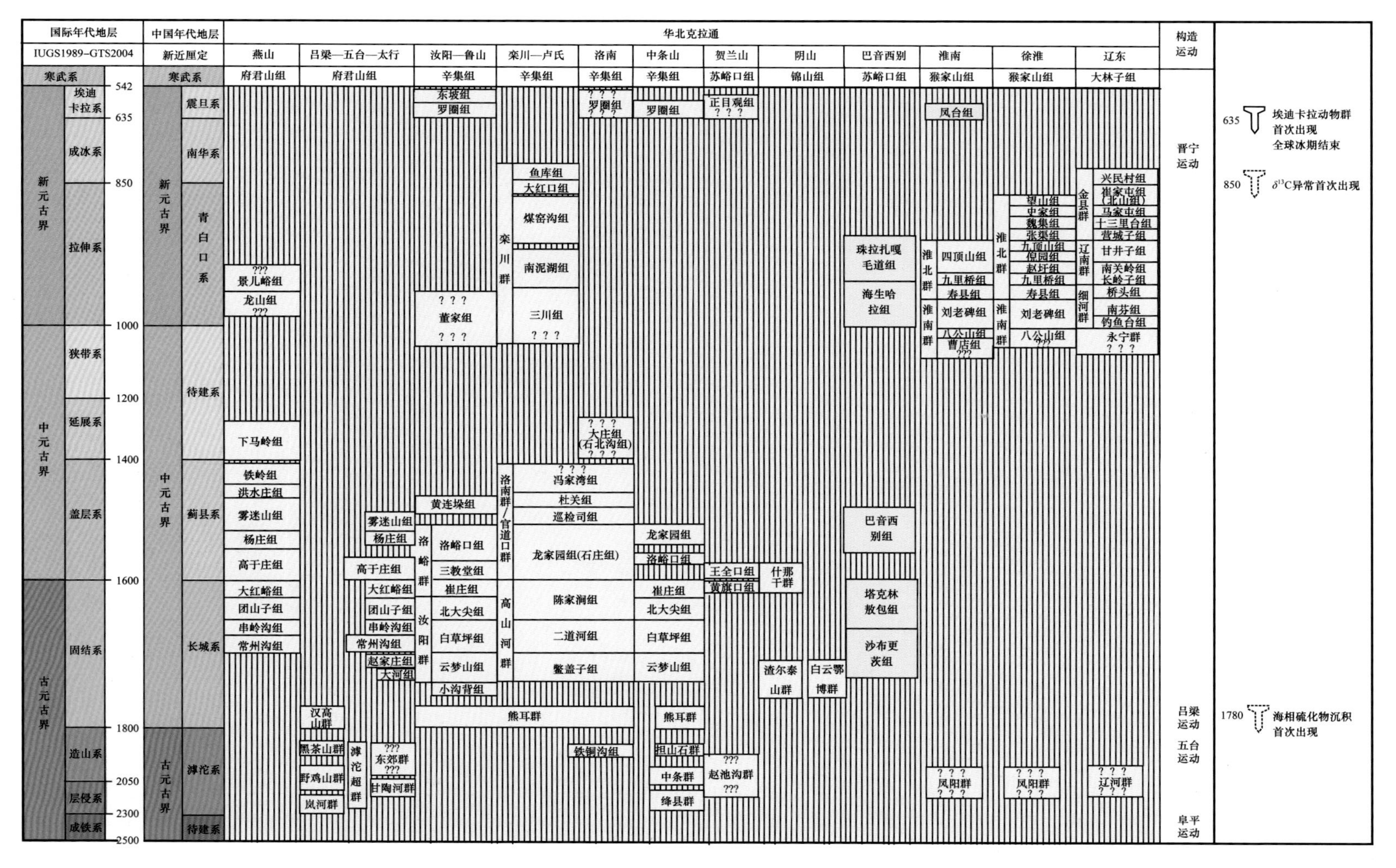

图 2-1　华北中—新元古界对比表

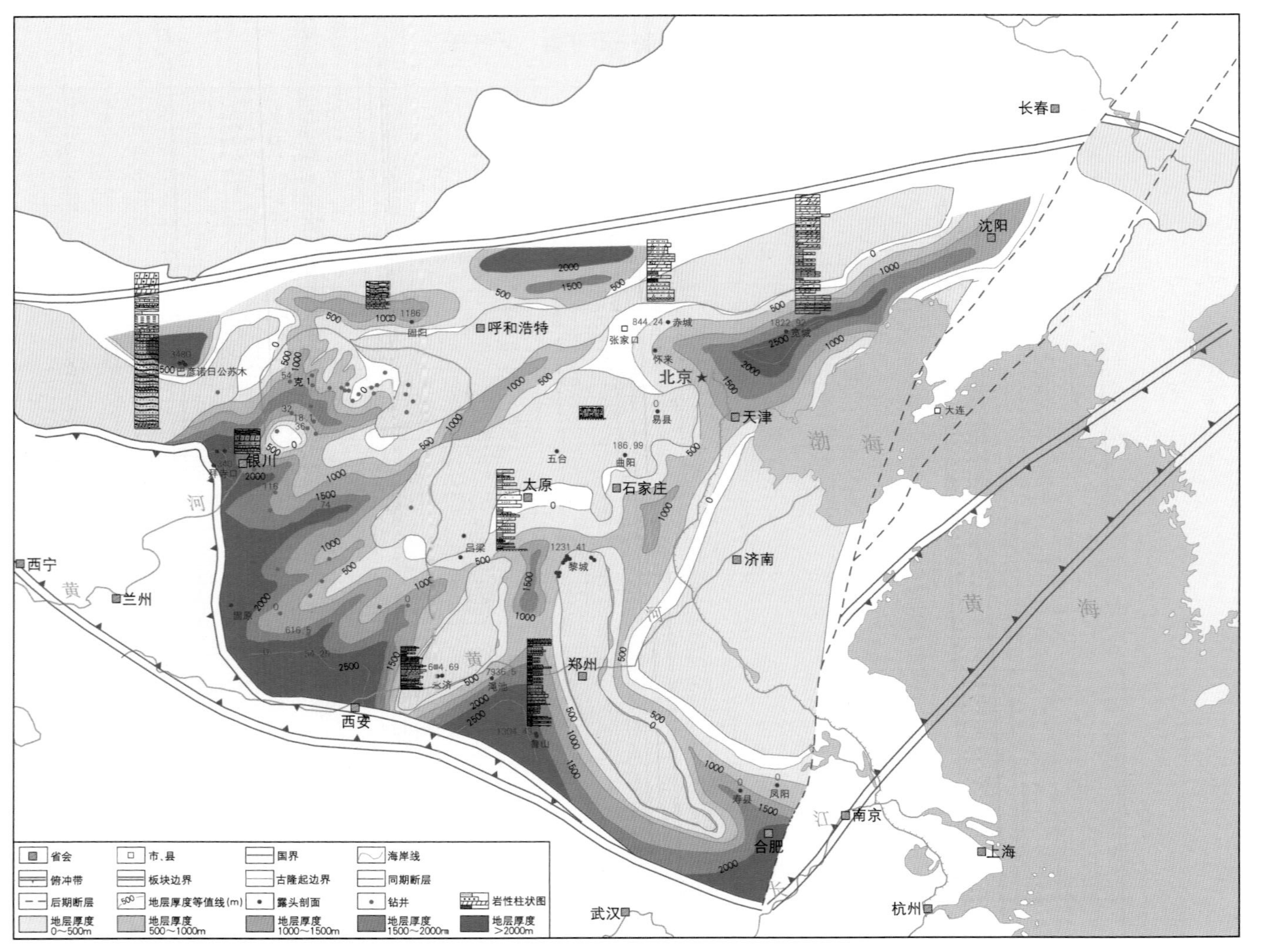

图 2-2　华北中元古界长城系残留厚度分布图

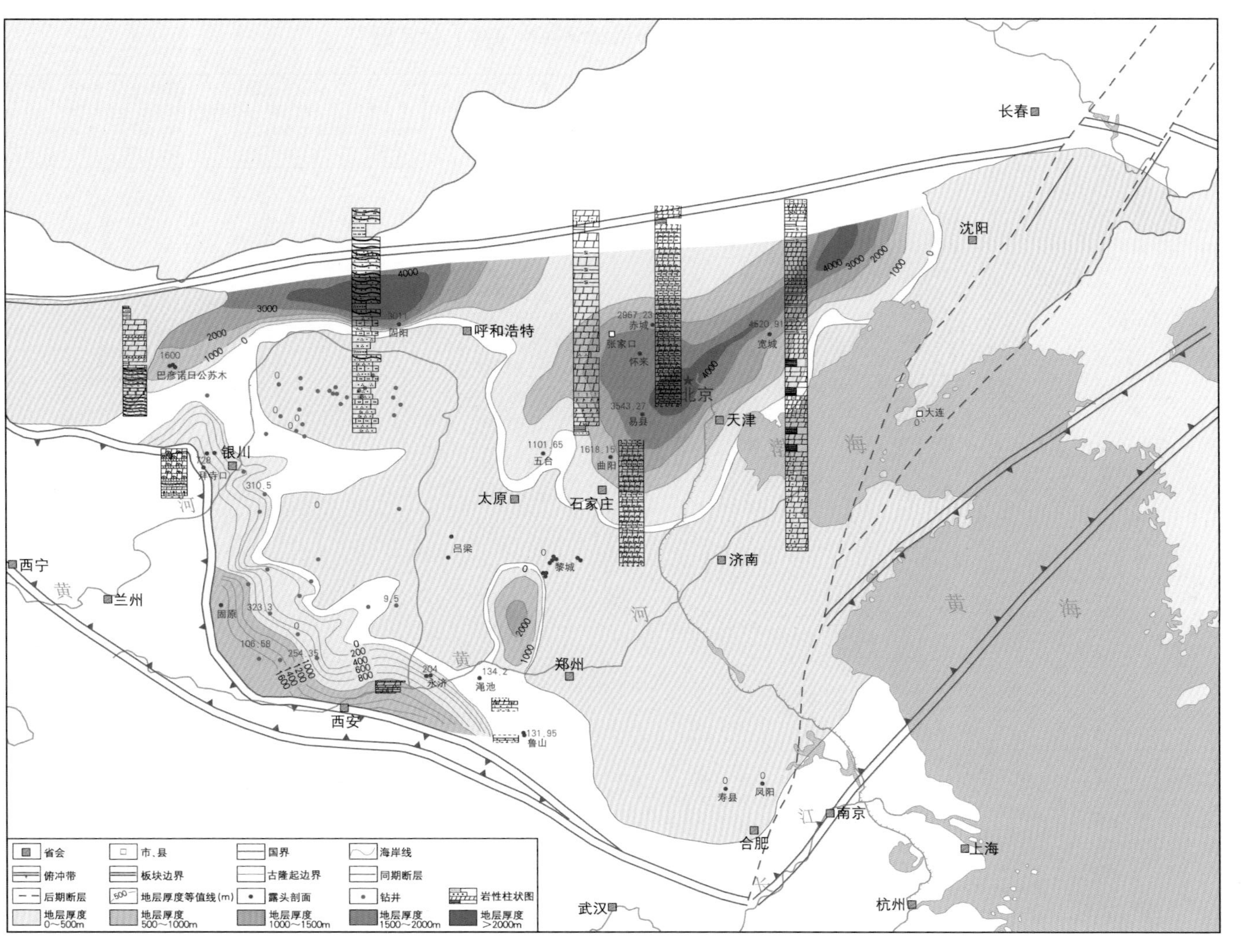

图 2-3 华北中元古界蓟县系残留厚度分布图

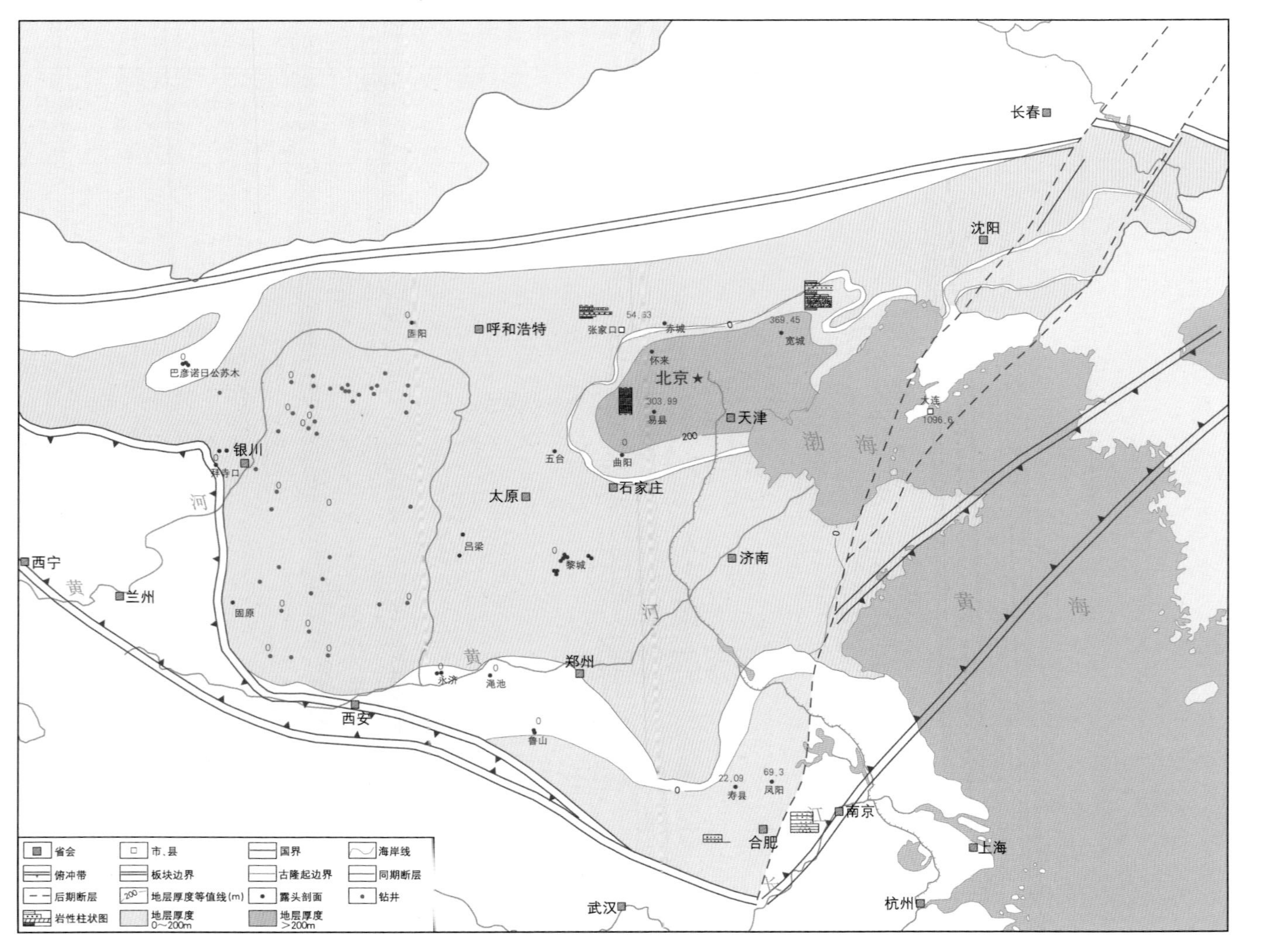

图 2–4　华北中元古界待建系残留厚度分布图

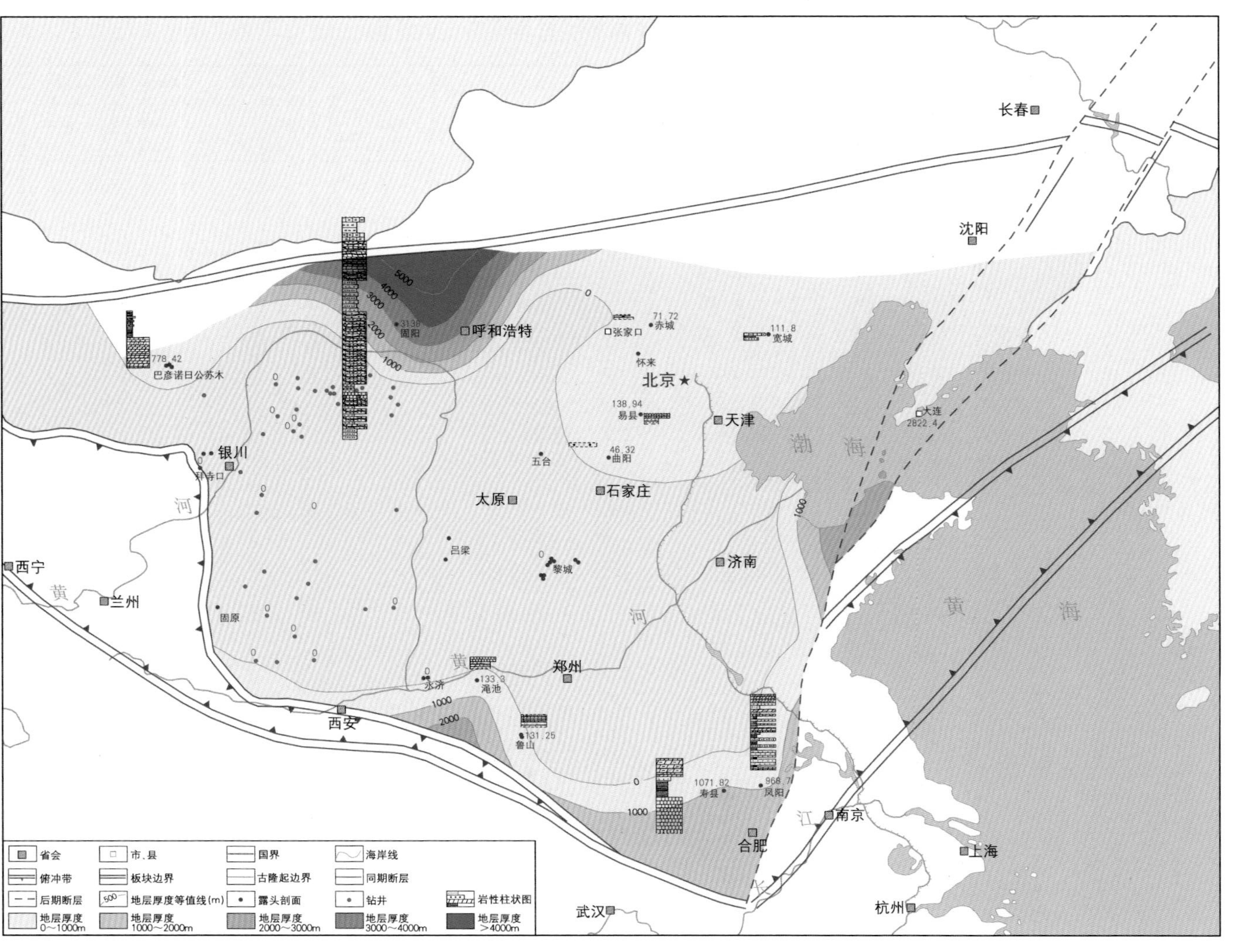

图 2-5　华北新元古界青白口系残留厚度分布图

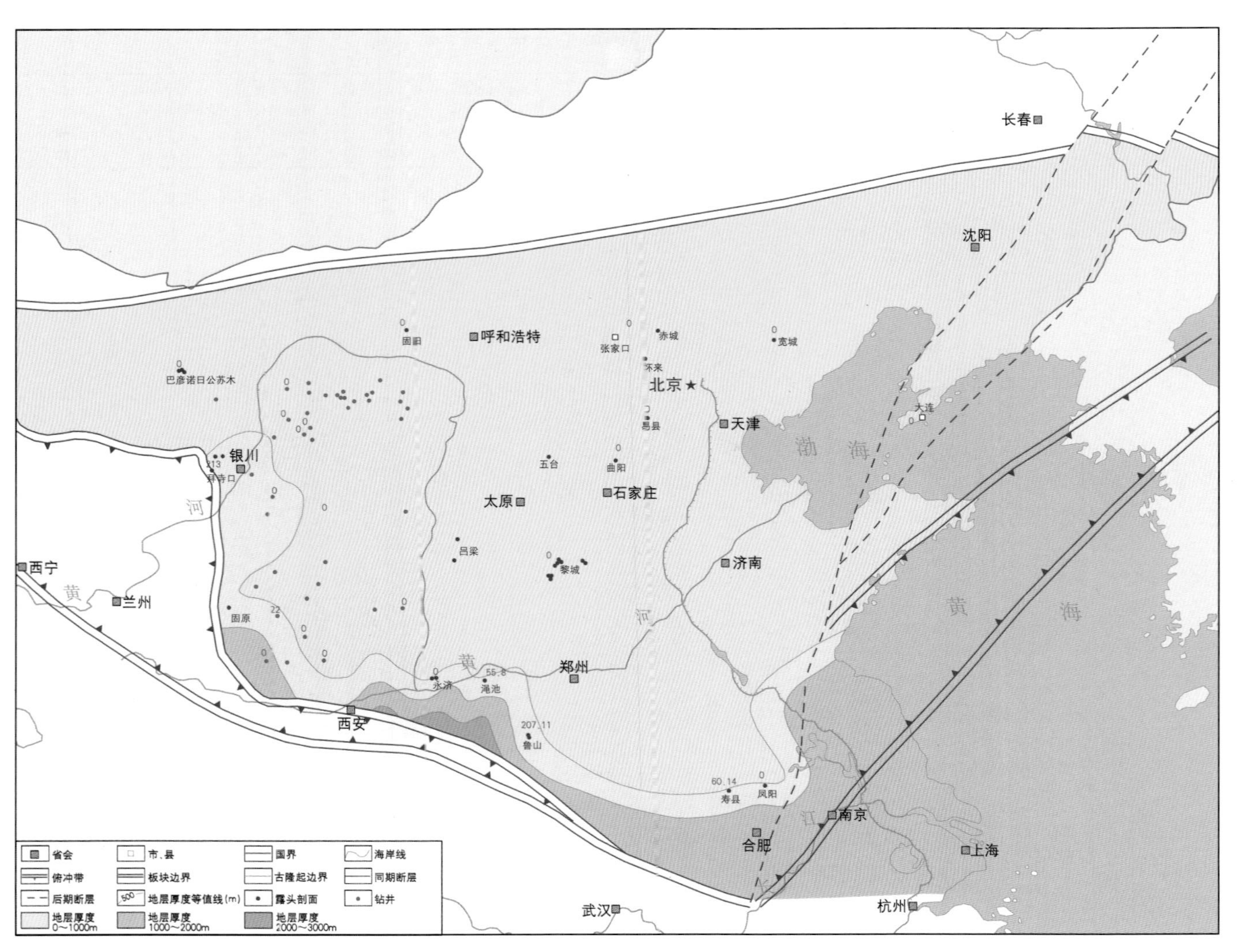

图 2-6 华北新元古界震旦系残留厚度分布图

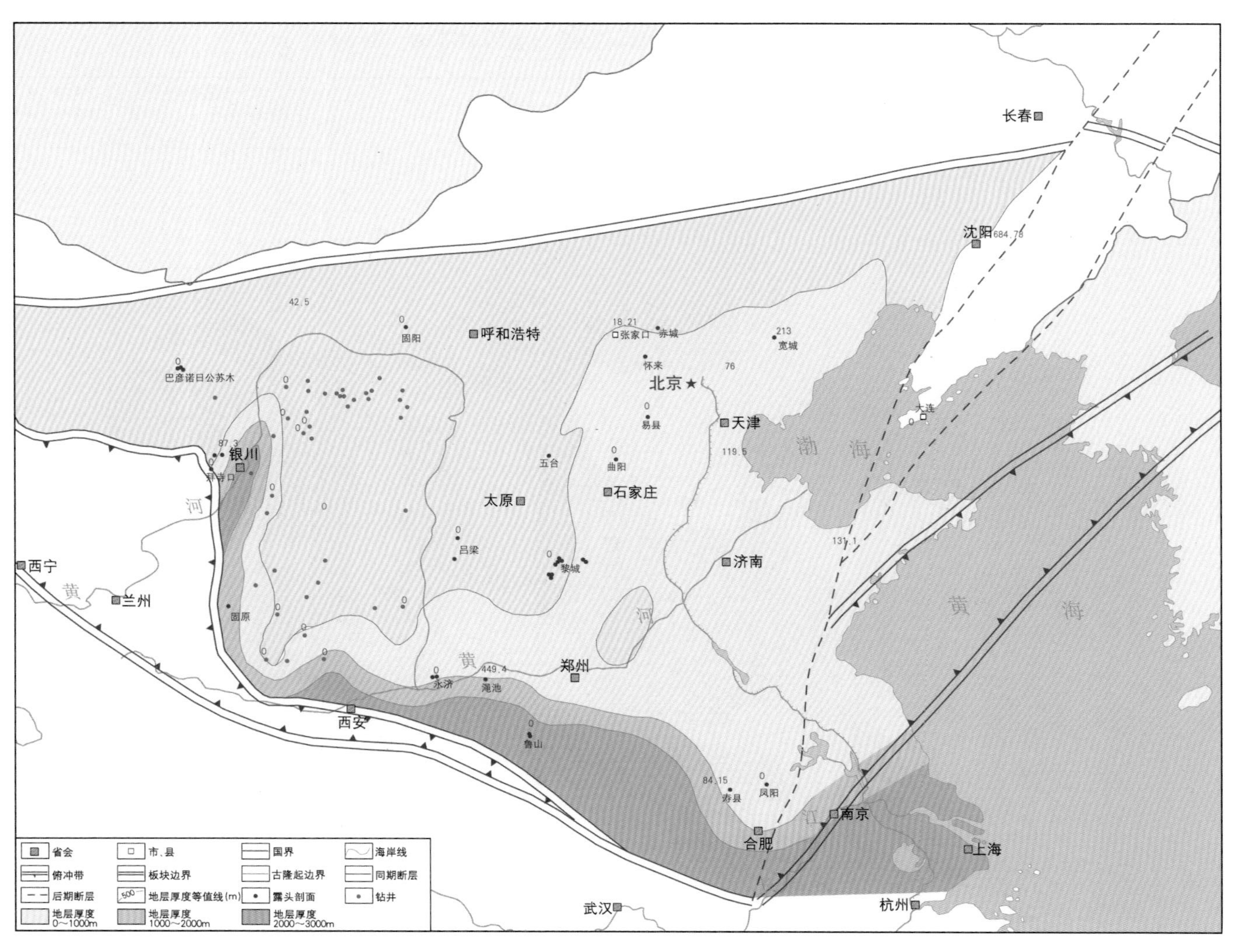

图2-7　华北下古生界下寒武统残留厚度分布图

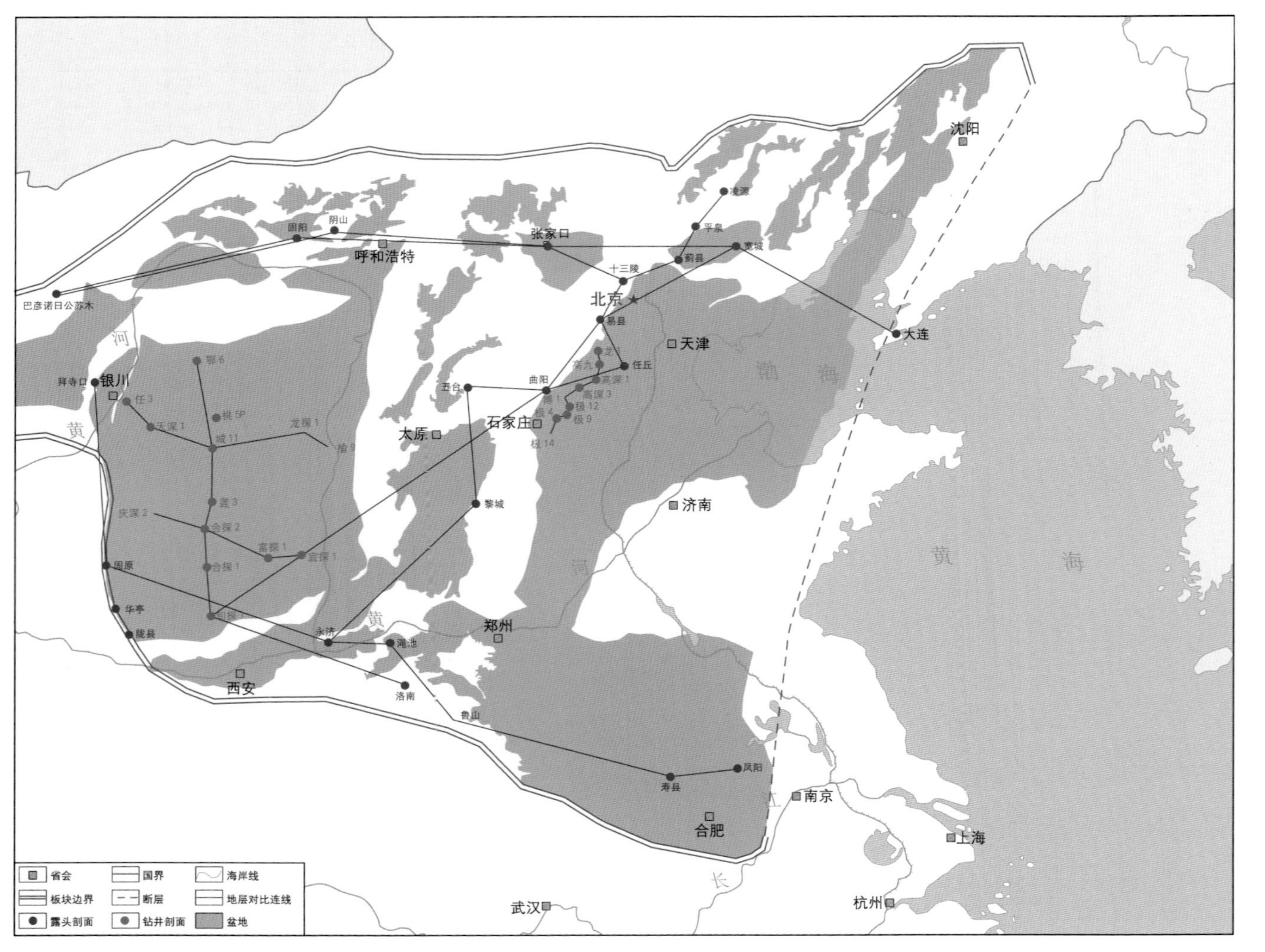

图 2-8　华北地区中—新元古界地层剖面对比平面位置图

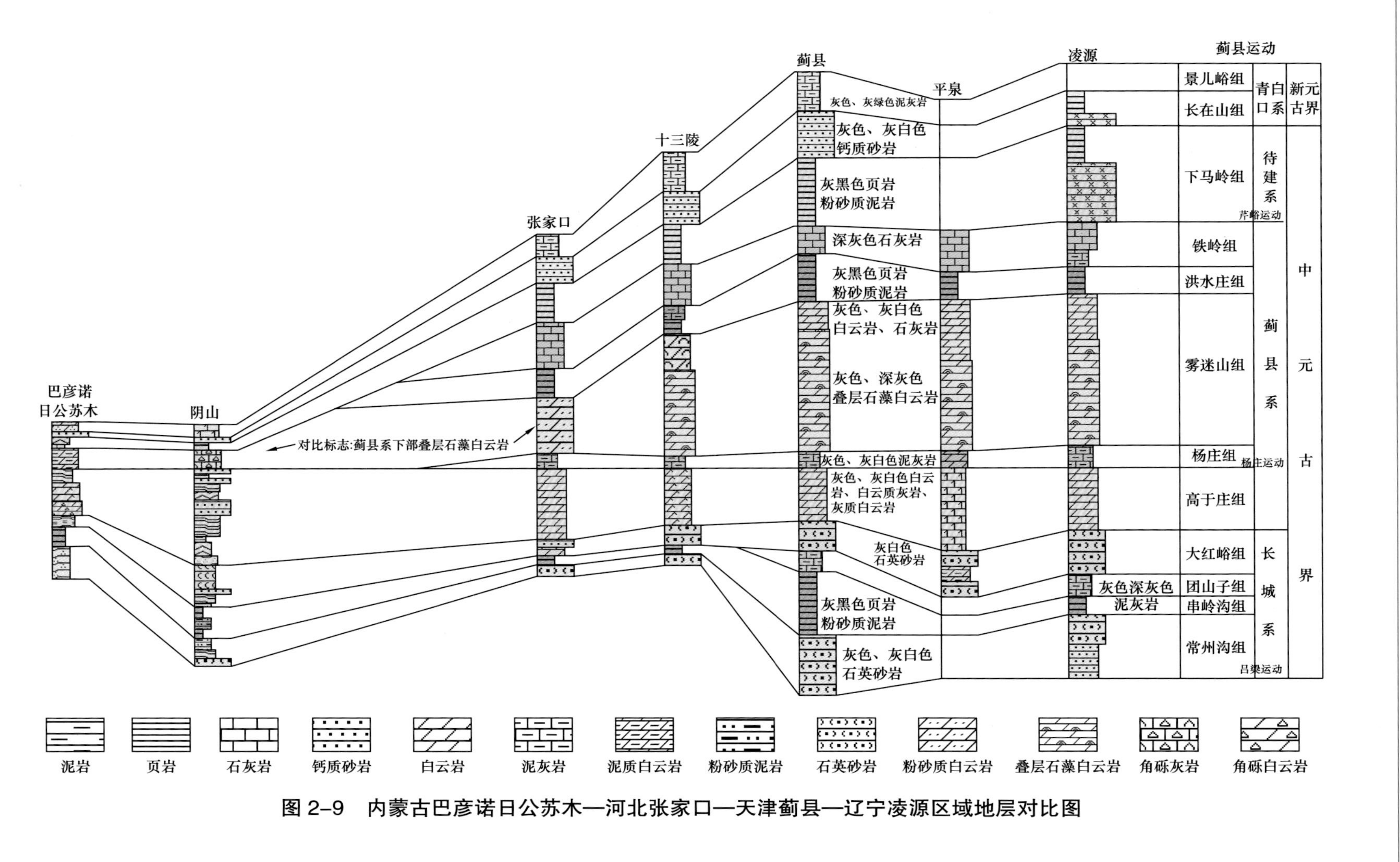

图 2-9　内蒙古巴彦诺日公苏木—河北张家口—天津蓟县—辽宁凌源区域地层对比图

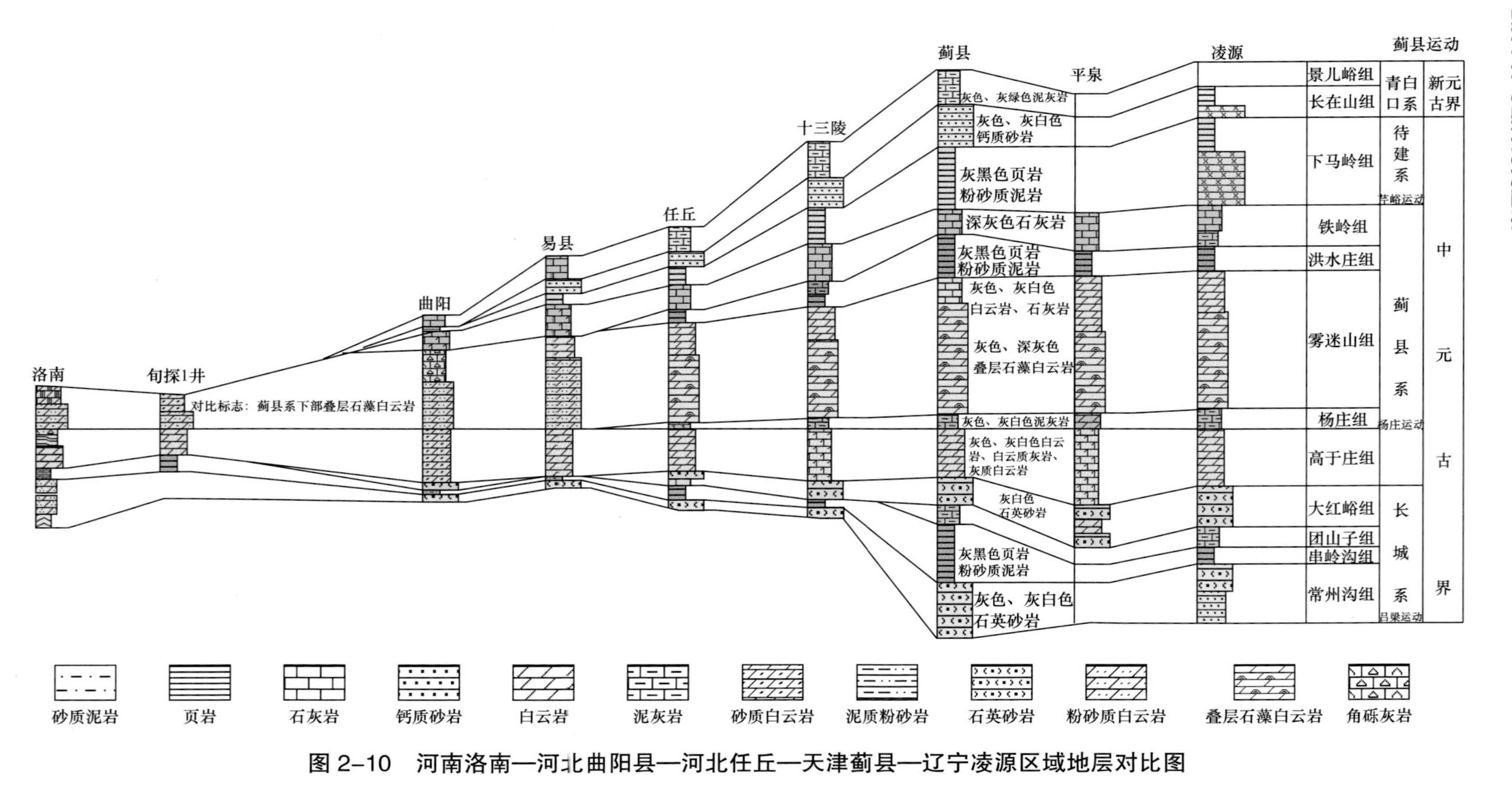

图2-10 河南洛南—河北曲阳县—河北任丘—天津蓟县—辽宁凌源区域地层对比图

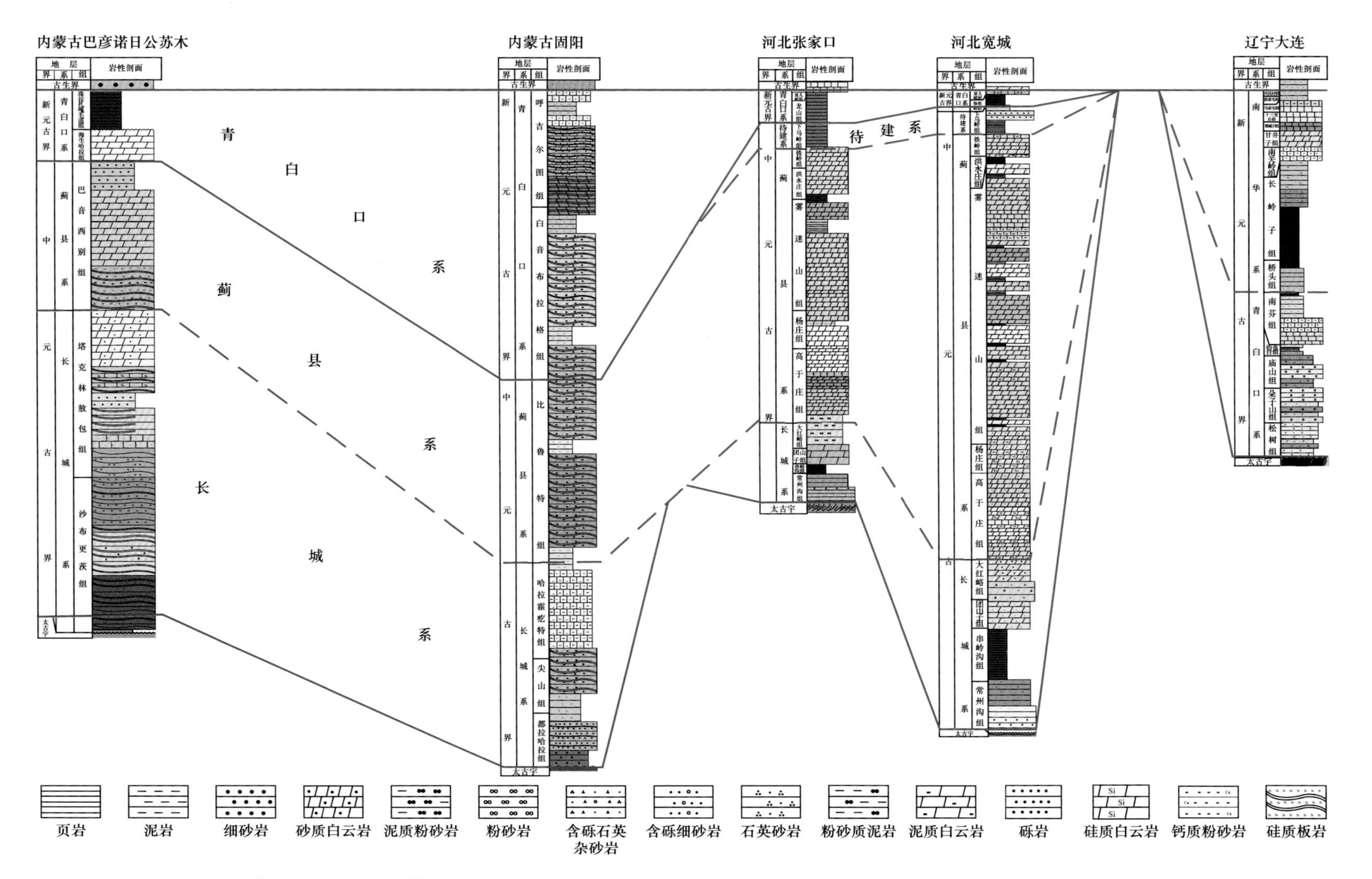

图 2-11　内蒙古巴彦诺日公苏木—内蒙古固阳—河北张家口—河北宽城—辽宁大连中—新元古界地层划分与对比图

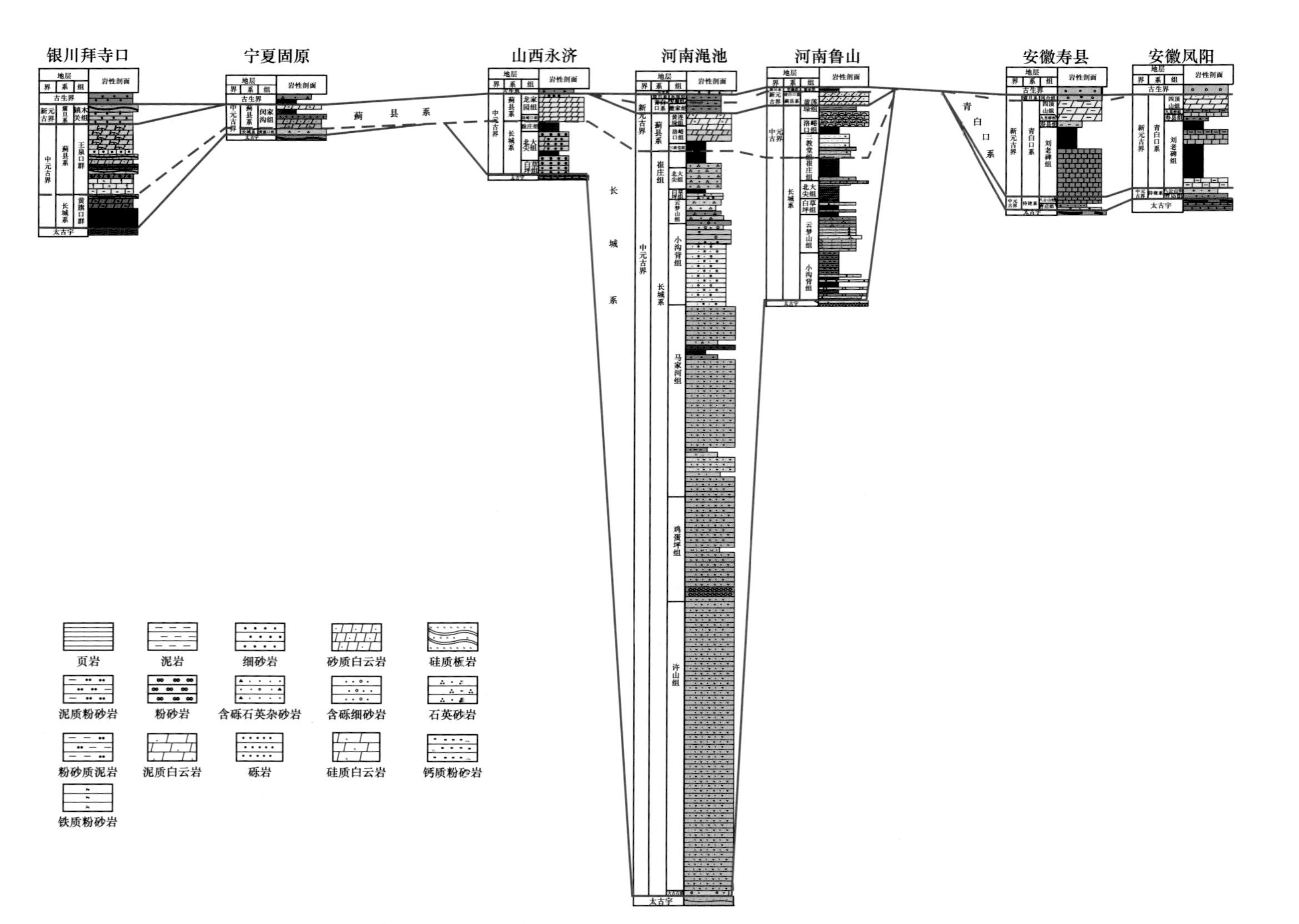

图 2-12　银川拜寺口—宁夏固原—山西永济—河南渑池—河南鲁山—安徽寿县—安徽凤阳中—新元古界地层划分与对比图

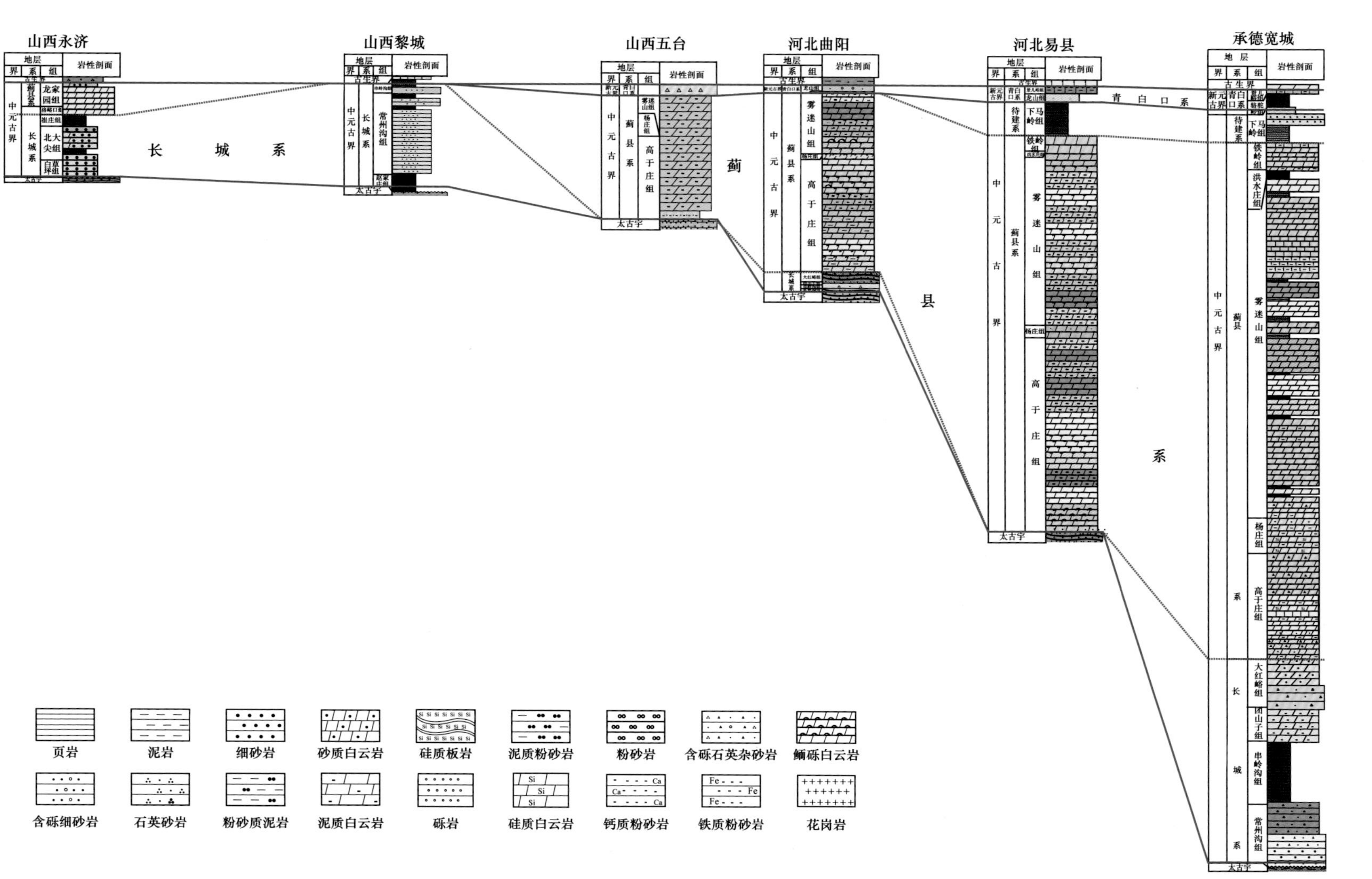

图 2-13　山西永济—山西黎城—山西五台—河北曲阳—河北易县—河北承德宽城中—新元古界地层划分与对比图

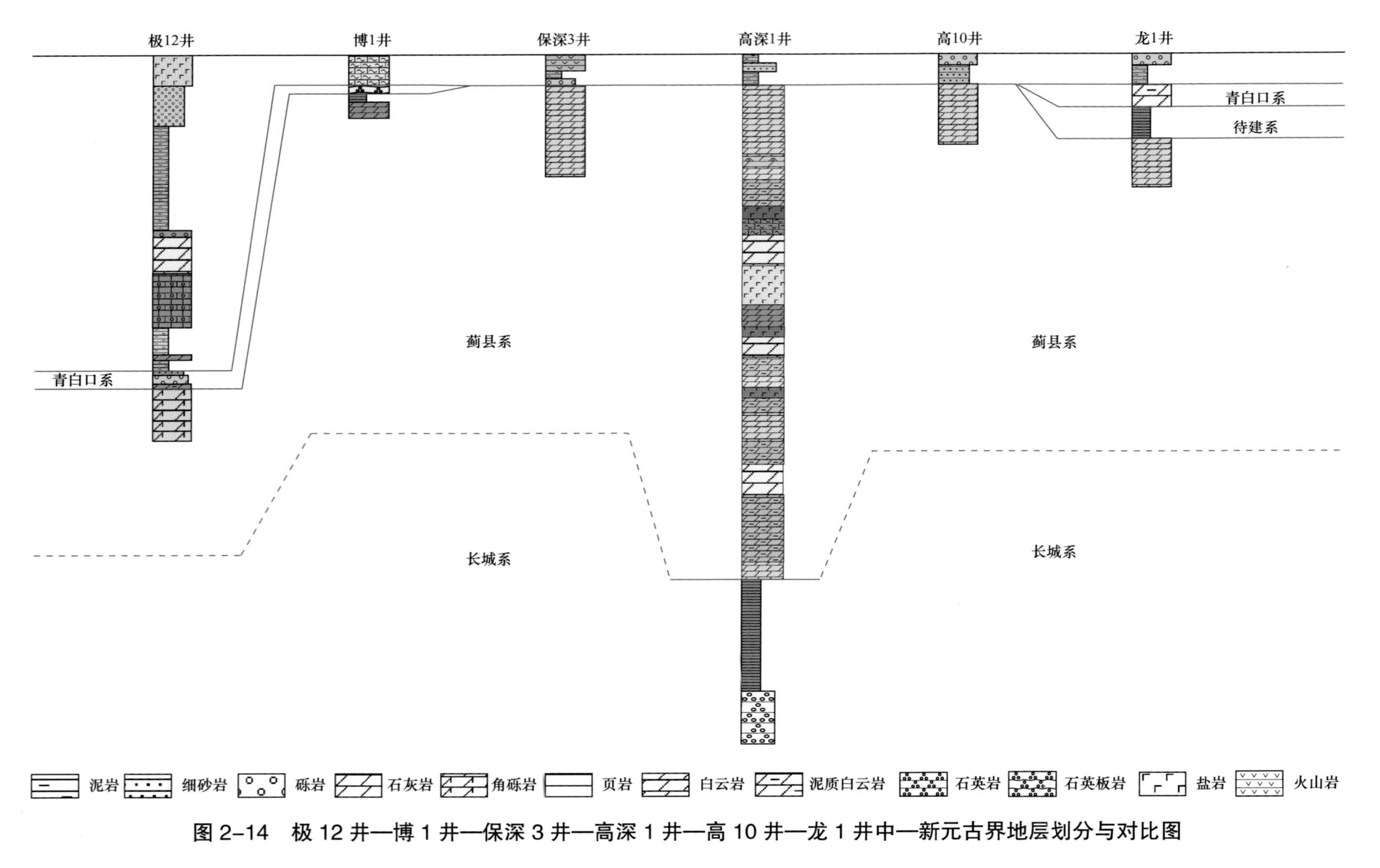

图 2-14　极 12 井—博 1 井—保深 3 井—高深 1 井—高 10 井—龙 1 井中—新元古界地层划分与对比图

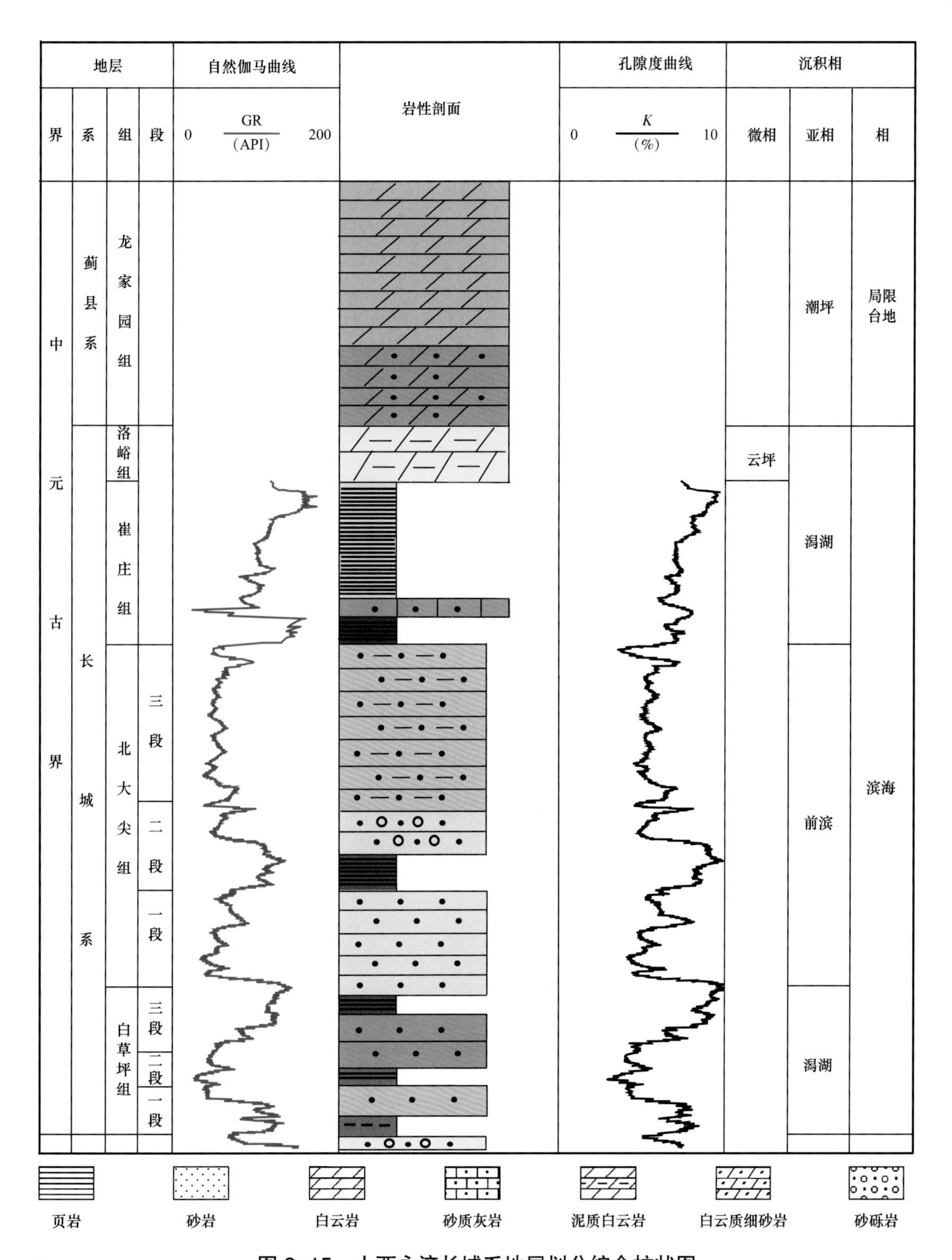

图 2-15　山西永济长城系地层划分综合柱状图

系	组	段	层号	层厚(m)	岩性描述
长城系	崔庄组		35	5.9	黄绿色页岩夹薄层菱铁质粉砂岩
				53.9	灰绿色页岩，风化呈大陡坡地貌
			33	10.4	灰绿色页岩夹三层薄层含海绿石粉砂岩
			32	38.1	灰绿色页岩，风化呈大陡坡地貌
			31	12.2	暗红色，风化呈褐黄色薄层细晶白云岩与暗红色页岩、粉砂质页岩互层；底部1.7m褐黄色中—薄层粉晶白云岩（或白云质砂岩）
			30	6.6	黑至绿色石灰岩夹铁褐色薄层含砂菱铁矿岩
			29	23.2	黑色页岩，上部（距顶3.4m处）夹1.7m灰白色薄层细粒砂岩 灰白色中层细粒白云质石英砂岩
	北大尖组	三段	28	6.0	紫红、灰绿色页岩夹薄层铁质砂岩—石英岩状砂岩—黄白色白云质长石石英砂岩
			27	10.0	灰色薄层状含白云质砾块含海绿石白云质长石石英砂岩，含叠层石
			26	12.3	灰黄色中层泥晶白云岩，砾屑白云岩夹薄层紫红色泥岩及白云质砂岩，泥岩中含叠层石白云岩(王宫峪口河沟出露)
			25	8.3	红色薄—中层细粒白云质石英砂岩—灰黄、灰色中层砾屑白云岩
			24	7.0	黄白色中层白云质砂岩—紫红色页岩夹薄层砂岩，中部夹一层厚1.2m紫红色铁质砂岩
			23	15.9	灰白色中—粗粒石英岩状砂岩，夹红色含白云质砾块白云质粗砂岩及紫红色页岩；上部砂岩波痕、斜层理发育
			22	7.7	
			21	18.6	红色厚层中—粗粒石英岩状长石石英砂岩，上部夹一层暗红色铁质砂岩；下部夹砾屑白云岩（或白云质砂岩）
			20	10.0	淡红色（顶底各有两层呈红色）厚层状中粒石英岩状砂岩
			19	13.2	褐色中层状含白云质砾屑白云质石英砂岩—薄层白云质石英砂岩—紫红、灰绿色页岩组成六个韵律层
			18	33.8	灰白色中—薄层状细粒白云质长石石英砂岩夹少量紫红色页岩
		二段	17	15.2	白色薄层石英砂岩夹黑色页岩，黑色页岩中局部见干沥青
			16	21.0	黄褐色中—厚层含白云质砾块中粗粒白云质砂岩；双向交错层理发育
			15	8.7	风化面呈褐色中—粗粒白云质长石石英砂岩；双向交错层理发育
			14	7.8	下部为白色厚层石英岩状砂岩；上部黑色页岩夹薄层石英砂岩
			13	29.2	黑色页岩、粉砂质页岩夹灰白色薄层细粒长石石英砂岩 上部白色薄—中层细粒石英岩状砂岩；下部白色（风化面呈褐色）厚层中—粗粒含鲕白云质长石石英砂岩
		一段	12	6.4	
			11	10.5	淡红色中—厚层细粒长石石英砂岩
			10	12.7	浅褐黄色中—层细粒石英长石砂岩—浅褐色中层中粗粒含白云质砾石石英砂岩，底部为厚1.5m微红色石英岩状砂岩
			9	45.4	白色、微红、红色及紫红色薄—中层状—中厚层石英岩状砂岩、铁质砂岩、白云质砂岩间互，夹紫红色粉砂质页岩、页岩；部分层面可见泥砾；顶部2.5m灰色微薄层细粒含海绿石石英砂岩夹灰绿色页岩
			8	11.0	淡红色中—厚层细粒石英岩状砂岩
	白草坪组	三段	7	9.0	绿色页岩与灰色纹层状白云质砂岩互层夹厘米级黑色页岩
			6	20.5	紫红色页岩夹红色、白色中粗粒石英岩状砂岩
			5	10.8	紫红色页岩夹淡红色薄层石英岩状砂岩，上部厚3m灰白色中厚层石英砂岩，质纯，夹0.4m铁质砂岩
		二段	4	29.1	浅红色与白色薄层石英岩状砂岩互层，夹少量灰绿色页岩及紫红色泥岩
		一段	3	11.9	灰白色石英砂岩与灰绿色页岩互层
			2	35.5	紫红色页岩与黄褐、紫红色石英岩状砂岩互层，夹浅绿、暗紫红色泥页岩
			1	6.5	黄褐色厚层白云质砂砾岩，向上渐变为白云质砂岩

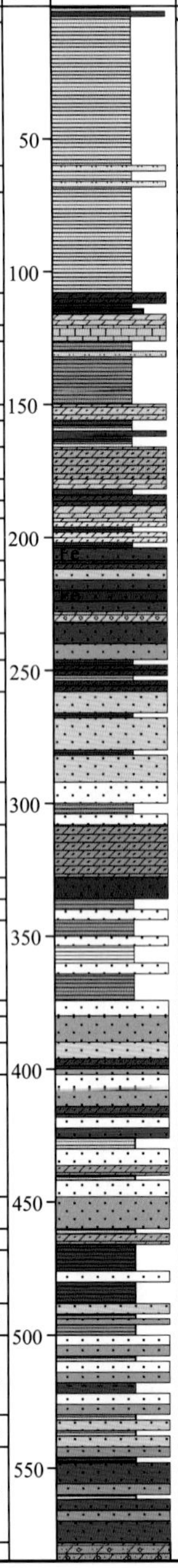

比例尺(m)：50、100、150、200、250、300、350、400、450、500、550

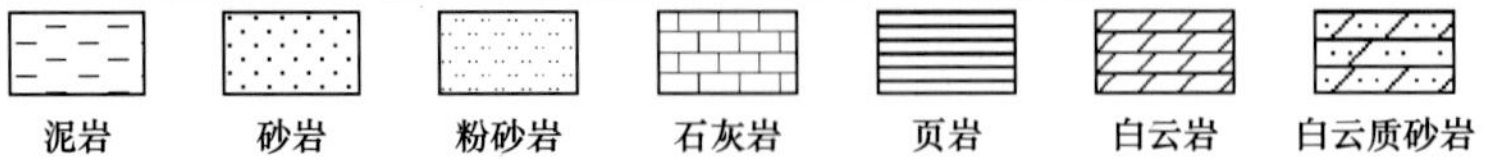

图例：泥岩、砂岩、粉砂岩、石灰岩、页岩、白云岩、白云质砂岩

图 2-16 山西永济风伯峪长城系柱状剖面图

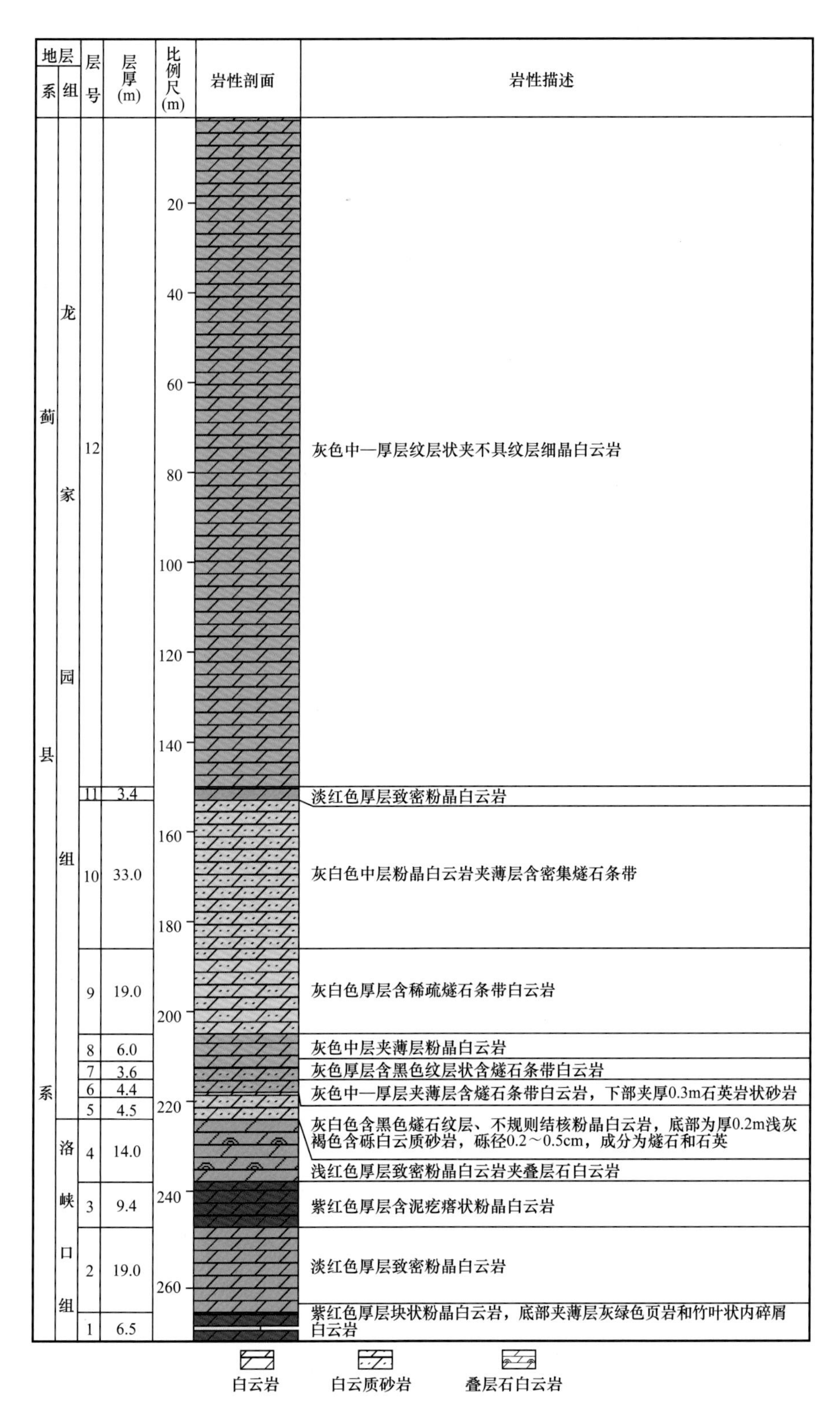

图 2–17 山西永济王官峪长城—蓟县系柱状剖面图

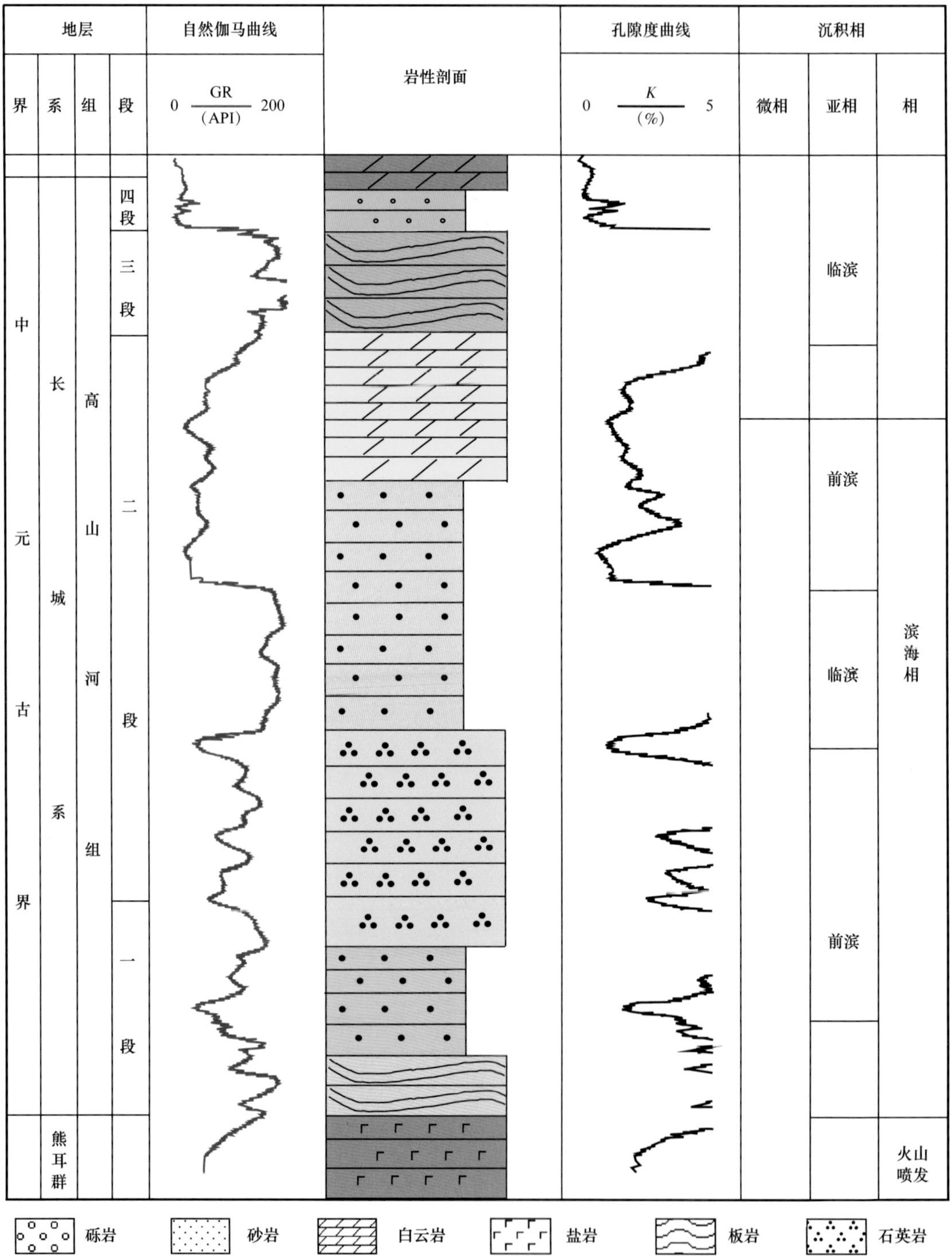

地层 | 自然伽马曲线 | 岩性剖面 | 孔隙度曲线 | 沉积相

界 | 系 | 组 | 段 | 0 GR (API) 200 | 0 K (%) 5 | 微相 | 亚相 | 相

中元古界

长城系

熊耳群

高山河组

四段

三段

二段

一段

临滨

前滨

临滨

前滨

滨海相

火山喷发

砾岩　砂岩　白云岩　盐岩　板岩　石英岩

图 2-18　陕西洛南长城系地层划分综合柱状图

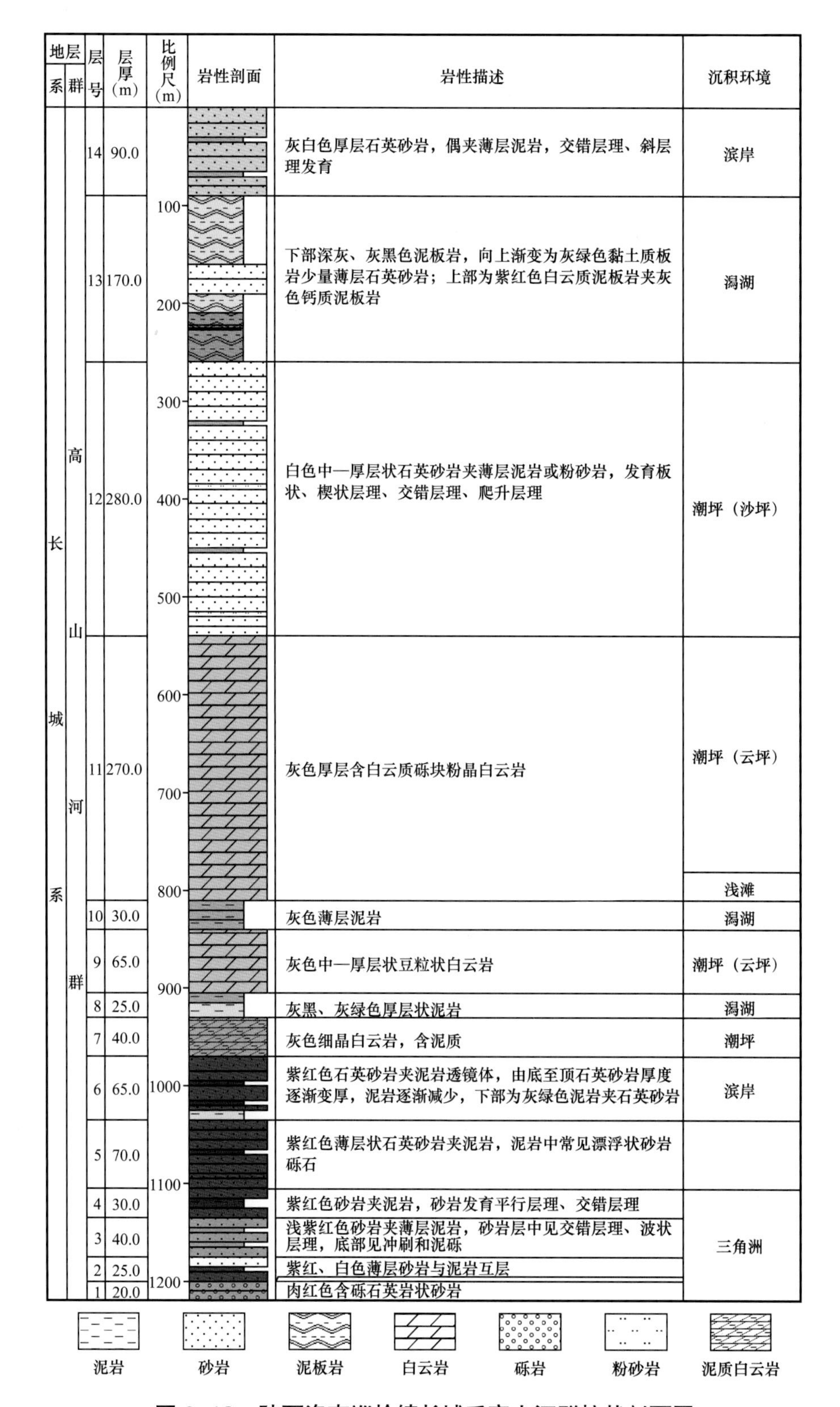

图 2-19　陕西洛南巡检镇长城系高山河群柱状剖面图

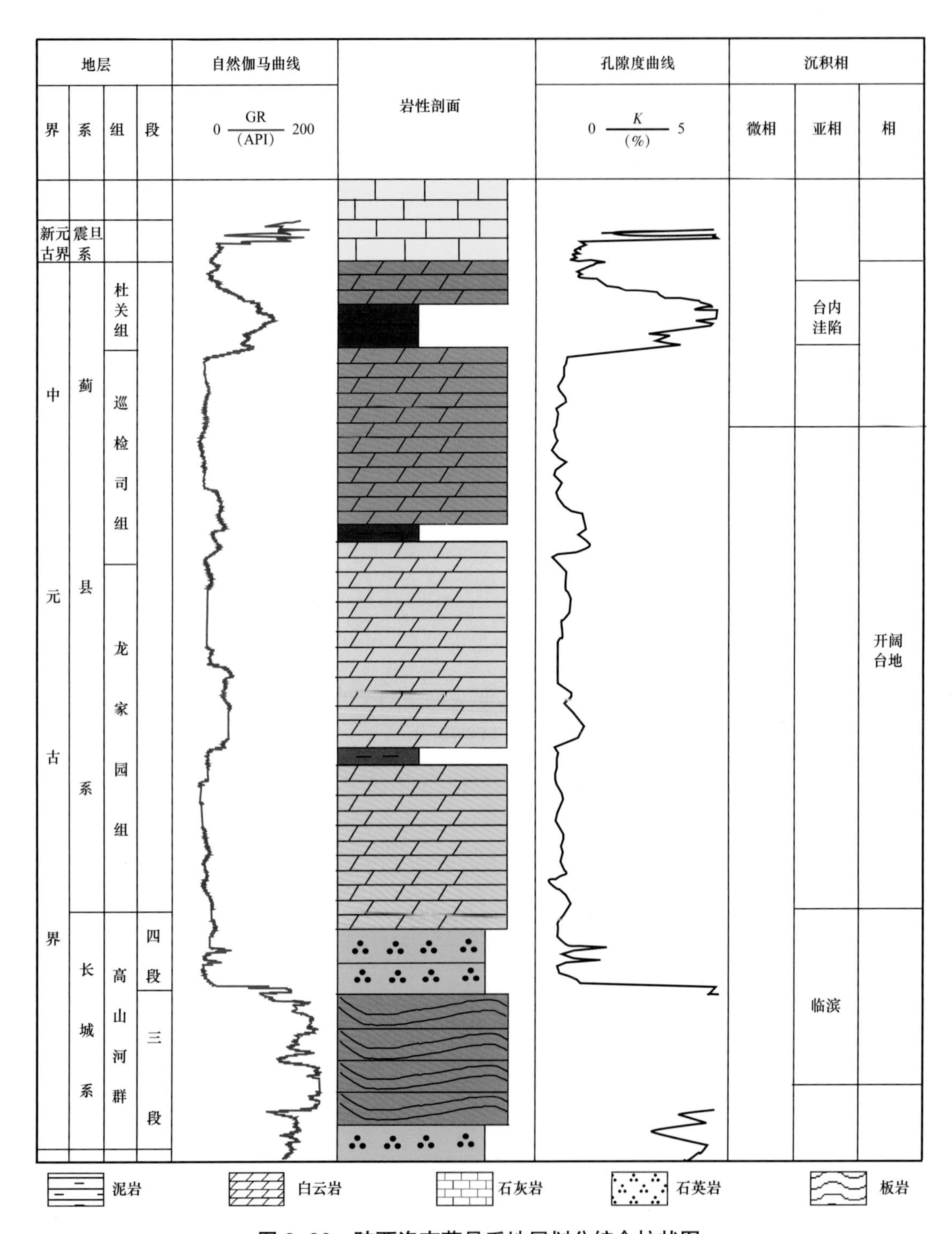

图 2-20 陕西洛南蓟县系地层划分综合柱状图

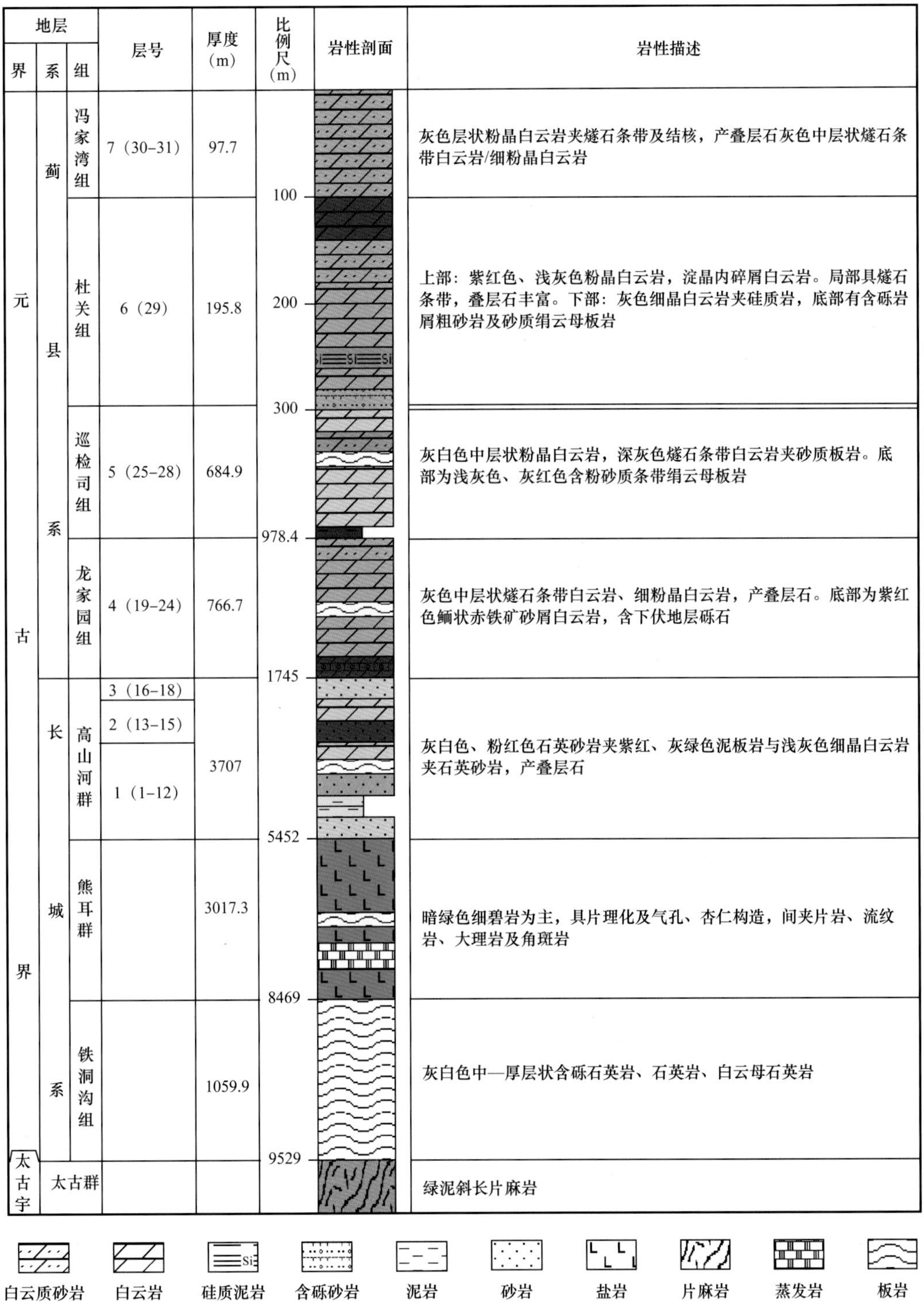

地层 界	地层 系	地层 组	层号	厚度（m）	比例尺（m）	岩性剖面	岩性描述
元古界	蓟县系	冯家湾组	7（30–31）	97.7	100		灰色层状粉晶白云岩夹燧石条带及结核，产叠层石灰色中层状燧石条带白云岩/细粉晶白云岩
		杜关组	6（29）	195.8	200 300		上部：紫红色、浅灰色粉晶白云岩，淀晶内碎屑白云岩。局部具燧石条带，叠层石丰富。下部：灰色细晶白云岩夹硅质岩，底部有含砾岩屑粗砂岩及砂质绢云母板岩
		巡检司组	5（25–28）	684.9	978.4		灰白色中层状粉晶白云岩，深灰色燧石条带白云岩夹砂质板岩。底部为浅灰色、灰红色含粉砂质条带绢云母板岩
		龙家园组	4（19–24）	766.7	1745		灰色中层状燧石条带白云岩、细粉晶白云岩，产叠层石。底部为紫红色鲕状赤铁矿砂屑白云岩，含下伏地层砾石
	长城系	高山河群	3（16–18） 2（13–15） 1（1–12）	3707	5452		灰白色、粉红色石英砂岩夹紫红、灰绿色泥板岩与浅灰色细晶白云岩夹石英砂岩，产叠层石
		熊耳群		3017.3	8469		暗绿色细碧岩为主，具片理化及气孔、杏仁构造，间夹片岩、流纹岩、大理岩及角斑岩
		铁洞沟组		1059.9	9529		灰白色中—厚层状含砾石英岩、石英岩、白云母石英岩
太古宇	太古群						绿泥斜长片麻岩

白云质砂岩　白云岩　硅质泥岩　含砾砂岩　泥岩　砂岩　盐岩　片麻岩　蒸发岩　板岩

图 2–21　陕西洛南黄龙铺长城—蓟县系综合柱状图

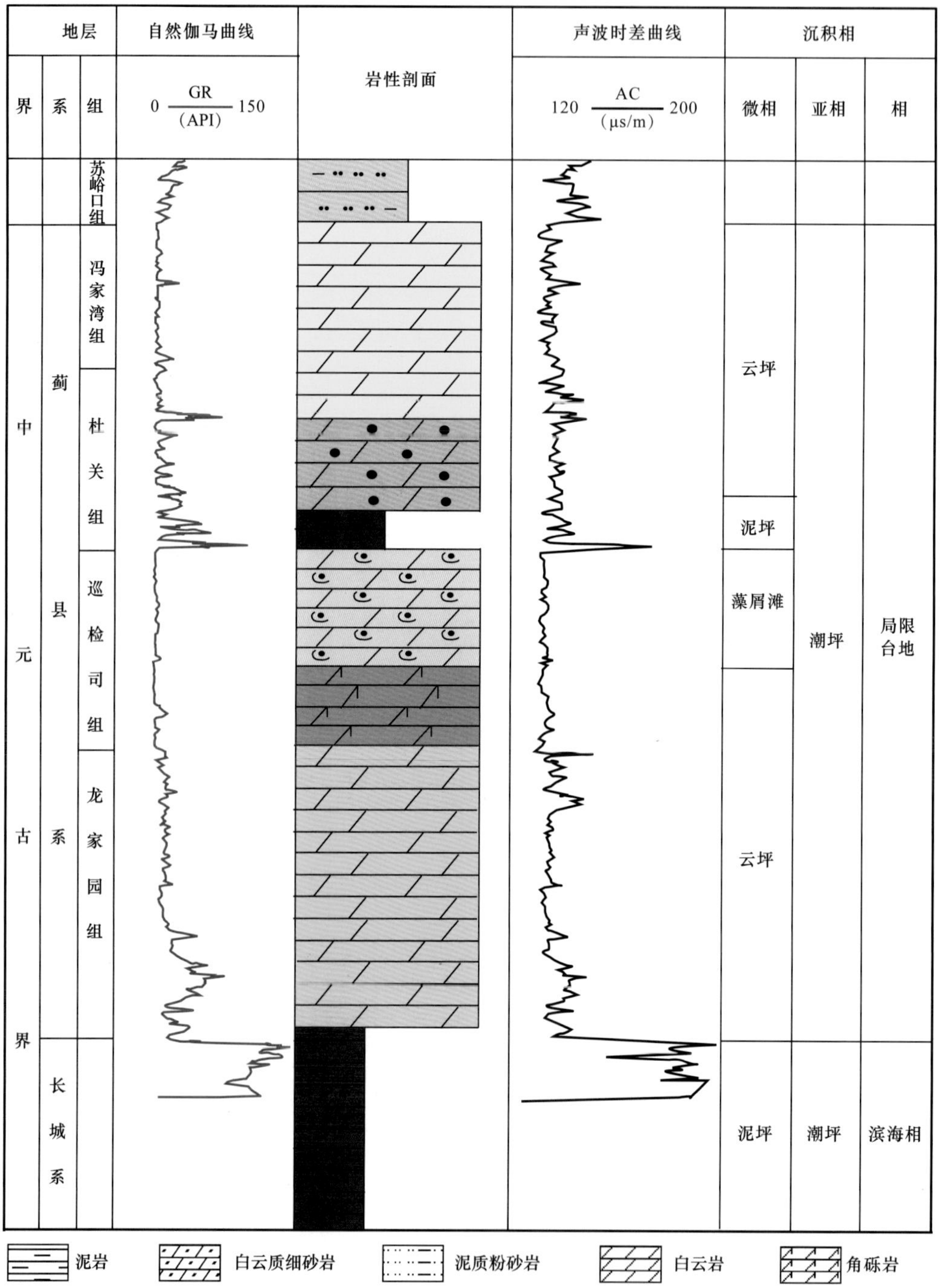

地层			自然伽马曲线	岩性剖面	声波时差曲线	沉积相		
界	系	组	0 GR (API) 150		120 AC (μs/m) 200	微相	亚相	相
		苏峪口组						
中元古界	蓟县系	冯家湾组				云坪	潮坪	局限台地
		杜关组				云坪、泥坪		
		巡检司组				藻屑滩、云坪		
		龙家园组				云坪		
	长城系					泥坪	潮坪	滨海相

泥岩　白云质细砂岩　泥质粉砂岩　白云岩　角砾岩

图 2–22　旬探 1 井地层划分综合柱状图

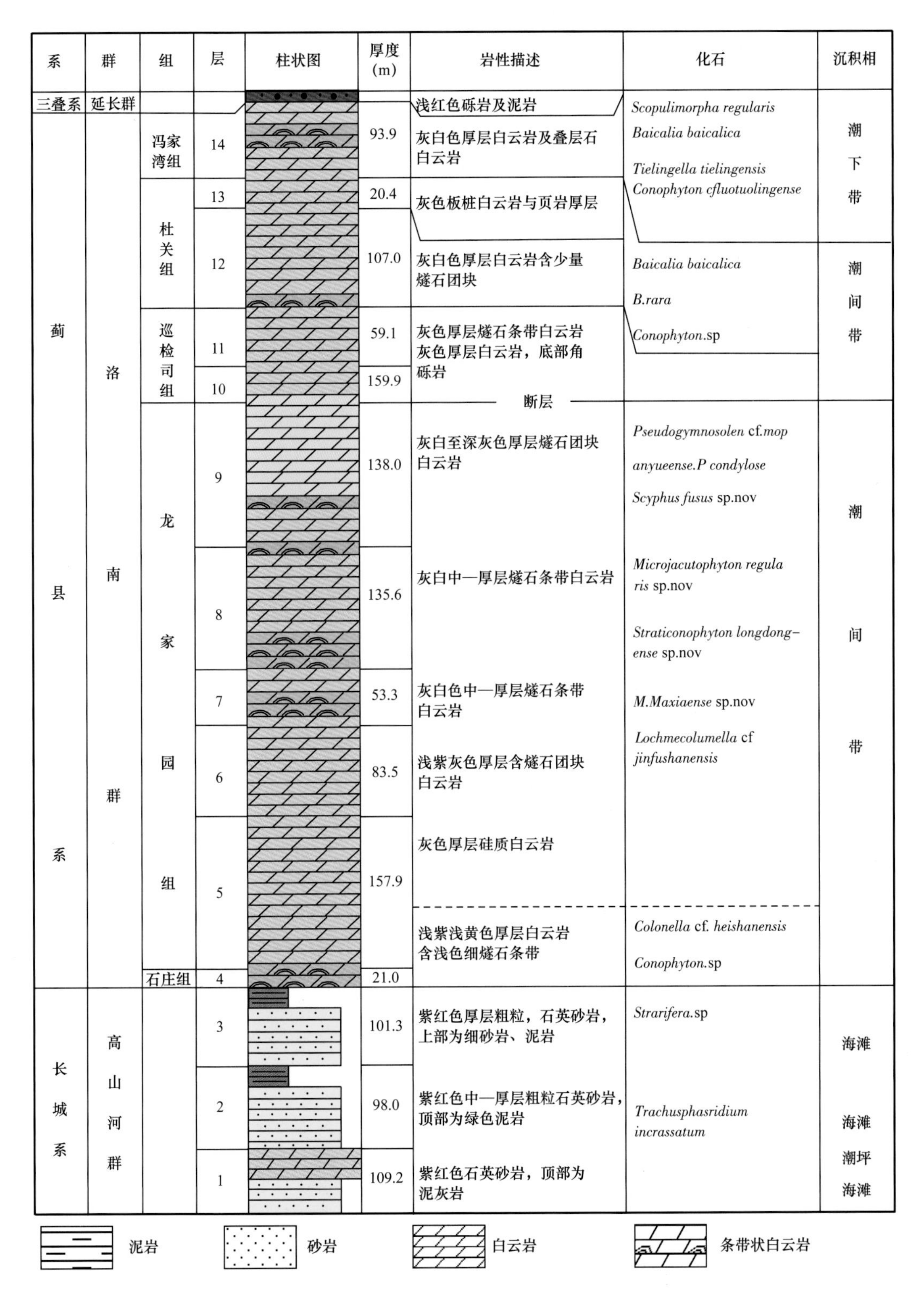

图 2-23 华亭马峡龙家园组露头剖面分布图

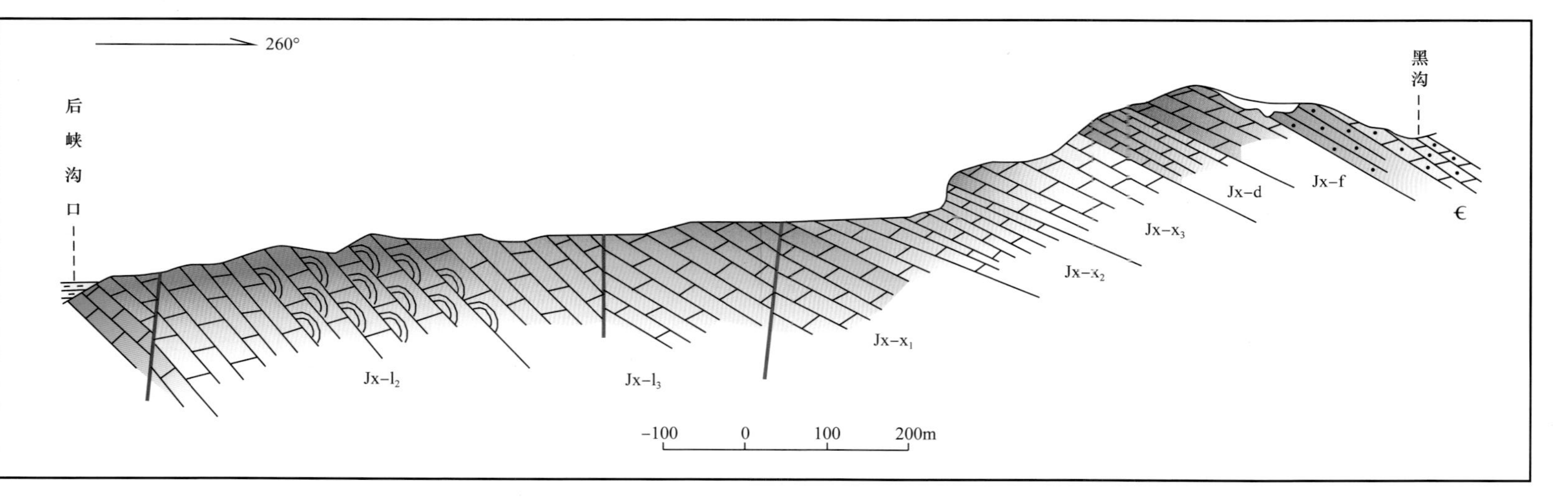

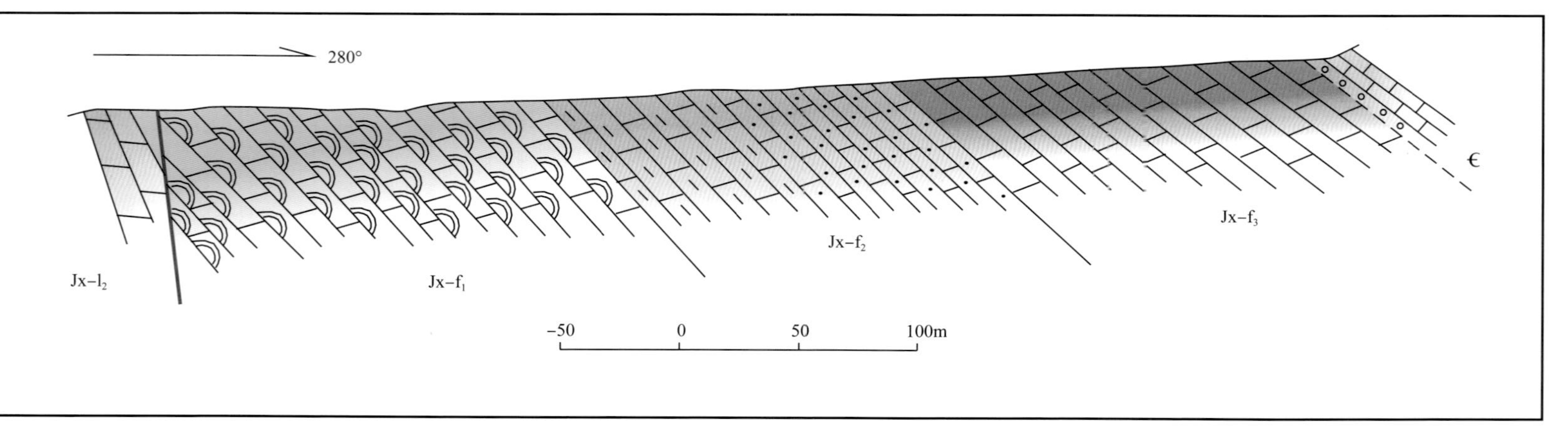

图 2-24 陇县后峡沟口—黑沟蓟县系官道口群露头剖面图

第三章　沉积与岩相古地理

在前人的研究基础上，通过沉积与岩相古地理研究，完成华北（包括鄂尔多斯、沁水、渤海湾盆地及燕辽地区）中—新元古界重点层系沉积与岩相古地理重建，揭示裂陷槽内沉积充填序列与沉积模式，为中—新元古界成藏研究及勘探领域评价提供沉积学证据。

第一节　华北中—新元古界沉积相类型及特征

根据实测剖面岩石组合类型及沉积构造等相标志，结合微量、常量元素等地球化学特征，对燕山地区、豫陕晋地区、淮南地区、阿拉善地区等地七条基干剖面中—新元古界沉积相进行详细划分建立华北中—新元古界沉积模式（图 3–1 至图 3–3，表 3–1），认为华北

表 3–1　华北中—新元古界沉积相类型划分表

沉积体系	相	亚相	微相	发育层位
海相碎屑岩沉积体系	障壁型海岸相	碎屑岩潮坪	潮上带	黄旗口组、大红峪组、常州沟组、白草坪组
			潮间带	
			潮下带	
		障壁坝	障壁砂	黄旗口组、常州沟组
		潟湖	潟湖泥	刘老碑组、洪水庄组、黄旗口组、串岭沟组、北大尖组、赵家庄组
	无障壁型海岸相	后滨	后滨砂	凤台组、董家组、曹店组、马鞍山组
		前滨	前滨砂	龙山组、八公山组、三教堂组、崔庄组、常州沟组、马鞍山组、云梦山组
		近滨	近滨砂	龙山组、董家组、下马岭组、三教堂组、崔庄组、常州沟组、马鞍山组、云梦山组、巴音西别组、寿县组、镇木关组
	浅海陆棚相	过渡带	过渡带砂泥	大红峪组、串岭沟组、罗圈组、黄莲垛组、崔庄组、珠拉扎嘎毛道组、塔克林敖包组
		滨外陆棚	滨外陆棚泥	龙山组、下马岭组、崔庄组

续表

沉积体系	相	亚相	微相	发育层位
海相碳酸盐岩沉积体系	碳酸盐岩台地相	碳酸盐岩潮坪	潮上带	大红峪组、团山子组、串岭沟组、杨庄组、高于庄组、雾迷山组、景儿峪组、铁岭组、龙家园组、洛峪口组、北大尖组、董家组、黄莲垛组、洛峪口组、海生哈拉组、巴音西别组、塔克林敖包组、猴家山组、四顶山组、九里桥组、刘老碑组、王全口组、黄旗口组
			潮间带	
			潮下带	
	生物礁相	建隆—叠层石丘	叠层石白云岩	九里桥组、高于庄组
海陆过渡相沉积体系	扇三角洲	扇三角洲平原	泥石流	马鞍山组、兵马沟组、小沟背组、镇木关组
			分流河道	
			河漫滩	兵马沟组、小沟背组
冰川沉积体系	冰川	海相冰川	冰碛砾岩	罗圈组、凤台组
深水沉积体系	盆底扇	水下扇	水下扇砂泥	巴音西别组

中—新元古界发育海相碎屑岩沉积体系、海相碳酸盐岩沉积体系、海陆过渡相沉积体系、冰川沉积体系、深水沉积体系等五大沉积体系；障壁型海岸相、无障壁型海岸相、浅海陆棚相、碳酸盐岩台地相、生物礁相、扇三角洲相、冰川相、盆底扇等八种沉积相类型；碎屑岩潮坪、障壁坝、潟湖、后滨、前滨、近滨、过渡带、滨外陆棚、碳酸盐岩潮坪、建隆—叠层石丘、扇三角洲平原、冰川、水下扇等 19 种亚相。

一、海相碎屑岩沉积体系

障壁型海岸相包括潟湖、障壁岛、潮坪等，它们是受障壁岛的遮挡作用在海岸带发育起来的，在沉积环境和沉积特征方面，与无障壁型海岸有相似之处。研究区发育碎屑岩潮坪、障壁坝、潟湖三个亚相。

无障壁海岸与大洋的连通性好，海岸受较明显的波浪及沿岸流的作用，海水可以进行充分的流通和循环，又被称为广海型海岸及大陆海岸。按照水动力状况和沉积物类型，无障壁海岸可以进一步划分为砂质或砾质高能海岸和粉砂淤泥质低能海岸两种类型。它们的宽度随海岸带地形的陡缓而定。在陡岸处宽度仅几米，平缓海岸处其宽度可达 10km 以上。研究区发育后滨、前滨、近滨三个亚相。

浅海陆棚相位于波基面之上，水体与外界循环交换良好，地形平坦，坡度较小，水动力较弱，主要为悬浮质沉积，沉积物主要为大量页岩夹薄层状泥质粉砂岩、细砂岩或石灰岩透镜体，页岩以灰黑、深灰色为主，部分为绿灰色、灰褐色，页岩页理发育，风化后呈书页状，常含菱铁矿结核。粉砂、细砂岩中发育微细水平层理和砂纹层理，含鲕绿泥石及海绿石自生矿物。可分为过渡带和滨外陆棚两个亚相。

二、海相碳酸盐岩沉积体系

碳酸盐岩台地相主要受潮汐作用影响，受波浪作用影响较弱，在古代陆表海台地中其影响范围非常宽广，横向上可达 100～1000km，它是碳酸盐岩沉积的一种主要方式。由于周期性的涨潮、落潮，横向上该相沉积物的分布具有分带性。依据水体能量相对强弱大小可细分为潮上带、潮间带和潮下带三个微相。

生物礁相在研究区不发育，在宣龙坳陷古子房剖面和冀北坳陷西缘兴隆县潘家店剖面高于庄组第九、十段以及淮南九里桥组发现。为浅灰色巨厚块状粉—细晶藻白云岩，内部隐约可见藻丝体或宏观藻，原地固着生长呈垂直、分枝状，藻间为粉—细晶白云石充填，发育大量孔洞，孔洞延伸方向大多垂直层面，孔洞内被结晶白云石或硅质遂石、石英充填、半充填。该生物礁造礁生物为蓝绿藻和宏观藻，由于对海水中沉积物进行障积和粘结，形成障积—粘结礁。从区域展布分析，在其东侧的宽城尖山子村高于庄组第九段和十段为藻灰结核或核形石灰岩和岩溶角砾岩，而西侧的宣化为含硅质条带的白云岩、叠层石白云岩与厚层状白云岩角砾岩，因此，形态呈丘状隆起。

三、海陆过渡相沉积体系

扇三角洲相最早由 Holmes（1965）定义为从邻近山地直接推进到稳定水体（湖或海）的冲积扇。Nemec 和 Steel（1988）对扇三角洲的含义提出了新的解释，认为“扇三角洲是由冲积扇（包括旱地扇和湿地扇）提供物源，在活动的扇体与稳定水体交界地带沉积的沿岸沉积体系。这个沉积体系可以部分或全部沉没于水下，代表含有大量沉积载荷的冲积扇与海或湖相互作用的产物”。地形高差大、坡度陡、构造活动强烈、半干旱气候条件、近源洪枯水流量变幅大、物源区母岩易于机械风化等既是扇三角洲也是冲积扇发育的有利条件。

四、冰川沉积体系

冰川相指由冰川作用堆积形成的沉积物，国际上关于冰川沉积物定义及分类的论文已很多，提出过许多名词术语及分类系统。其中最重要的观点有两种。其一，认为只有直接来自冰川而未经任何搬运改造的沉积物，才算冰碛物。一旦经搬运和再沉积（例如经重力流作用），便不能称作冰碛物，而把它看成普通的非冰成沉积岩。研究现代冰川的部分学者较赞同这种观点。其二，主张除了直接由冰川堆积的冰碛物以外，在冰川环境中经搬运再沉积的冰碛物，可视作原生冰碛物的再生物或类似物，而不应与非冰成的普通沉积物等同，并提出相应的术语，如类冰碛（tilloid）、流动碛（flow till）等。研究区冰川沉积主要为砂砾岩，成分混杂，砾石大小不一，分选磨圆差，在较大砾石表面可见冰川擦痕。

五、深水沉积体系

海底地貌极为复杂，地形起伏悬殊的海区浊流作用极为显著。广义的浊流（又称重力流）指由重力驱动，含有大量泥、砂和砾石的高密度海底流。根据作用机制的差别，重力流可分为浊流、碎屑流、液化流及颗粒流。海底扇是沉积物重力流（主要是浊流和碎屑流）及部分滑塌物在海底峡谷出口所形成的扇形堆积体。在研究区内的内蒙古自治区巴彦诺日公剖面巴音西别组，可见分布广而薄的砂体沉积，且部分层位呈透镜状，其间可见多个砂岩—泥岩韵律层，整个砂体沉积超覆于泥页岩之上，认为其为海底扇沉积外扇亚相。

第二节　华北克拉通中—新元古代构造岩相古地理

一、长城系构造岩相古地理

中元古代长城纪吕梁运动引起华北克拉通内部发生地壳拉张，在克拉通边缘产生燕辽裂陷槽、熊耳裂陷槽、渣尔泰—白云鄂博—化德裂谷带等边缘裂谷盆地，在鄂尔多斯盆地西南缘等克拉通内部为伸展裂陷盆地（图 3–4）。在燕辽裂陷槽发育大陆裂谷期沉积、大陆裂谷向被动大陆边缘的转化沉积；在熊耳裂陷槽主要发育大陆裂谷早期沉积、大陆裂谷晚期沉积、被动大陆边缘沉积；在渣尔泰—白云鄂博—化德裂谷带主要为被动大陆边缘沉积；在鄂尔多斯盆地西南缘主要发育铲状断陷盆地沉积。整个华北地区中元古代经历了强烈构造活动，构造升降明显，碎屑物质沉积速率较大，这一阶段岩相古地理受这一构造环境控制，以碎屑岩沉积为主，发育无障壁型海岸、障壁型海岸相、浅海陆棚等沉积相。

二、蓟县系构造岩相古地理

与长城纪相比，蓟县纪整个华北地区地壳活动性明显减弱，稳定性明显加强（图 3–5）。除渣尔泰—白云鄂博—化德裂谷带，其他地区（裂陷槽）以被动大陆边缘碳酸盐岩沉积为主，地形平坦，气候温暖。地壳广泛平稳的升降导致海进海退沉积交替出现，但是沉积物仍以碳酸盐岩为主。在此时期，北缘构造渣尔泰—白云鄂博—化德裂谷带构造活动明显，形成在整体隆升构造环境下的“双裂谷”构造样式，即南部渣尔泰山裂谷和北部白云鄂博裂谷。南部渣尔泰山裂谷沉积物为渣尔泰山群阿古鲁沟组，主要为浅海陆棚及较深水沉积；北部白云鄂博裂谷沉积物为哈拉霍疙特组、比鲁特组，主要为滨岸—碳酸盐岩台地沉积，可见在“双裂谷”构造环境下，两个裂谷的沉积环境差异较大。

三、待建系构造岩相古地理

待建纪在华北北缘燕辽裂谷带以下马岭组浅海陆棚沉积为主，在华北南缘熊耳裂陷槽地区以碳酸盐岩沉积为主，而在淮南地区以碎屑岩滨岸沉积为主，可见扇三角洲沉积，表现为边缘裂谷盆地发育特征（图 3–6）。曲永强等（2010）认为在铁岭组沉积后，华北地块北缘可能演化为活动大陆边缘。乔秀夫等在下马岭组中发现斑脱岩，认为当时的构造—沉积环境为弧后盆地，考虑到 12 亿—10 亿年正是 Rodinia 超大陆的形成期，或对应于格林维尔造山（Grenville orogeny）阶段，猜想受此影响，华北地区整体抬升，导致待建系大面积缺失。

四、青白口系构造岩相古地理

青白口纪华北北缘海水侵入并逐渐扩大，形成广阔的陆表海环境，是继下马岭组与龙山组所代表的一个海退过程之后，海平面的一次上升，此次上升最早在龙山组中部开始发育粉砂质页岩，其含量由薄夹层变为大量产出，都证明了沉积环境变为陆棚环境，水位逐渐上升，此时水深达到最大时期（图 3–7）。上覆的景儿峪组底部发育紫红色粉砂质页岩、石英砂岩及砾屑灰岩，表明沉积环境由陆棚变为前滨，水位开始下降。华北南缘虽然接受了海侵沉积，但范围较小，仍以广泛发育的被动大陆边缘碳酸盐岩沉积为主。安徽淮南地区海进—海退的沉积旋回较为明显，这一沉积时期的淮南海水自东向西的侵入，沉积环境从碳酸盐岩台地到浅海陆棚，体现为一个海进过程。到九里桥组沉积时期，海水退去，沉积物过渡为碳酸盐岩，表示沉积过程从碎屑岩沉积过度为化学—生物沉积，为海退阶段随后的海泛期沉积了纹层状泥晶灰岩，直到四顶山组沉积早期，随着水体退缩变浅，海水含盐度增加，沉积了蒸发台地相白云岩。

五、震旦系构造岩相古地理

震旦系仅在华北南缘少量出露，其继续继承了被动大陆边缘沉积特征。同时经历新元古代成冰纪，导致在贺兰山地区镇木关组，熊耳裂陷槽的部分地区罗圈组以及寿县地区凤台组发育大套冰川沉积（图 3–8）。

六、下寒武统构造岩相古地理

早寒武世，华北地台总体上具有“北高南低、西高东低”的古地貌格局（图 3–9），海水沿地台西南缘的贺兰—六盘坳陷和地台南缘的晋豫坳陷及豫—皖陆块依次北侵，并依次沉积了辛集组含磷碎屑岩、朱砂洞组含膏砂页岩—碳酸盐岩、昌平组厚层“豹皮状”石灰岩和馒头组含膏砂页岩—碳酸盐岩，构成了辛集组—硃砂洞组和昌平组—馒头组的“两灰两红”两个次级沉积旋回。

第三节　华北中—新元古界沉积相模式

在剖面实测、观察的基础上，通过大量相标志资料收集和相分析并利用相序规律或相变法则，在点—线—面—体分析思路下，建立华北中—新元古界长城系—下寒武统立体沉积模式（图 3–10 至图 3–16），主要反映沉积相在立体结构下的相变规律。

一、长城系沉积相模式

华北地区中元古代长城纪吕梁运动引起华北克拉通内部发生地壳拉张，在克拉通边缘产生燕辽裂陷槽、熊耳裂陷槽、渣尔泰—白云鄂博—化德裂谷带等边缘裂谷盆地，在鄂尔多斯盆地西南缘等克拉通内部为伸展裂陷盆地。物源区主要为克拉通内部的古陆，沉积相带沿古陆周缘向深水区逐渐演变，主要为碎屑岩沉积体系无障壁型海岸相沉积，在山西永济、黎城以及贺兰山银川拜寺口地区发育障壁型海岸相沉积，在野外露头可见障壁坝等砂体沉积。且在该时期，燕辽裂陷槽与熊耳裂陷槽沿中部造山带贯通，与渣尔泰—白云鄂博—化德裂谷带在北缘相互贯通。

二、蓟县系沉积相模式

中元古代蓟县纪延续了长城纪的沉积格局，但是在该时期，华北克拉通沿中部造山带拼合，早期的裂谷盆地逐渐演变为陆表海沉积为主的坳陷。同时鄂尔多斯盆地西南缘陆内坳陷沉积盆地与渣尔泰—白云鄂博—化德裂谷带由于构造隆升，被古陆隔断。主要为碳酸盐岩沉积，同时在燕辽裂谷可见建隆—叠层石丘，在巴彦诺日公苏木等地，可见浅海陆棚较深水沉积，整体主要表现为南缘水体较浅，北缘水体较深。

三、待建系沉积相模式

中元古代待建纪，华北地区进一步抬升，导致待建系大面积缺失，仅在燕辽裂陷槽和华北南缘发育，且南北缘沉积环境差异较大，在燕辽裂陷槽主要为无障壁海岸—浅海陆棚沉积环境，在南缘熊耳裂陷槽以及鄂尔多斯盆地西南缘主要为碳酸盐岩台地沉积环境，在淮南地区则为无障壁海岸—扇三角洲沉积环境。

四、青白口系沉积相模式

新元古代青白口纪，华北地台构造沉降，水体加深，北缘燕辽裂陷槽与渣尔泰—白云鄂博—化德裂谷带再次贯通，但仍然继承了其待建纪南北缘沉积环境差异较大的特征，在燕辽裂陷槽主要发育无障壁海岸—浅海陆棚沉积环境，在南缘熊耳裂陷槽以及鄂尔多斯盆地西南缘主要为碳酸盐岩台地沉积的特征，但是，在渣尔泰—白云鄂博—化德裂谷带西缘巴彦诺日公苏木地区以碳酸盐岩沉积为主。

五、震旦系沉积相模式

新元古代—震旦纪，华北克拉通北缘整体抬升，震旦系缺失，在鄂尔多斯盆地西南缘以及贺兰山地区发育无障壁型海岸沉积，且在熊耳裂陷槽、贺兰山地区发育大套的冰川沉积。部分冰碛砾岩由冰舌搬运沉积，部分冰碛砾岩由冰筏携带沉积在滨岸较远处，形成了层状杂砾岩及纹泥岩中的坠石构造。

六、下寒武统沉积相模式

早寒武世，华北地台再次构造沉降，其南缘、东部地区发育大面积陆表海碳酸盐岩沉积，碳酸盐岩台地中砂泥坪呈条带状沿古陆展布，且在熊耳裂陷槽发育较深水的浅海陆棚沉积。

第四节 华北克拉通中元古代裂谷沉积充填序列

华北克拉通中元古代裂谷沉积充填序列研究以野外露头为主。其中永济地区与阳城—汝阳地区露头分别代表了南部裂谷与熊耳裂谷的地层充填序列，洛南地区露头位于两裂谷结合部，同时更靠近克拉通边缘。三个露头区的岩性发育特征具有足够的代表性，能够代表华北克拉通南缘长城纪裂谷的地层发育情况。根据长城系岩石类型的差异及岩相变化规律（图 3-18 至图 3-43），可将华北克拉通南缘长城纪裂谷的充填过程划分为四个阶段，分别为裂陷早期、裂陷晚期、坳陷期及后裂谷期，记录了裂谷环境从初始形成到壮大再到萎缩和消亡的全过程。

一、裂陷早期

裂陷早期阶段裂谷以充填巨厚的熊尔群火山岩系为特征，最下部为大古石组碎屑岩。阳城地区野外露头显示在太古宇片麻岩基底角度不整合之上，大古石组为一套厚度不足 50m 的陆源碎屑岩建造。底部为厚层砾岩，主体岩性为紫灰、紫红色岩屑砂岩、岩屑长石砂岩。底砾岩以及大量长石、岩屑的出现表明其为华北克拉通裂解初期，未发生大规模海侵之前的冲积扇—扇三角洲沉积，具有近源快速堆积的特征。大古石组的元素地球化学特征也支持其为陆相环境。大古石组之上发育巨厚火山岩沉积，厚度近 6000m，该套火山岩下部可见枕状玄武岩及多套片岩夹层，表明此时海侵已到达熊耳裂谷。洛南地区长城系熊耳群出露不全，出露岩性以玄武质火山岩为主，这与阳城地区的枕状熔岩可对比，但厚度更大，显示其更靠近地幔柱的核心。永济野外露头靠近南部裂谷，该地区对于熊耳群的出露并不完整，但根据航磁资料分析，该地区仍发育巨厚火山岩系。永济地区以西较低的航磁异常表明南部裂谷主体并无巨厚火山岩系发育。总体上，裂陷早期阶段在经历短暂的地壳初始开裂之后，随着地幔柱的快速上隆，岩石圈剧烈拉张减薄，大量岩浆物质沿三叉裂谷喷发至地表和海底，海水开始间歇性侵入。

二、裂陷晚期

裂陷晚期阶段以厚度超千米的粗碎屑沉积为特征，在汝阳地区为小沟背组和云梦山组，在洛南地区为高山河群鳖盖子组。汝阳地区小沟背组厚度近900m，岩性以紫红色砾岩、砂砾岩及砂岩为主，底部以一套底砾岩与熊耳群不整合接触。该组下部砾石含量高，次棱角状，局部呈叠瓦状分布，整体表现出冲洪积扇的沉积特征。中上部石英质砾石及砂岩含量逐渐增多，中粗砂为主，以长石砂岩及岩屑长石砂岩为主。砂砾岩与砂岩中发育大型交错层理及分流河道冲刷形成的沟槽，指示沉积环境逐渐演变为辫状河道—辫状河三角洲。云梦山组与小沟背组呈角度不整合接触。岩性以紫红色石英砂岩夹粉砂岩为主，底部为一套砂砾岩。云梦山组砂岩石英含量高于小沟背组。该组广泛发育大型交错层理、分流河道冲刷形成的透镜状沟槽、向上变粗的反粒序结构，显示其主要为辫状河三角洲沉积。

一般而言，辫状河及其所形成的三角洲以较低的成分成熟度和分选性为特征。但云梦山组在辫状河三角洲环境下发育了较高石英含量的砂岩，推测其原因是1.7Ga前的大气圈—水圈特征明显区别于现今。中元古代大气氧含量不大于4% PAL，CO_2分压远大于显生宙，所带来的温室效应、湿热气候也明显强于显生宙，从而形成更强的风化作用，使碎屑物质可以在相对较短的搬运距离内达到较高的成熟度。另外，元古宙植物的缺乏、湿热的气候和强风化作用也会造成地表径流量大、水流载荷高、河床泛滥频繁，河流整体以辫状河为主，曲流河难以稳定发育。这种元古代特殊的大气圈—水圈条件导致小沟背组与云梦山组普遍以辫状河道及其所形成的三角洲沉积为主，并且在距离源区相对较近的条件下形成较高成熟度的石英砂岩沉积。

洛南地区鳖盖子组以大套石英岩与板岩互层为主要特征，沉积厚度巨大。板岩的原岩主要为泥质粉砂岩及粉砂岩，与石英岩构成多个向上变浅的反旋回序列，为滨岸环境。巨厚的沉积厚度表明该地区已经形成被动陆缘环境。永济地区缺乏小沟背—云梦山组沉积，表明克拉通南缘裂陷晚期阶段的裂陷规模有所减小，只在地幔柱中心地带及持续受剪切应力作用的南部裂谷中心地带继续发生地壳的开裂，其他地区裂陷早期形成的可容纳空间多被早期沉积作用和火山活动所充填。

三、坳陷期

坳陷期以沉积石英砂岩、粉砂岩、泥页岩为主要特征，在阳城—汝阳地区沉积白草坪组、北大尖组、崔庄组与三教堂组，洛南地区为高山河群陈家涧组和二道河组。白草坪组整体为一套肉红色、白色石英砂岩夹紫红色、灰绿色粉砂岩、页岩沉积，与下伏云梦山组或熊耳群火山岩呈角度不整合接触。镜下可见石英砂岩中石英含量在85%以上，分选磨圆度逐步变好。石英砂岩的出现表明滨岸环境开始发育，波浪作用增强。北大尖组厚层—块状石英砂岩具反韵律相序结构，与灰绿色薄层粉砂岩、泥质粉砂岩构成多个临滨—前滨沉积旋回。至崔庄组下部开始发育灰绿色薄层泥质粉砂岩，中段发育黑色页岩，页岩厚度在永济和汝阳地区存在差异。黑色页岩中可见风暴成因的亮晶砂屑白云岩，向上粉砂质含量逐渐增多，与上覆三教堂组石英砂岩整合接触。黑色页岩的出现表明此时海侵作用达到最大，海水已沿裂谷深入到克拉通内部，主要形成浅海陆棚环境。

洛南地区二道河组下部以灰绿色泥板岩为主，夹中—薄层长石砂岩，向上至陈家涧组下部，岩性主要以石英砂岩、长石砂岩及白云质砂岩为主，夹灰绿色板岩。上部岩性组合可与北大尖组对比，灰绿色板岩与砂岩构成了多个滨岸沉积旋回。陈家涧组中部发育厚层灰绿色板岩、粉砂岩及泥岩，细粒岩沉积的出现表明此时海侵规模达到最大，可与永济及汝阳地区崔庄组对比。陈家涧组顶部的块状石英砂岩据此可与三教堂组对比，指示了小规模的相对海平面下降。

四、后裂谷期

随着汝阳群及洛峪群被划归长城系，表明在长城纪晚期华北克拉通南缘就已出现陆表海环境，但分布仅局限在裂谷发育区内。永济地区洛峪口组下部为中晶含方解石白云岩，广泛发育柱状叠层石，薄片下可见颗粒幻影和少量富有机质条带，综合推测其为潮下高能环境。目前对于长城纪海水的碳氧同位素组成尚无系统数据发表，海侵规模最大时期崔庄组中的泥晶白云石胶结物可反映开阔海条件下原生白云石的氧同位素特征，据此可推测长城纪正常海水原生白云石的氧同位素 $\delta^{18}O$（PDB）分布范围为 −6.89‰～−4.52‰。四块洛峪口组下部样品的氧同位素 $\delta^{18}O$（PDB）值（−5.27‰～−3.99‰）基本在此范围之内，表明此时克拉通南缘为海水循环良好的潮下环境。龙家园组主体岩性为灰白色、灰色粉细晶白云岩，见丘状叠层石。单层厚度及晶粒大小显示出多个水体向上变浅的反旋回，推测为碳酸盐岩滩。四块龙家园组样品的氧同位素 $\delta^{18}O$（PDB）值（−6.47‰～−3.89‰）显示海水循环良好，为开阔台地环境。

若依照前人将洛南地区高山河群之上的白云岩地层（官道口群）划归蓟县系的方案，陆表海阶段洛南地区仍以沉积碎屑岩为主，即高山河群顶部的200m左右的石英砂岩。由于洛南地区靠近陆架斜坡地带，对于碎屑物质的来源，一种可能的解释是洋流改造碳酸盐岩台地之外的河流三角洲及滨岸砂体并在克拉通斜坡地区发生沉积。本次研究认为尽管缺乏可靠的年龄“锚点”，洛南地区官道口群白云岩与永济地区洛峪群十分相似，岩性组合可对比，故不排除官道口群下部白云岩属于长城系的可能。若如此，陆表海环境发育规模可向南推至洛南地区，原始的被动陆缘已卷入秦岭造山带。

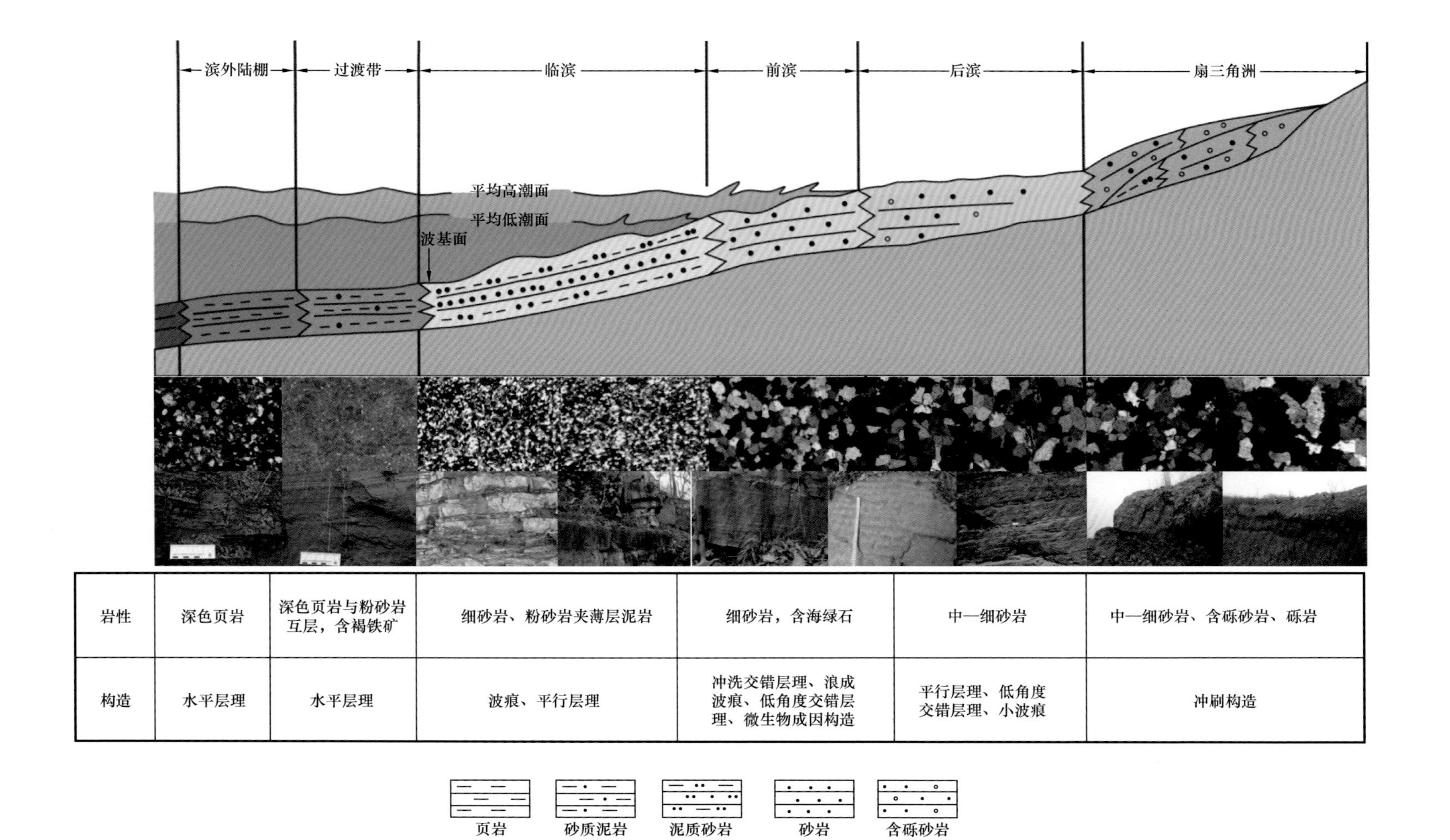

岩性	深色页岩	深色页岩与粉砂岩互层，含褐铁矿	细砂岩、粉砂岩夹薄层泥岩	细砂岩，含海绿石	中—细砂岩	中—细砂岩、含砾砂岩、砾岩
构造	水平层理	水平层理	波痕、平行层理	冲洗交错层理、浪成波痕、低角度交错层理、微生物成因构造	平行层理、低角度交错层理、小波痕	冲刷构造

图 3-1　中—新元古界无障壁型海岸相沉积模式图

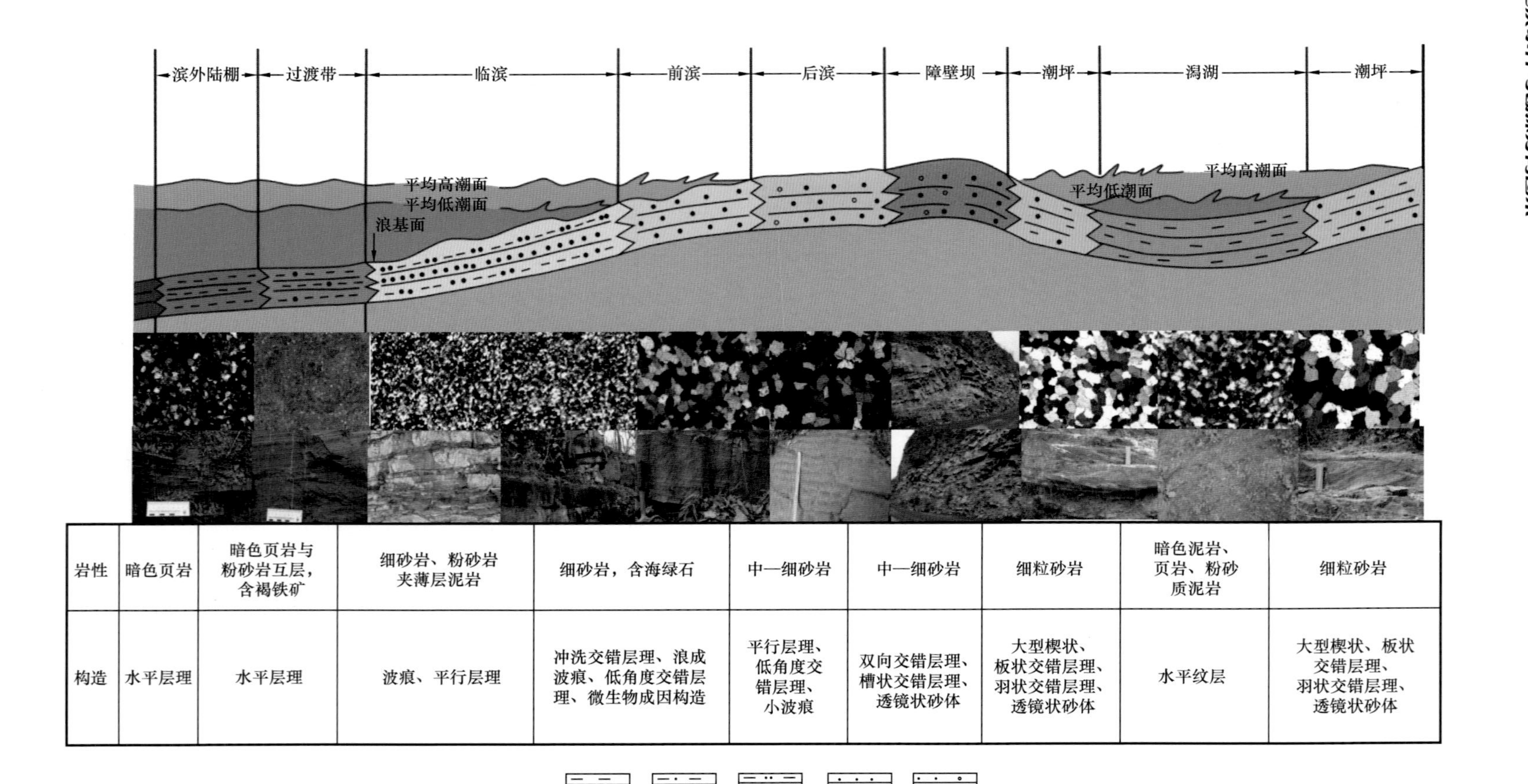

岩性	暗色页岩	暗色页岩与粉砂岩互层，含褐铁矿	细砂岩、粉砂岩夹薄层泥岩	细砂岩，含海绿石	中—细砂岩	中—细砂岩	细粒砂岩	暗色泥岩、页岩、粉砂质泥岩	细粒砂岩
构造	水平层理	水平层理	波痕、平行层理	冲洗交错层理、浪成波痕、低角度交错层理、微生物成因构造	平行层理、低角度交错层理、小波痕	双向交错层理、槽状交错层理、透镜状砂体	大型楔状、板状交错层理、羽状交错层理、透镜状砂体	水平纹层	大型楔状、板状交错层理、羽状交错层理、透镜状砂体

图 3-2 中—新元古界碎屑岩障壁型海岸沉积模式图

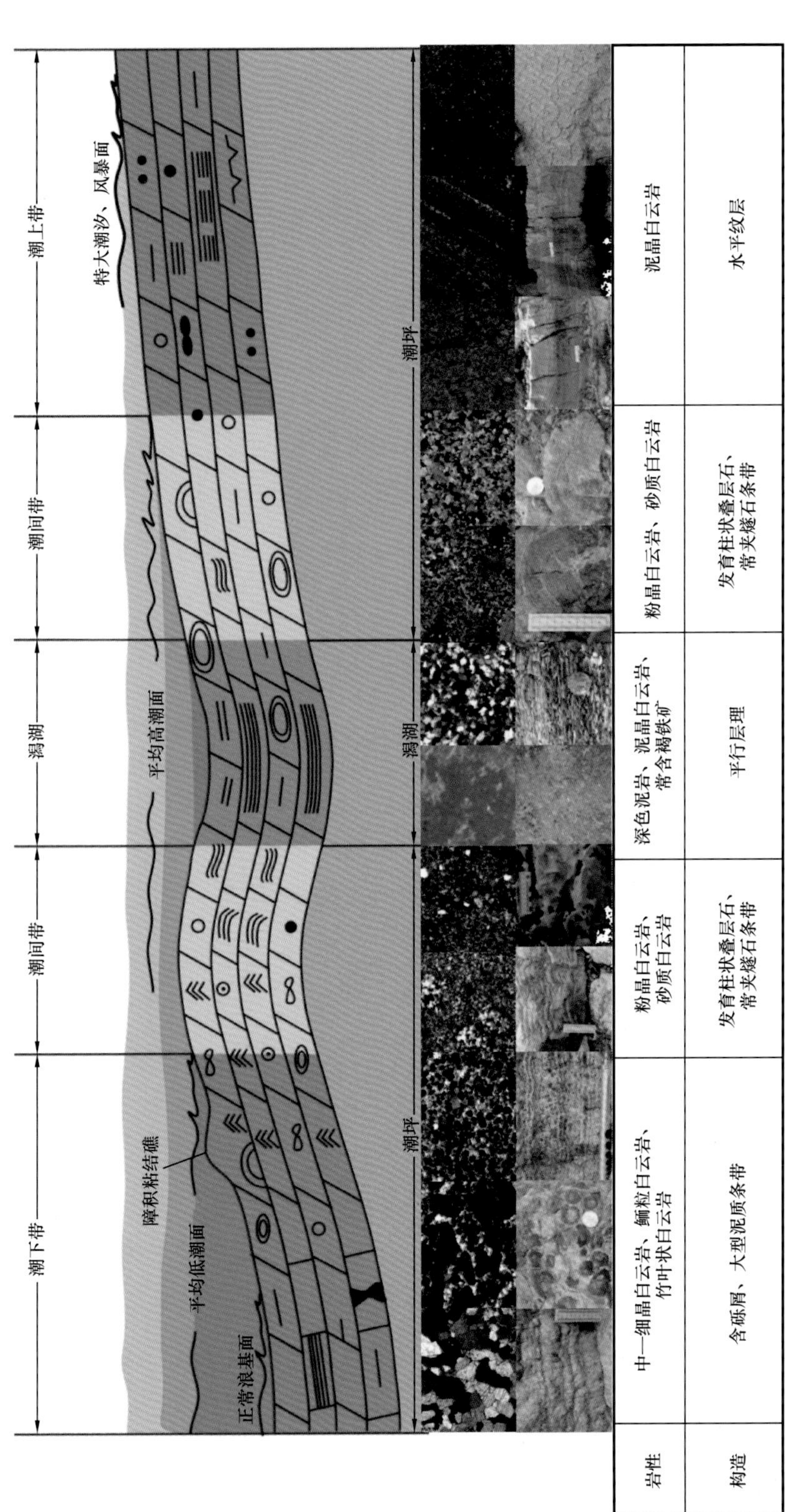

图 3-3　中一新元古界碳酸盐岩台地沉积模式图

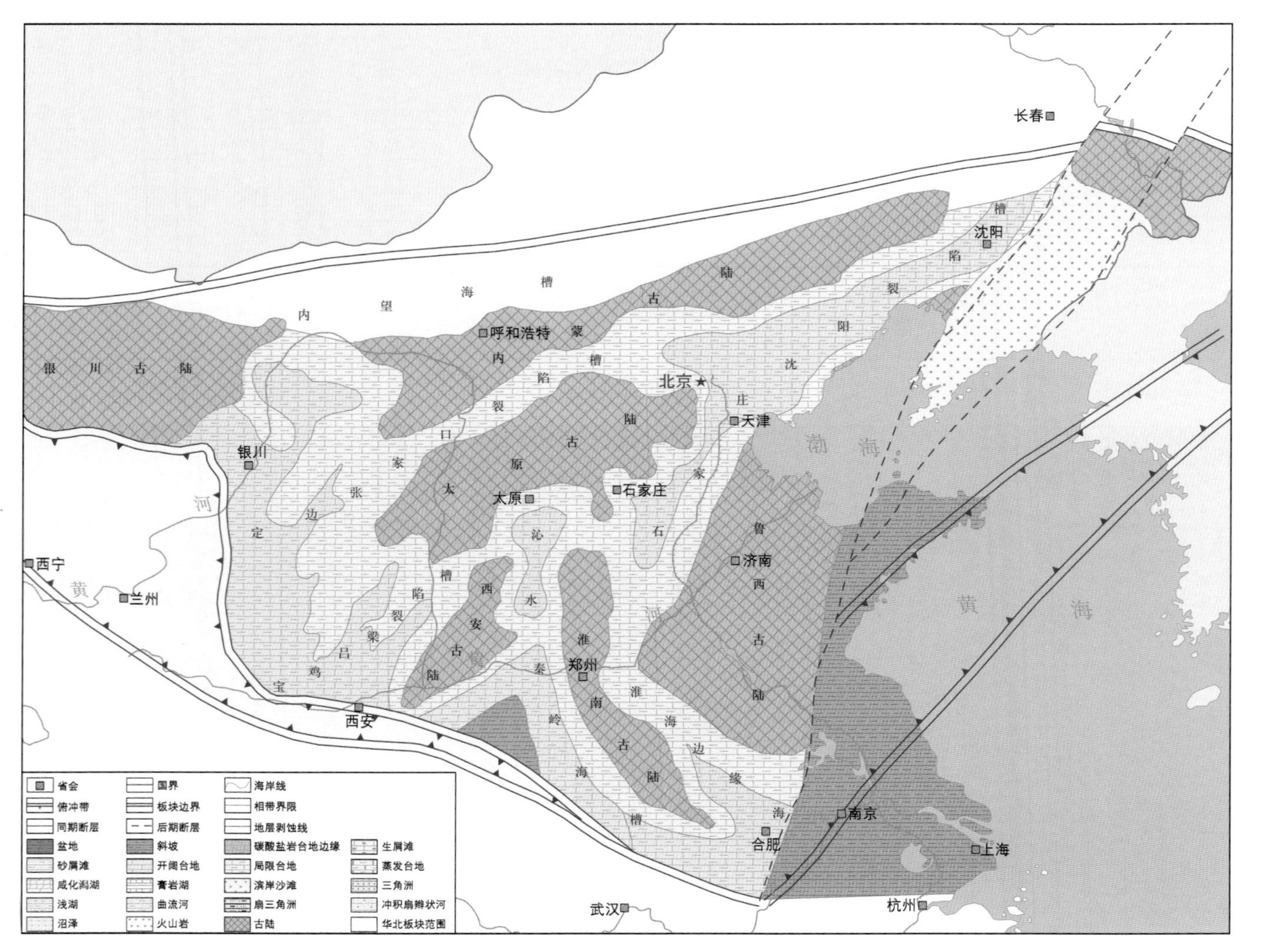

图 3-4　华北中元古代长城纪（17 亿—16 亿年）构造—岩相古地理图

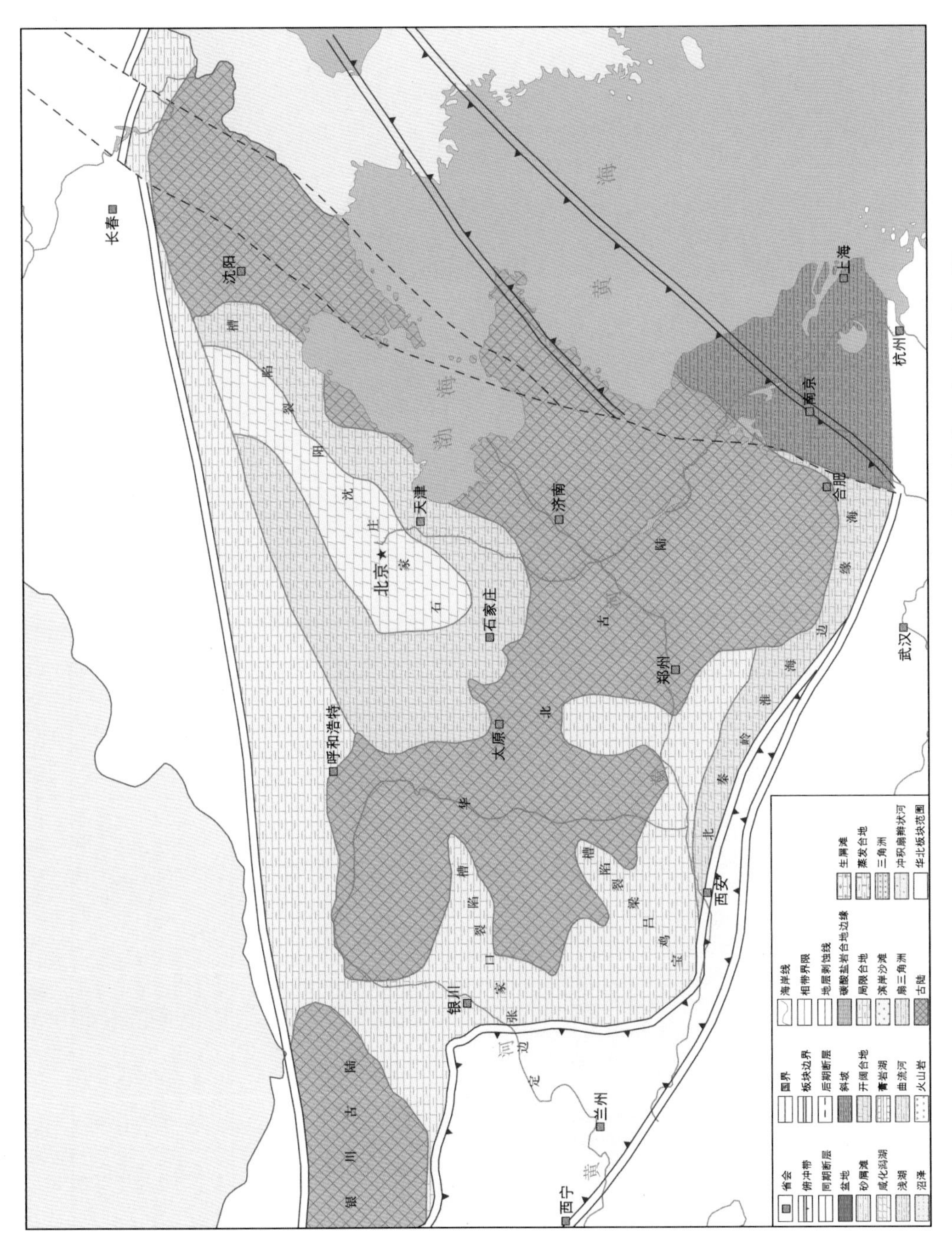

图 3-5　华北中元古代蓟县纪（16 亿—14 亿年）构造—岩相古地理图

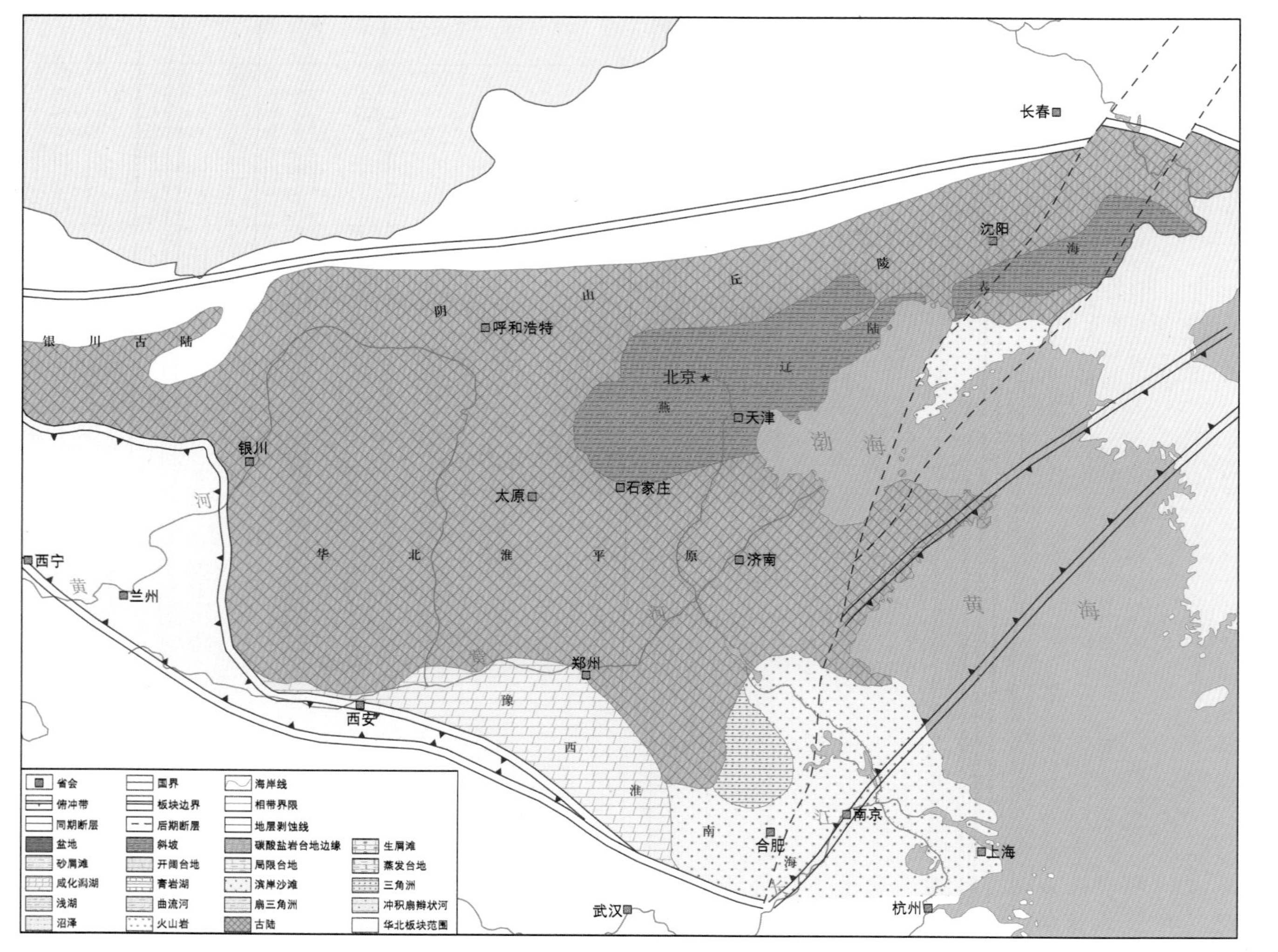

图 3-6　华北中元古代待建纪（14 亿—12 亿年）构造—岩相古地理图

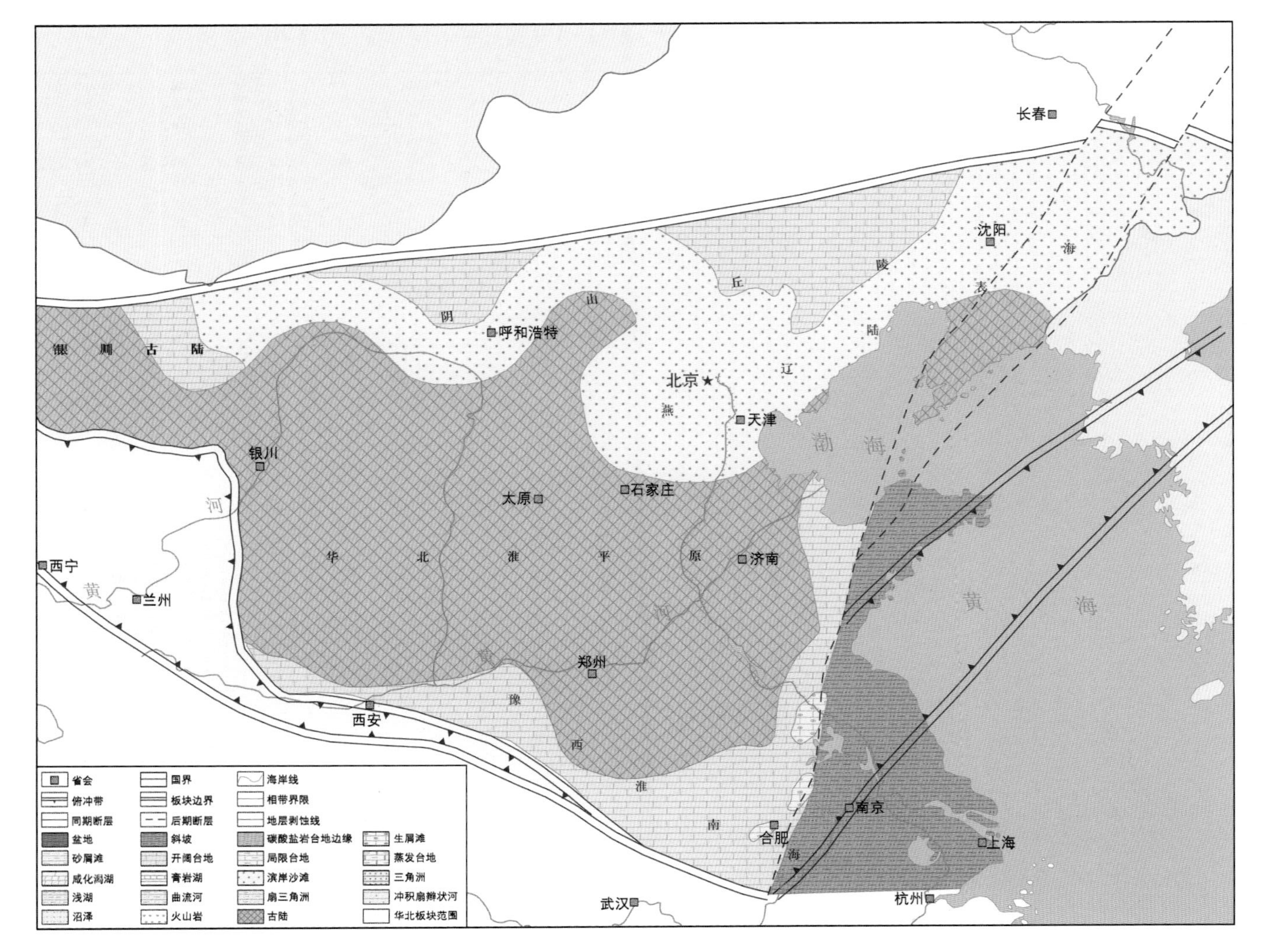

图 3-7　华北新元古代青白口纪（10 亿—8.5 亿年）构造—岩相古地理图

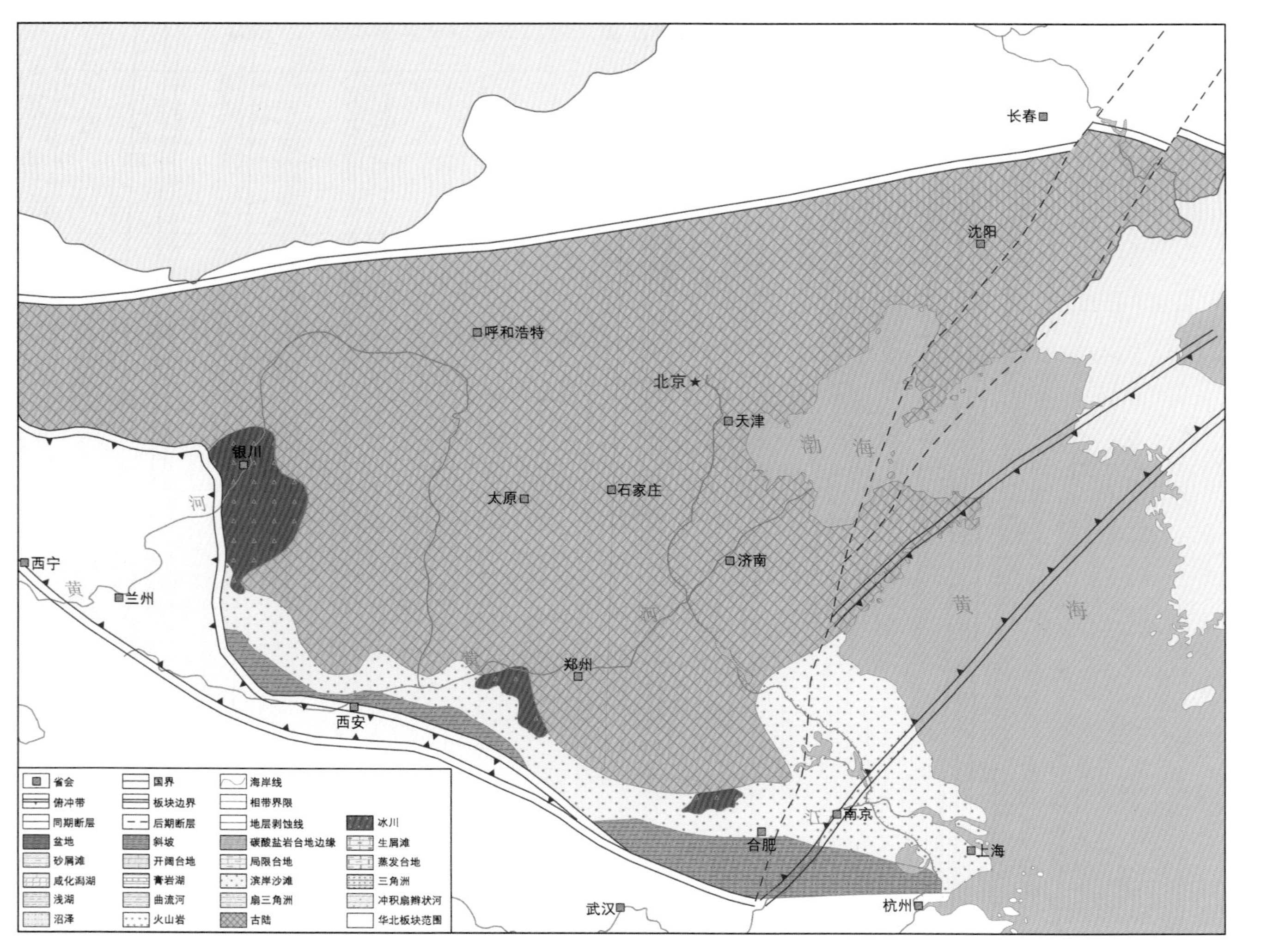

图 3-8 华北新元古代震旦纪（8亿—5.7亿年）构造—岩相古地理图

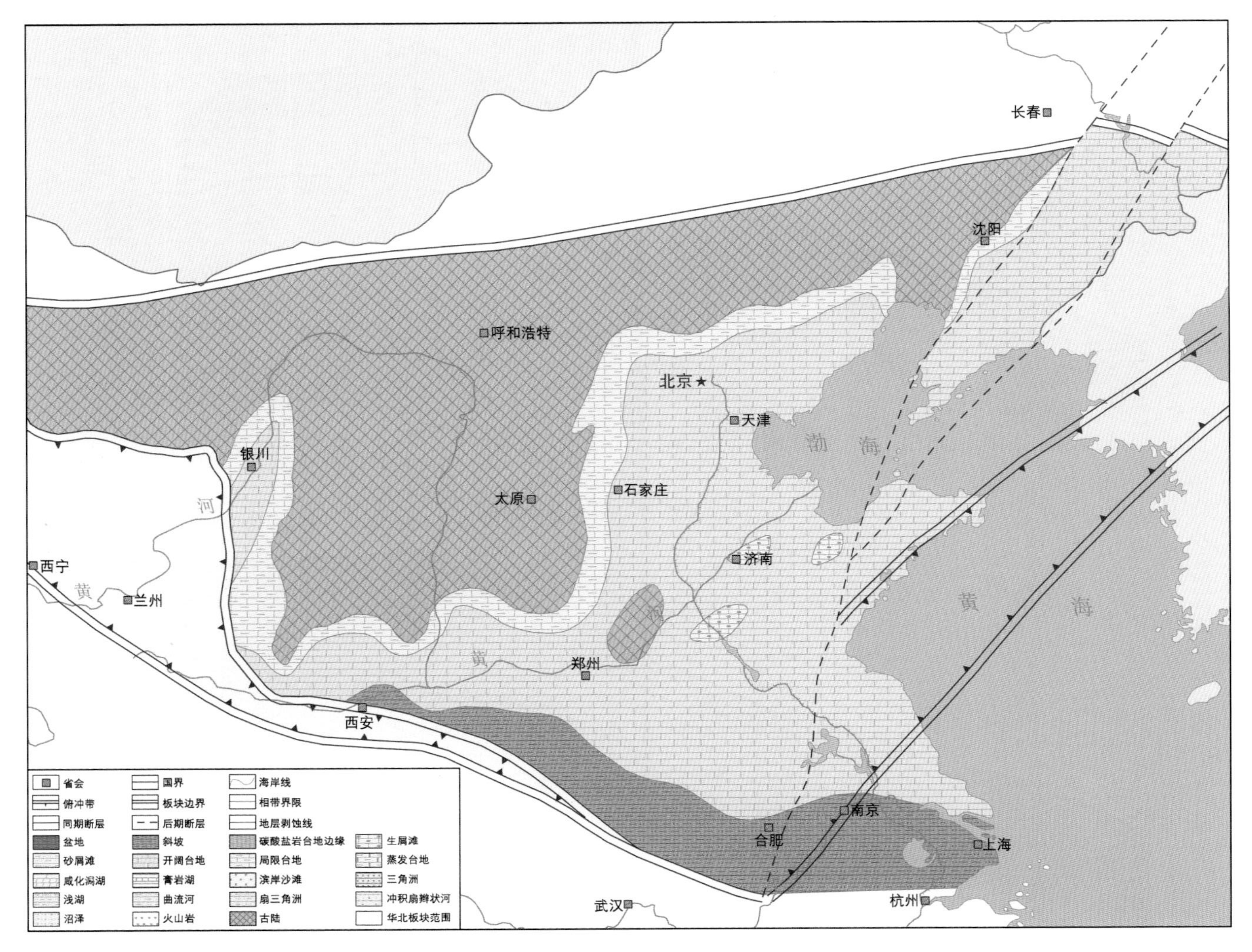

图 3-9　华北早古生代寒武纪（5.7 亿—4 亿年）构造—岩相古地理图

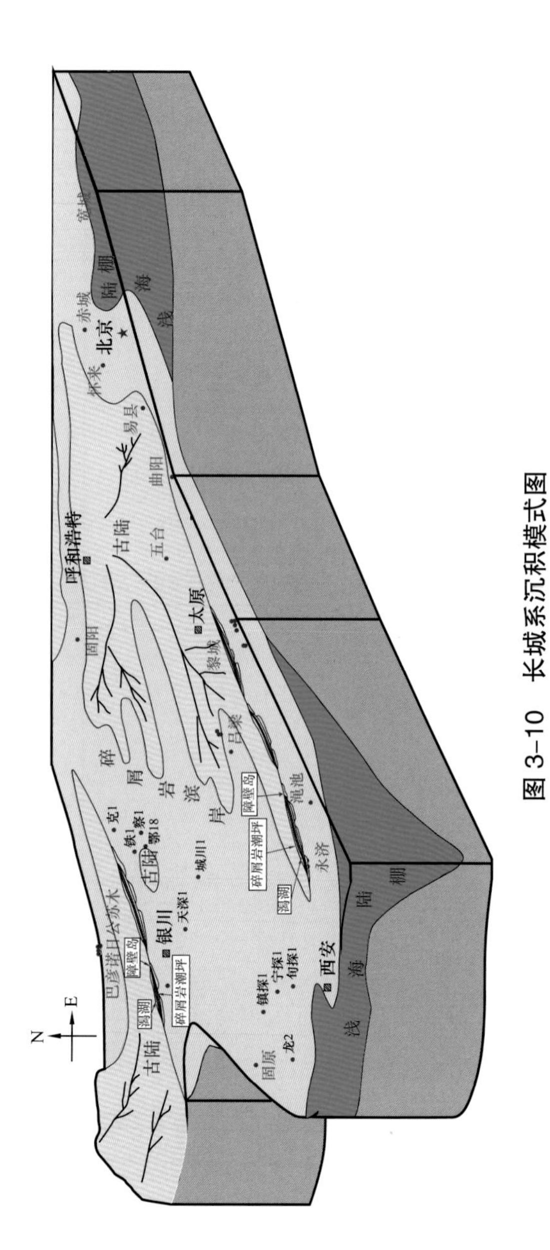

图 3-10　长城系沉积模式图

图 3-11　蓟县系沉积模式图

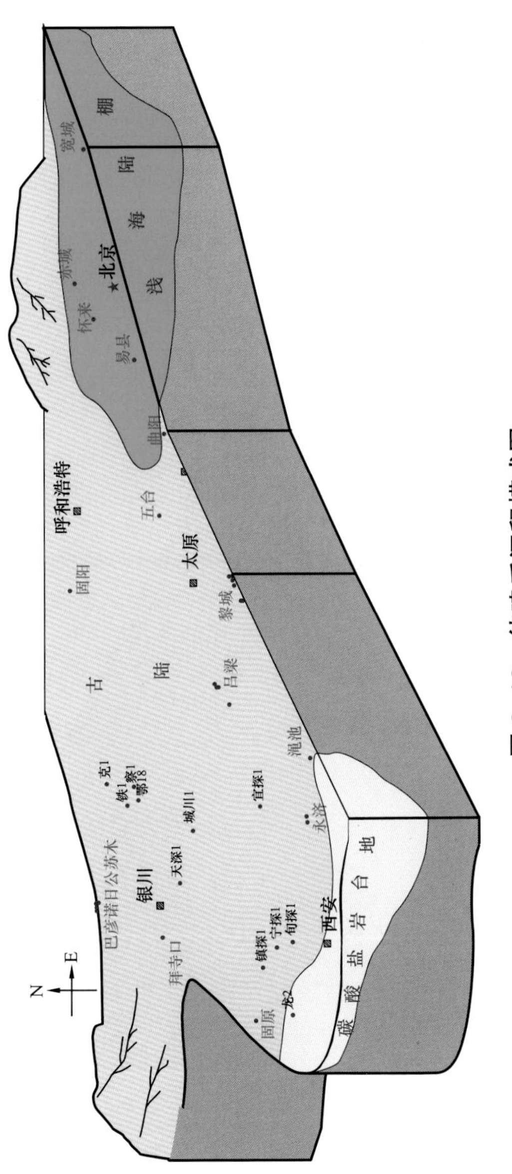

图 3-12　待建系沉积模式图

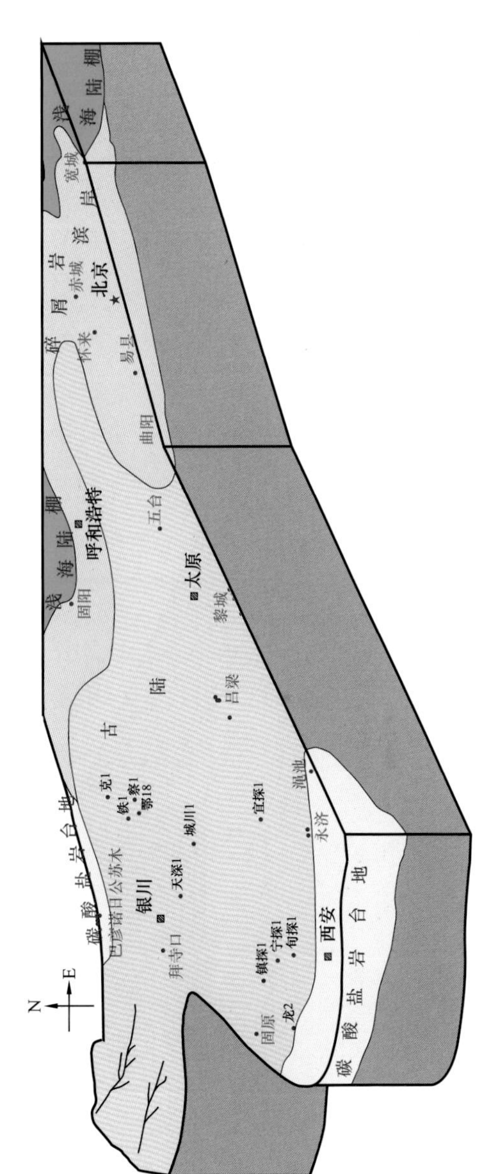

图 3-13　青白口系沉积模式图

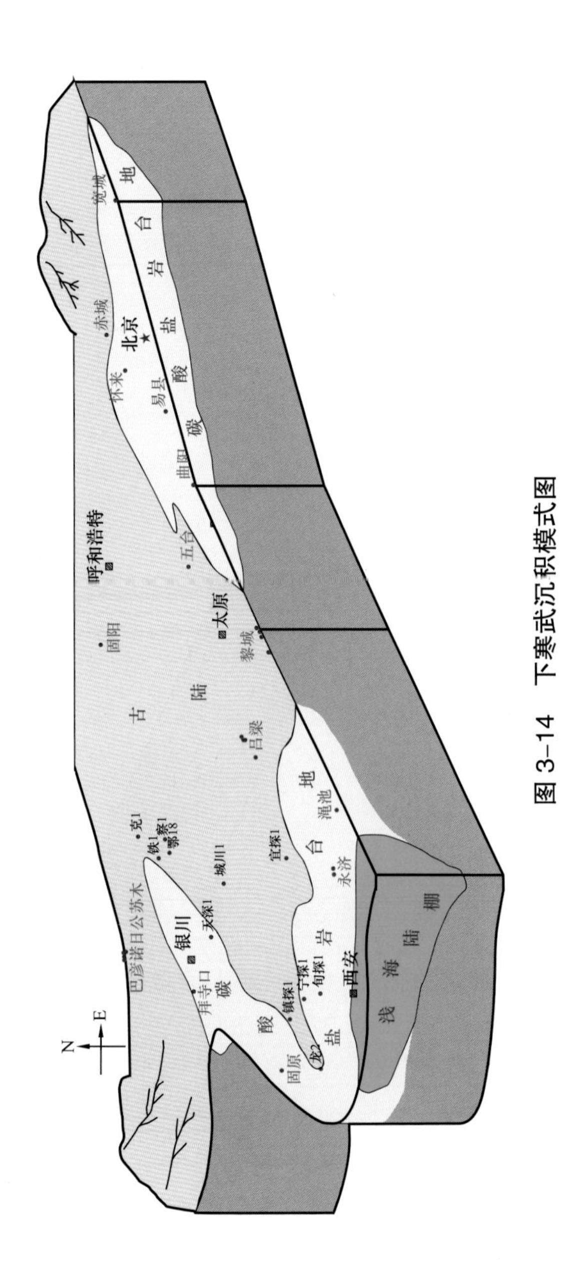

图 3-14　下寒武沉积模式图

图 3-15　震旦系沉积模式图

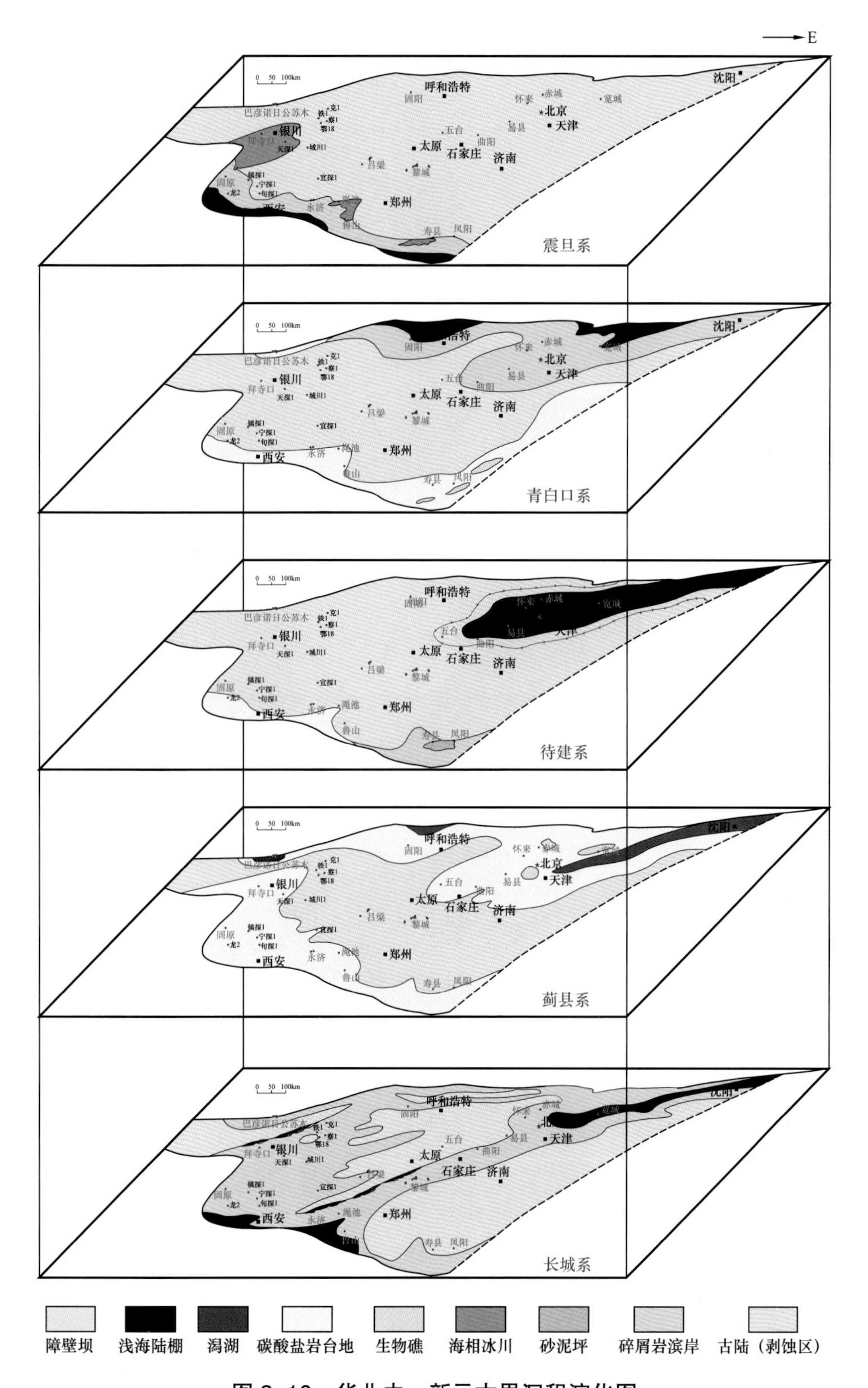

图 3-16　华北中—新元古界沉积演化图

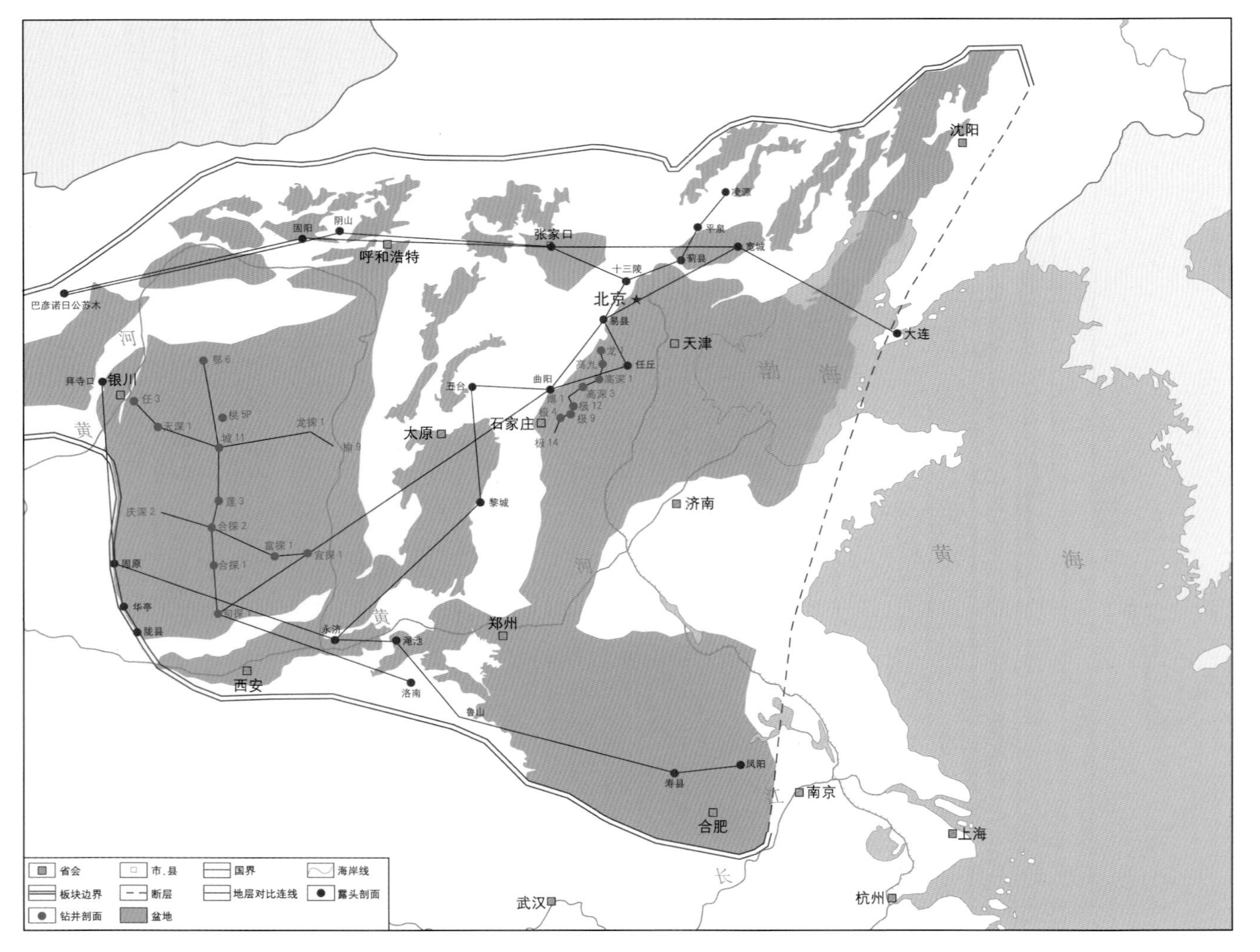

图 3-17 华北地区中—新元古界地层剖面对比平面位置图

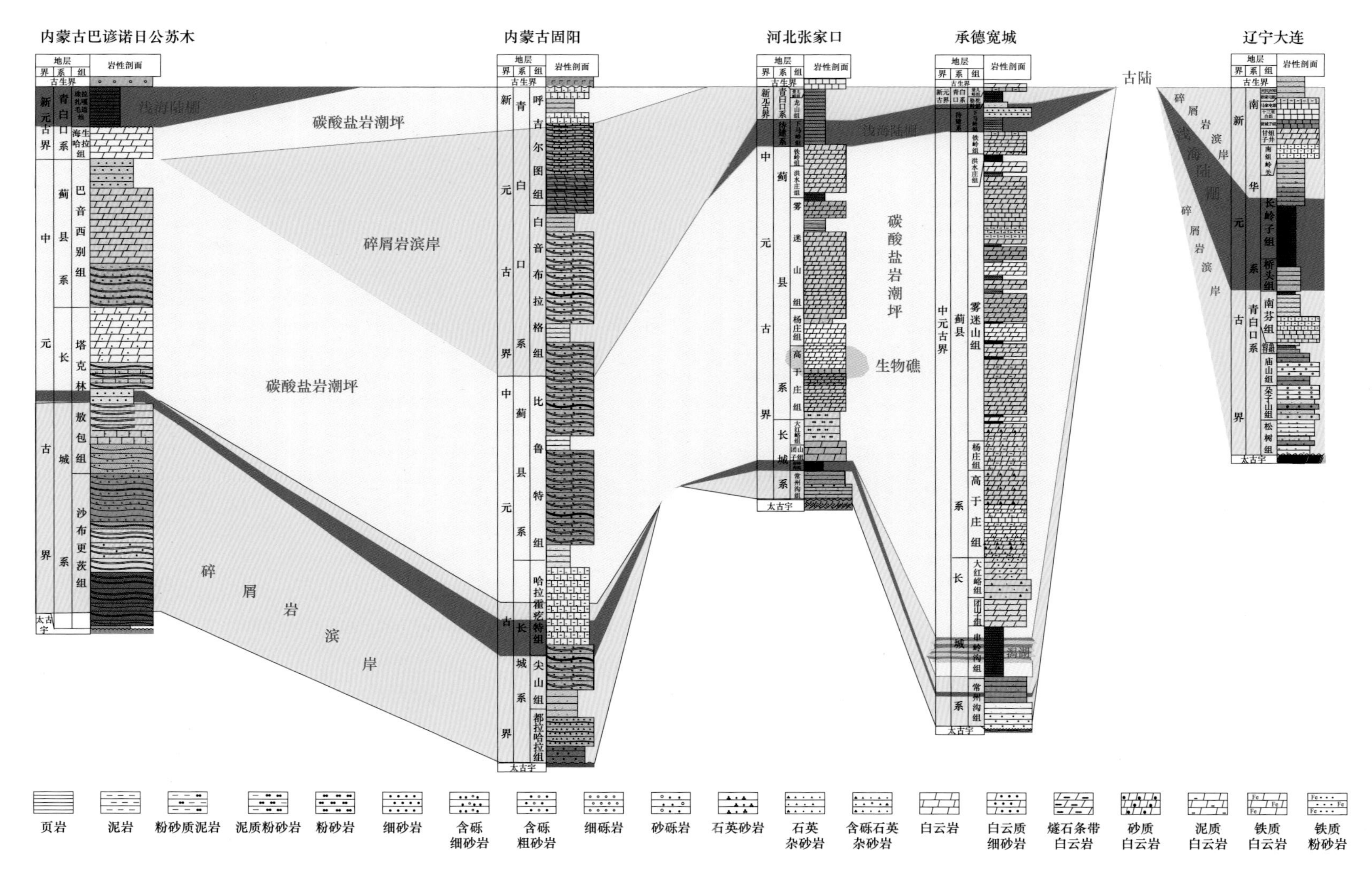

图 3-18　内蒙古巴彦诺日公苏木—辽宁大连中—新元古界沉积相剖面图

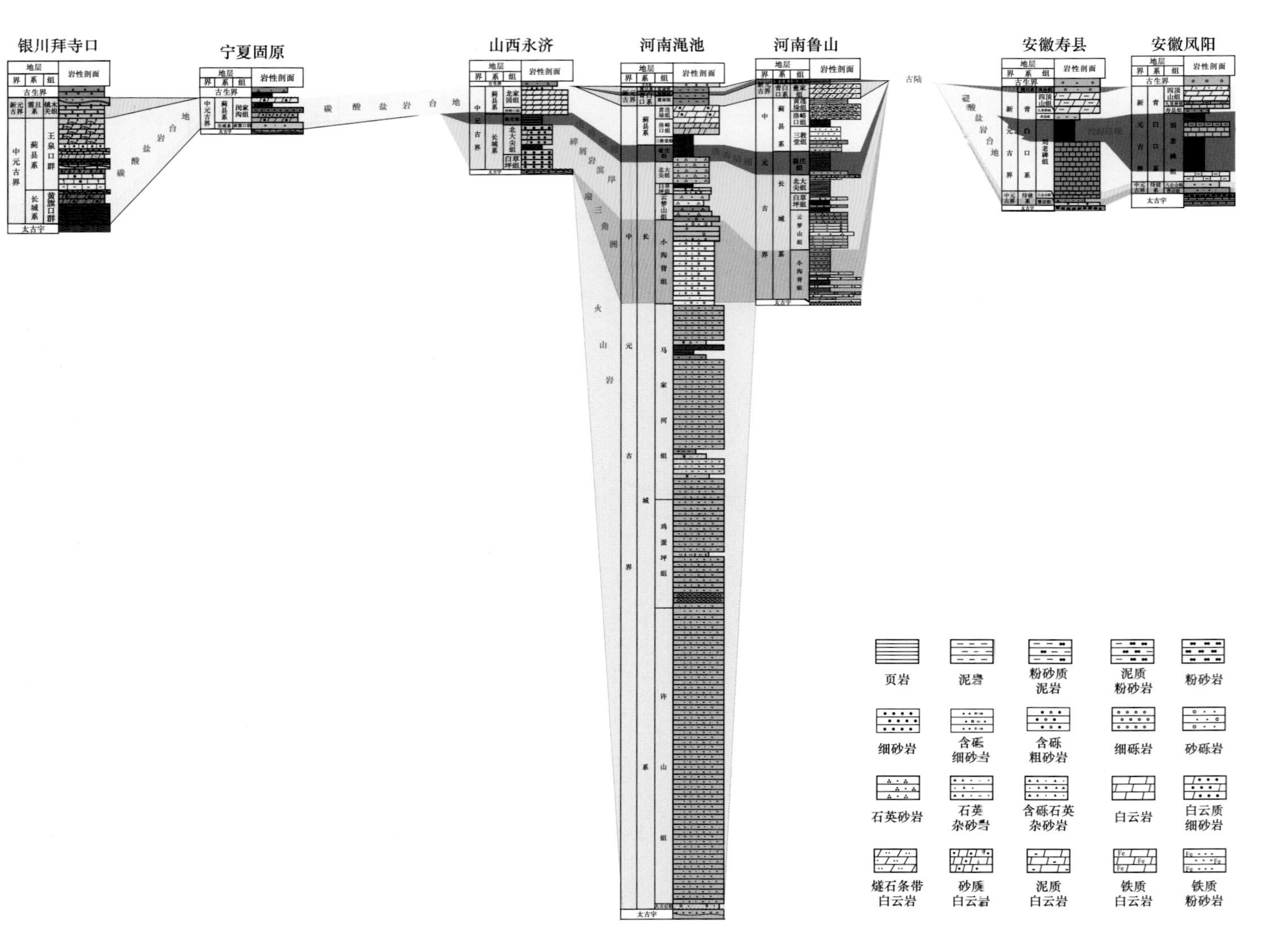

图 3-19 银川拜寺口—安徽凤阳中—新元古界沉积相剖面图

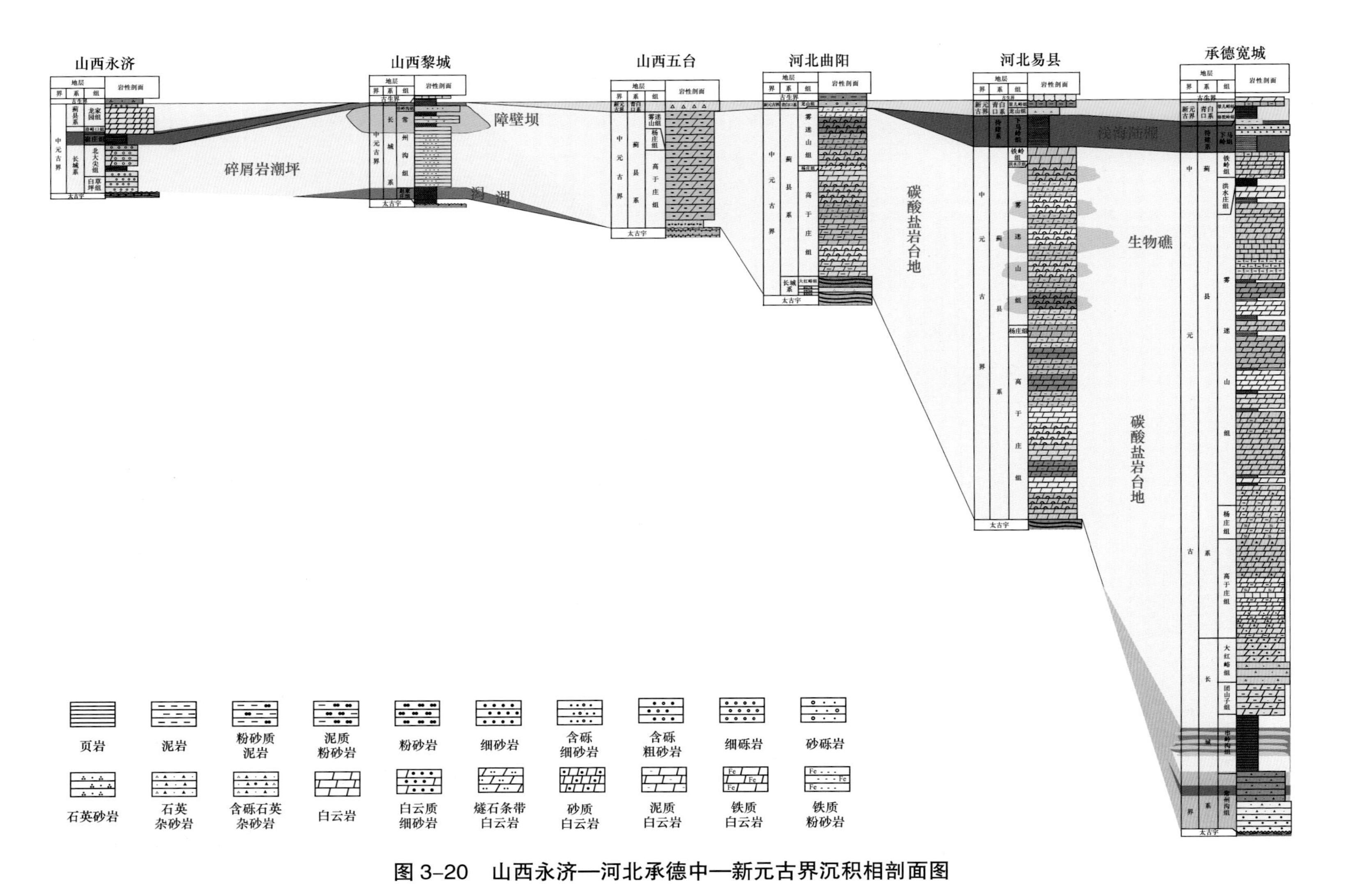

图 3-20　山西永济—河北承德中—新元古界沉积相剖面图

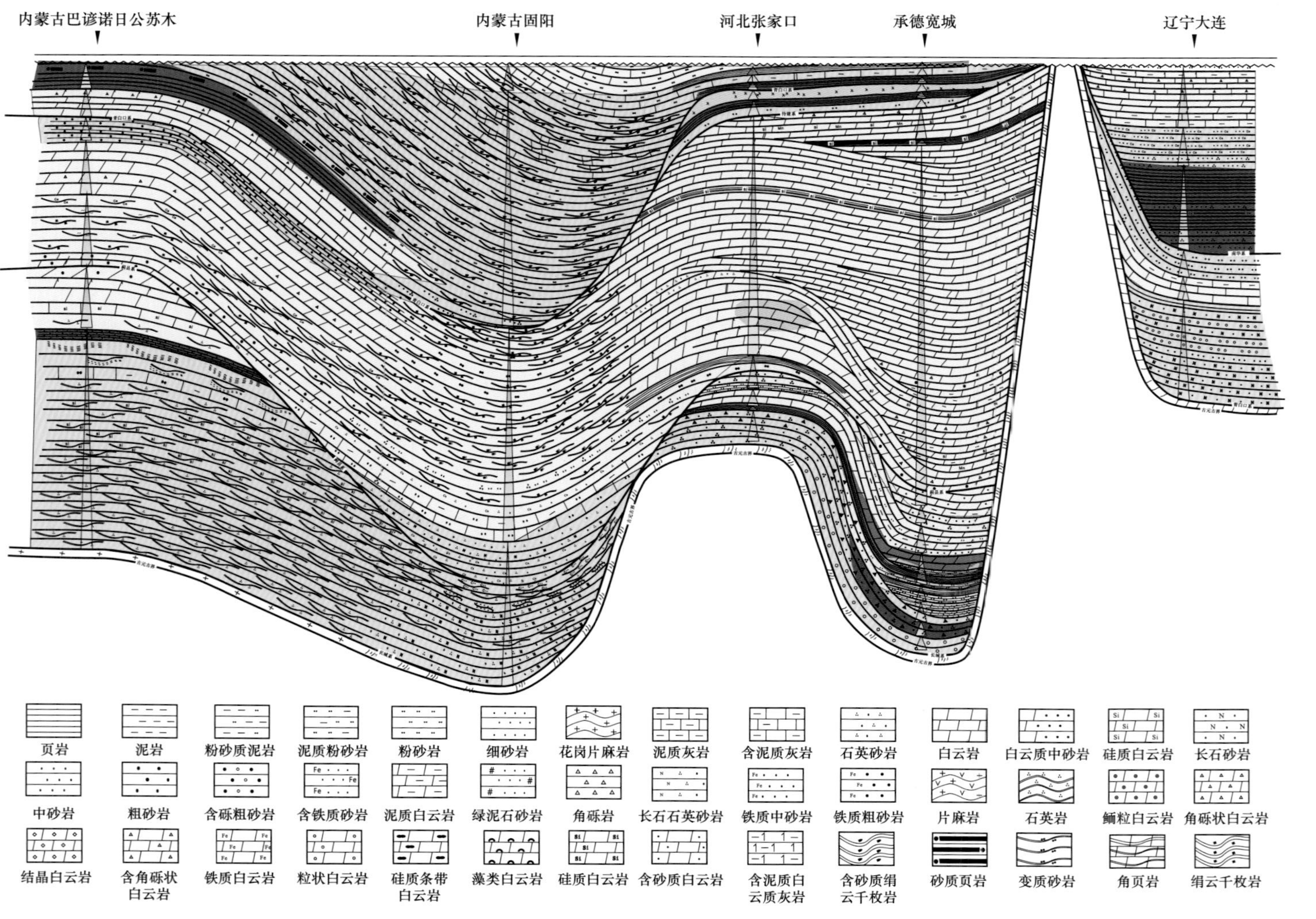

图 3-21　内蒙古巴彦诺日公苏木—辽宁大连中—新元古界沉积充填序列图

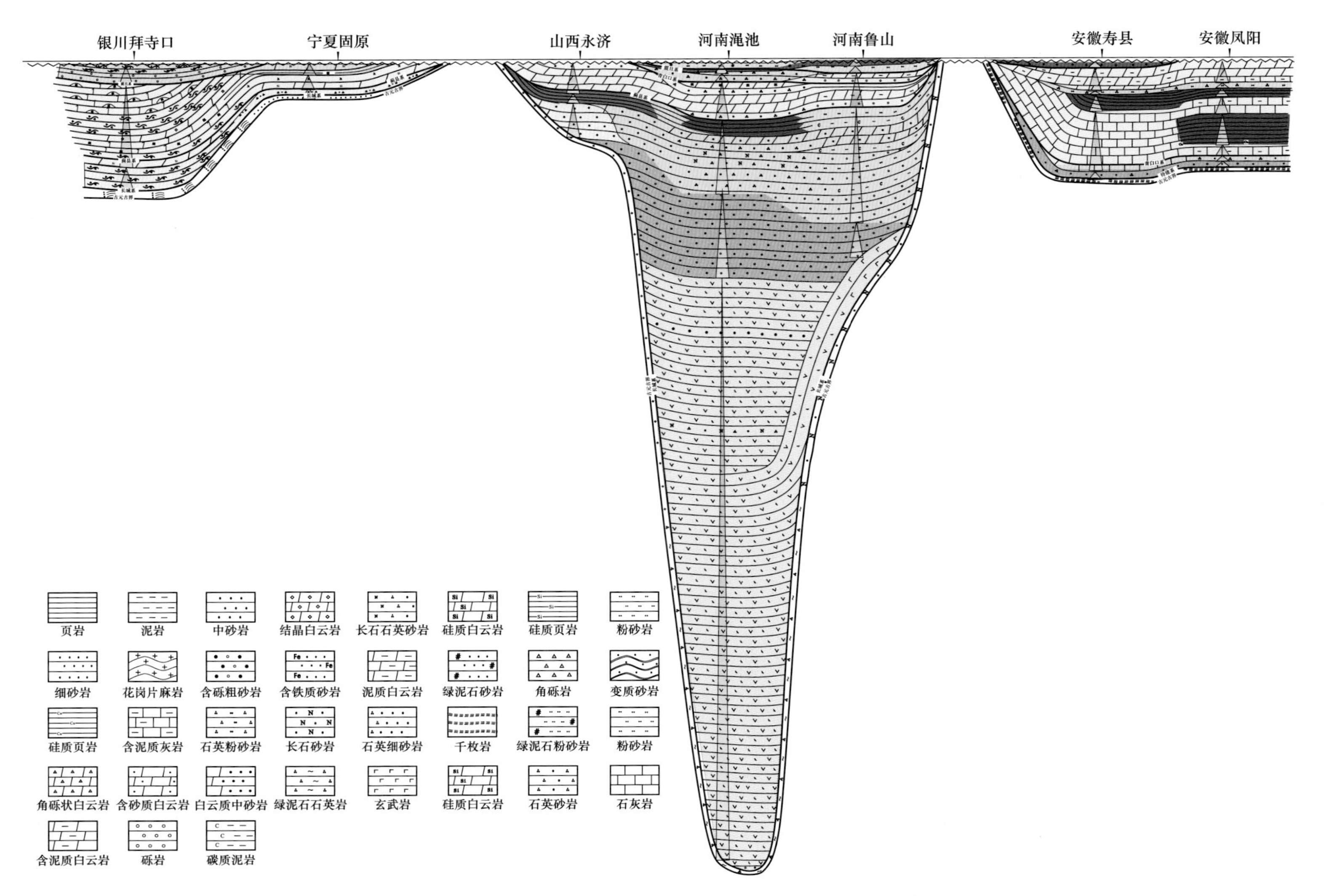

图 3-22 银川拜寺口—安徽凤阳中—新元古界沉积充填序列图

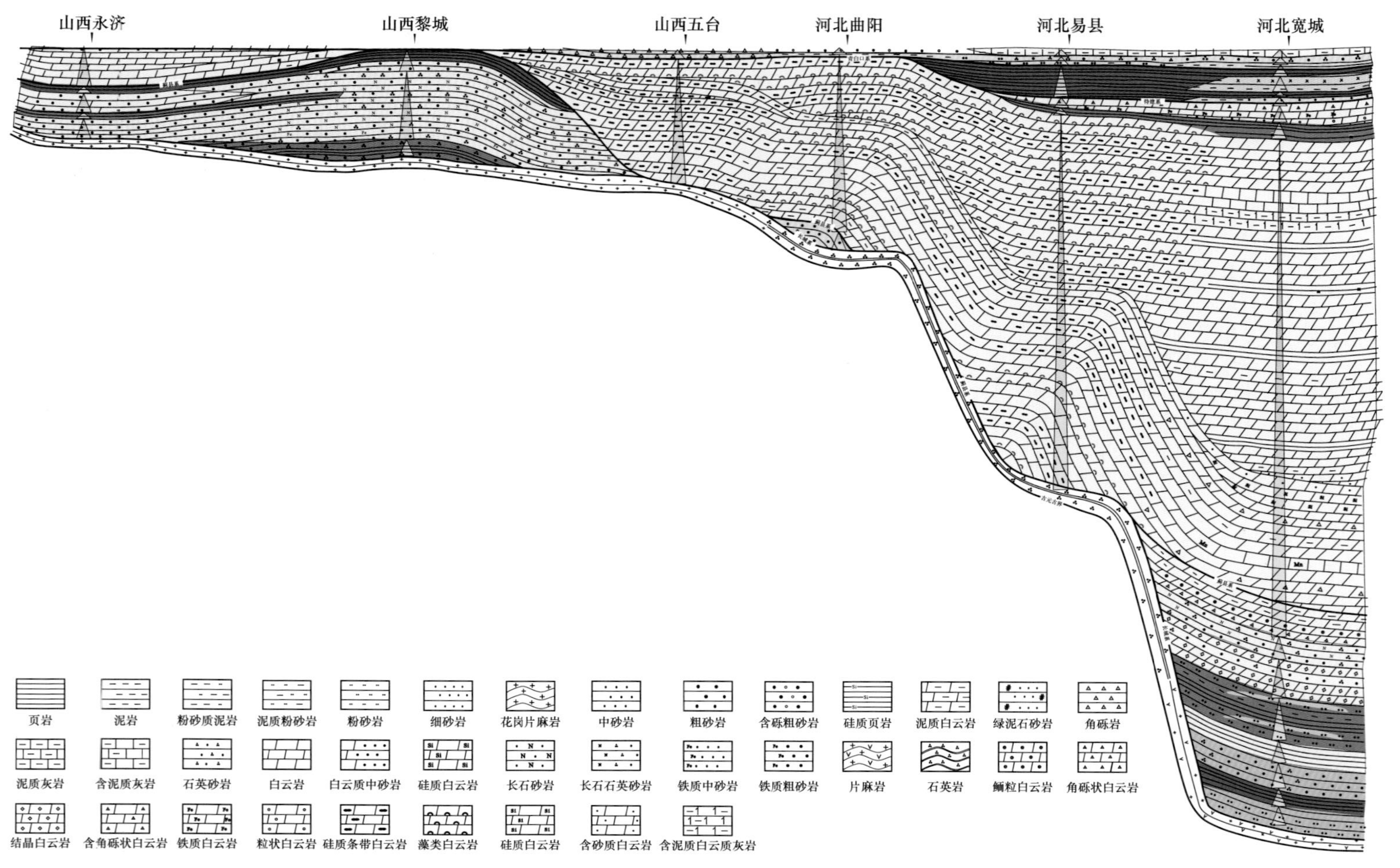

图 3-23　山西永济—河北承德中—新元古界沉积充填序列图

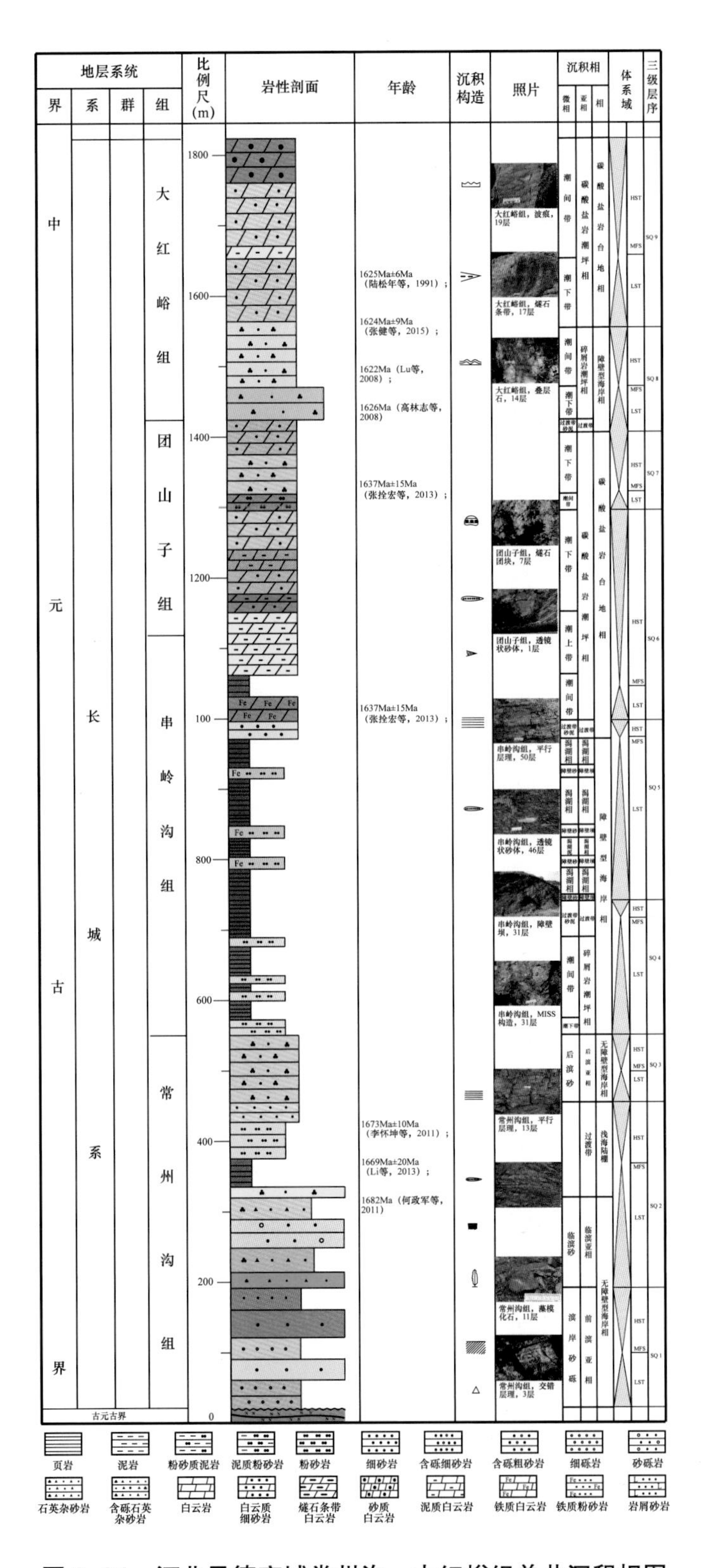

图 3-24　河北承德宽城常州沟—大红峪组单井沉积相图

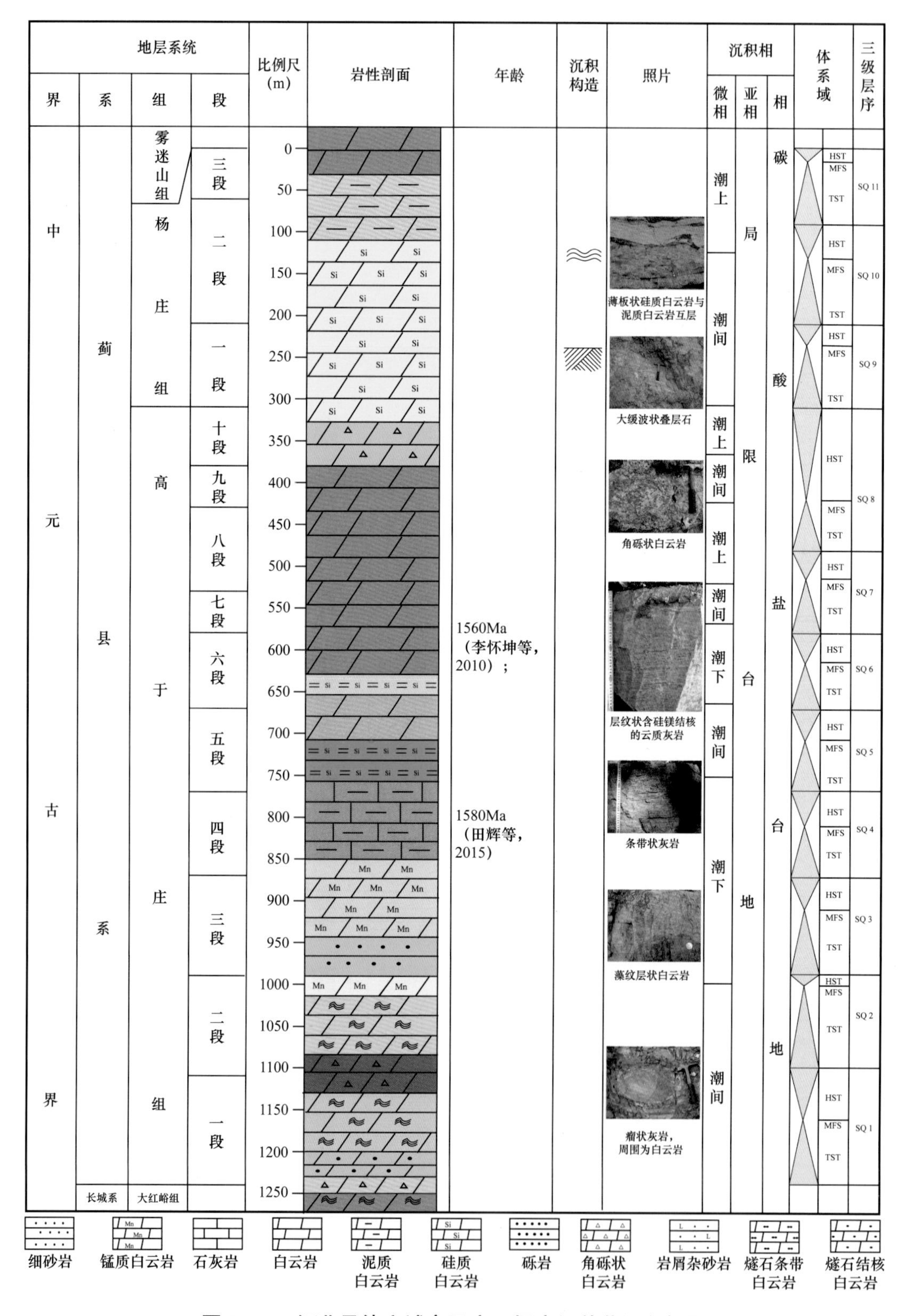

图 3-25　河北承德宽城高于庄—杨庄组单井沉积相图

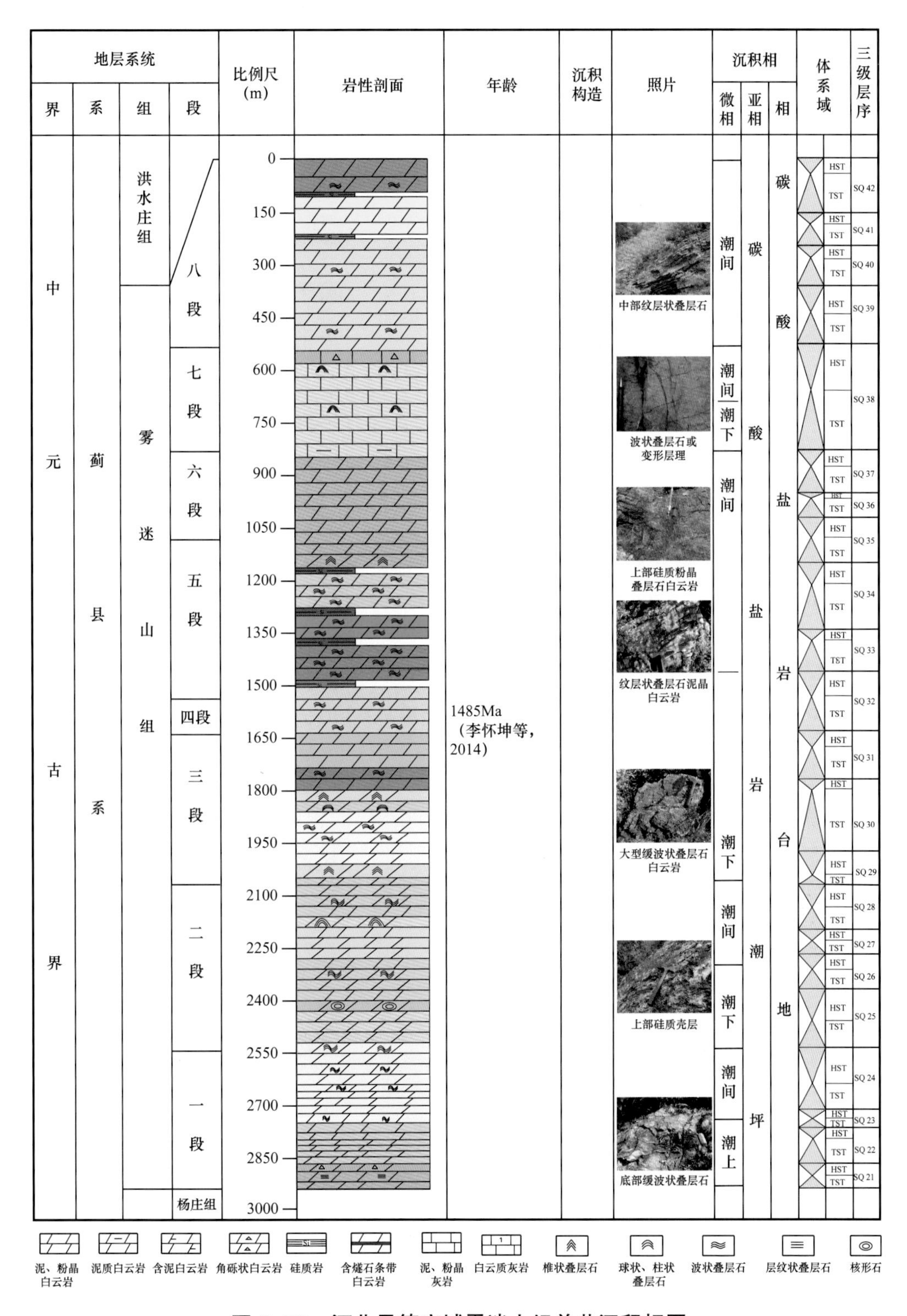

图 3-26　河北承德宽城雾迷山组单井沉积相图

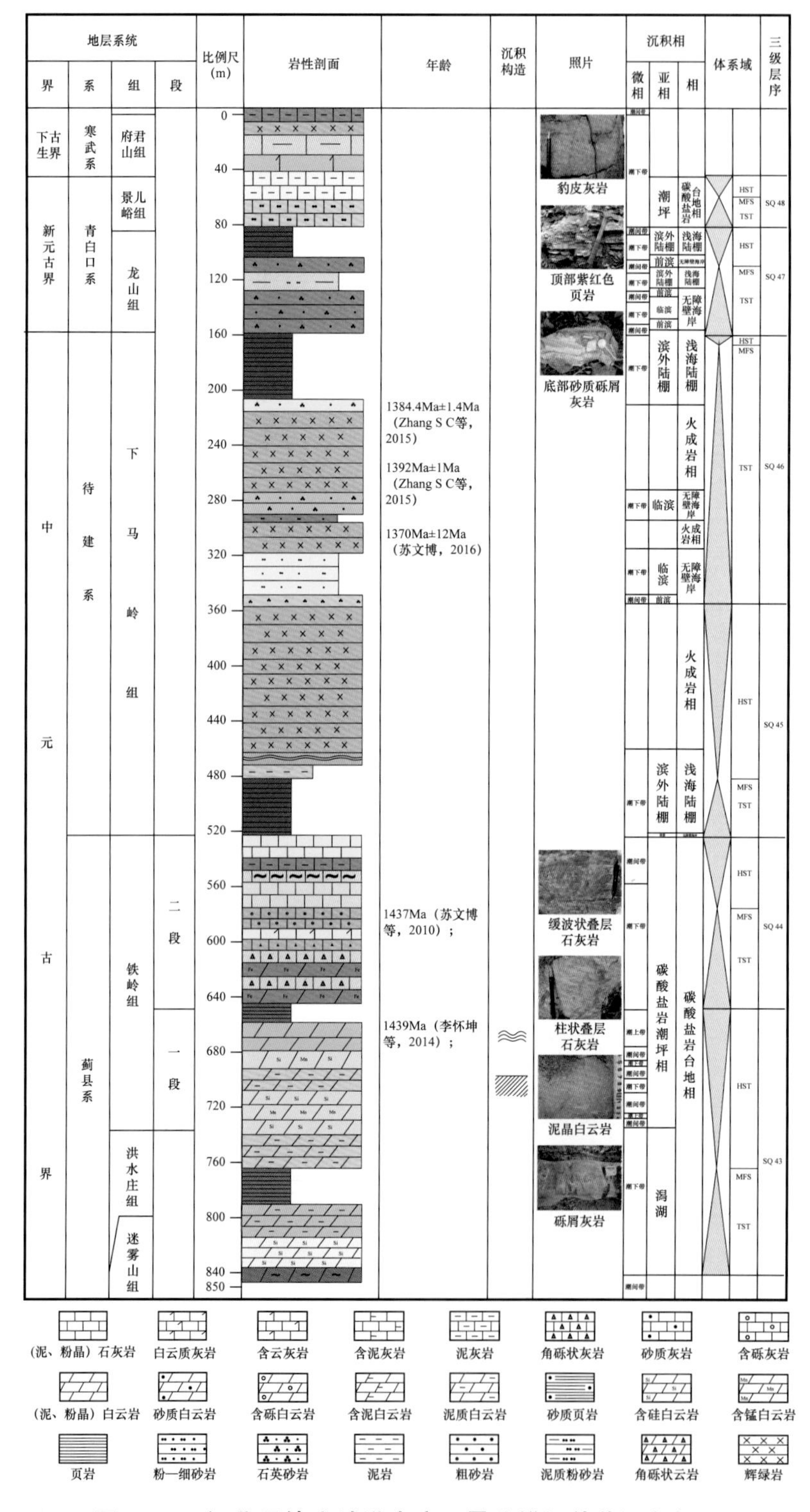

图 3-27　河北承德宽城洪水庄—景儿峪组单井沉积相图

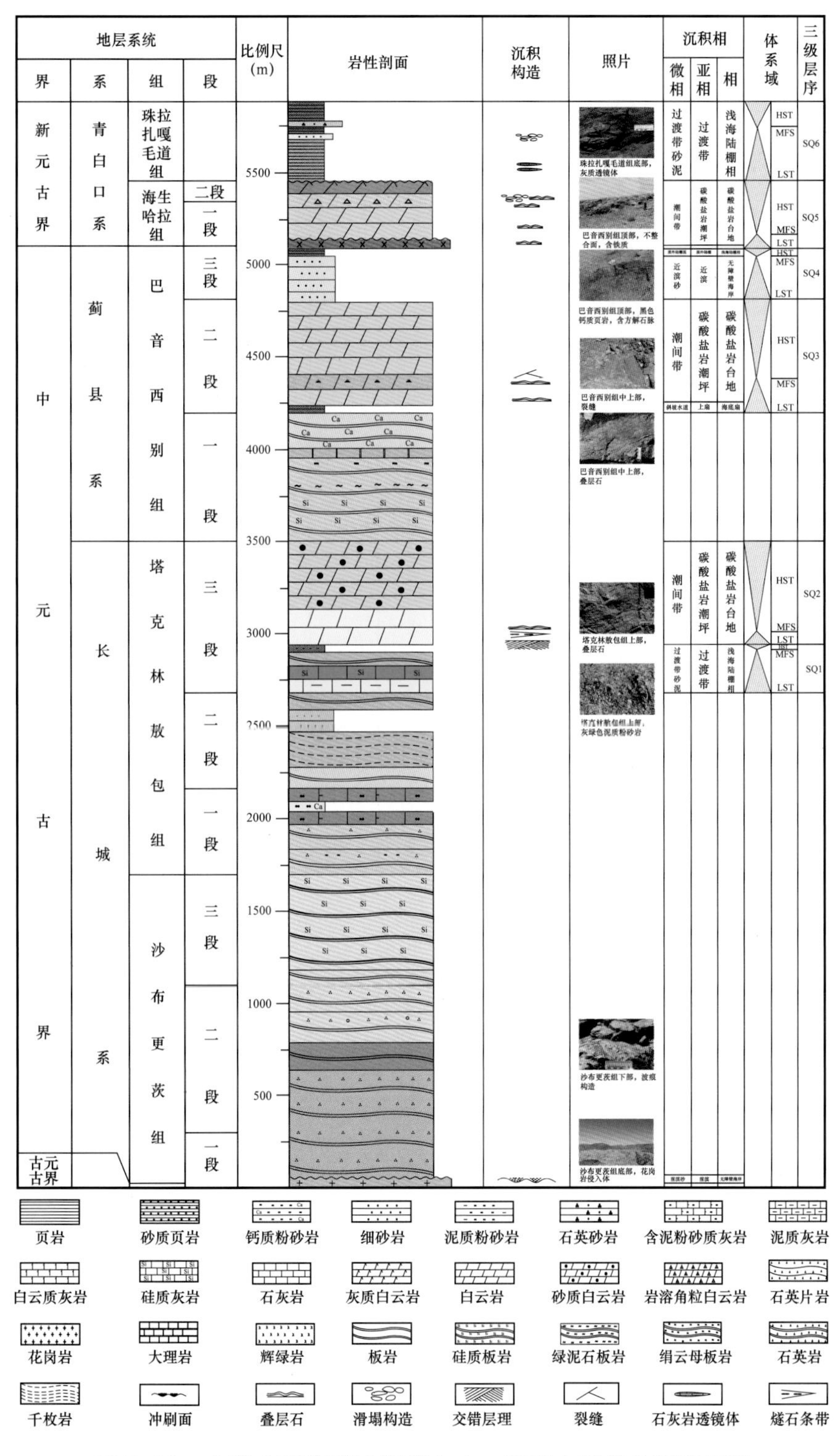

图 3-28　内蒙古巴彦诺日公苏木中—新元古界单井沉积相图

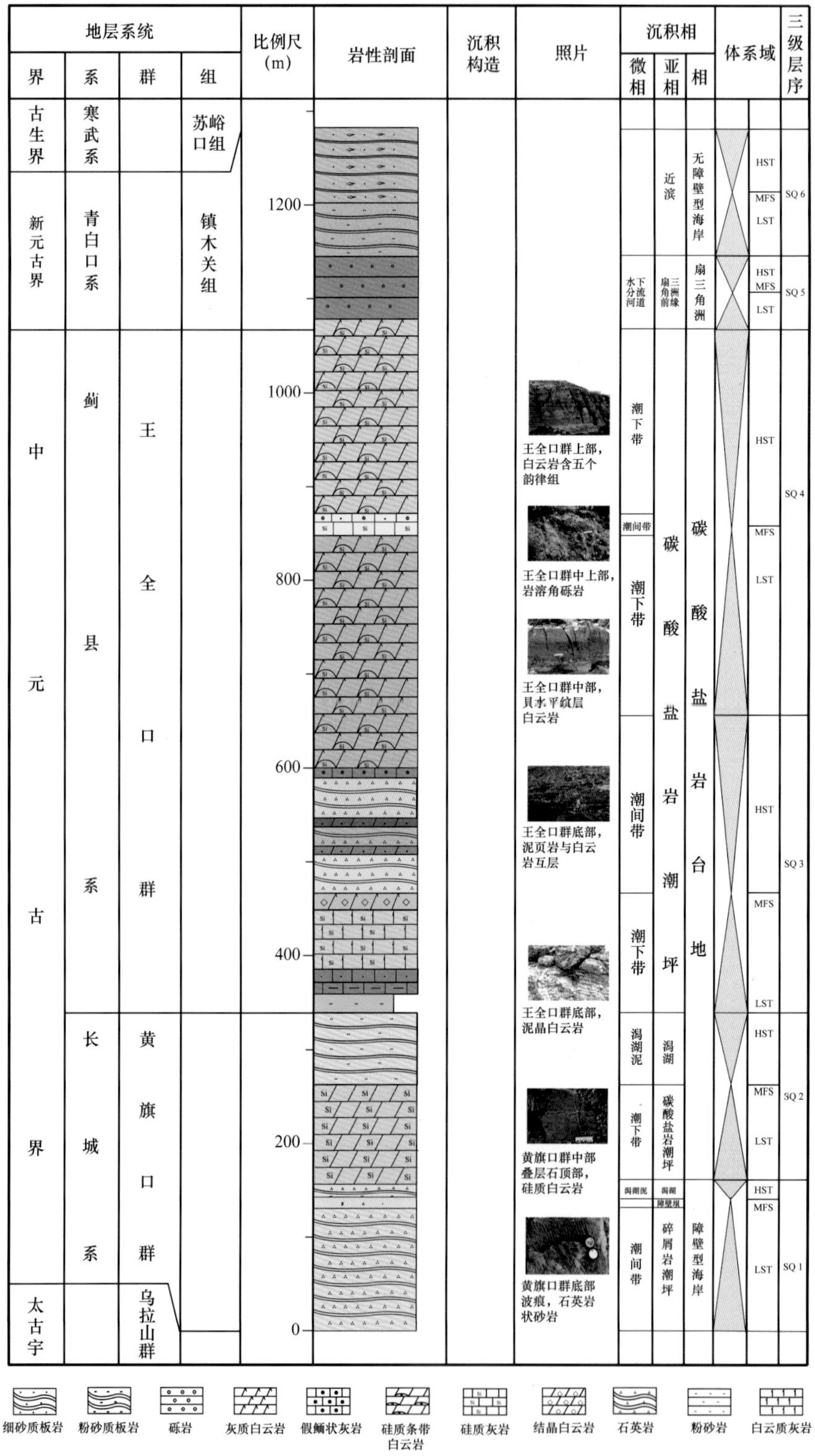

地层系统 | 界 | 系 | 群 | 组 | 比例尺(m) | 岩性剖面 | 沉积构造 | 照片 | 沉积相 | 微相 | 亚相 | 相 | 体系域 | 三级层序

古生界 寒武系 苏峪口组
新元古界 青白口系 镇木关组
中元古界 蓟县系 王全口群
长城系 黄旗口群
太古宇 乌拉山群

1200
1000
800
600
400
200
0

王全口群上部，白云岩含五个韵律组
王全口群中上部，岩溶角砾岩
王全口群中部，具水平纹层白云岩
王全口群底部，泥页岩与白云岩互层
王全口群底部，泥晶白云岩
黄旗口群中部叠层石顶部，硅质白云岩
黄旗口群底部波痕，石英岩状砂岩

近滨 无障壁型海岸
水下分流河道 扇三角洲前缘 扇三角洲
潮下带 潮间带 潮下带 潮间带 潮下带 碳酸盐岩潮坪 碳酸盐岩台地
潟湖泥 潟湖
潮下带 碳酸盐岩潮坪
潟湖泥 潟湖
障壁坝
潮间带 碎屑岩潮坪 障壁型海岸

HST MFS LST SQ 6
HST MFS LST SQ 5
HST MFS LST SQ 4
HST MFS LST SQ 3
HST MFS LST SQ 2
HST MFS LST SQ 1

细砂质板岩 粉砂质板岩 砾岩 灰质白云岩 假鲕状灰岩 硅质条带白云岩 硅质灰岩 结晶白云岩 石英岩 粉砂岩 白云质灰岩

图 3-29 银川拜寺口中—新元古界单井沉积相图

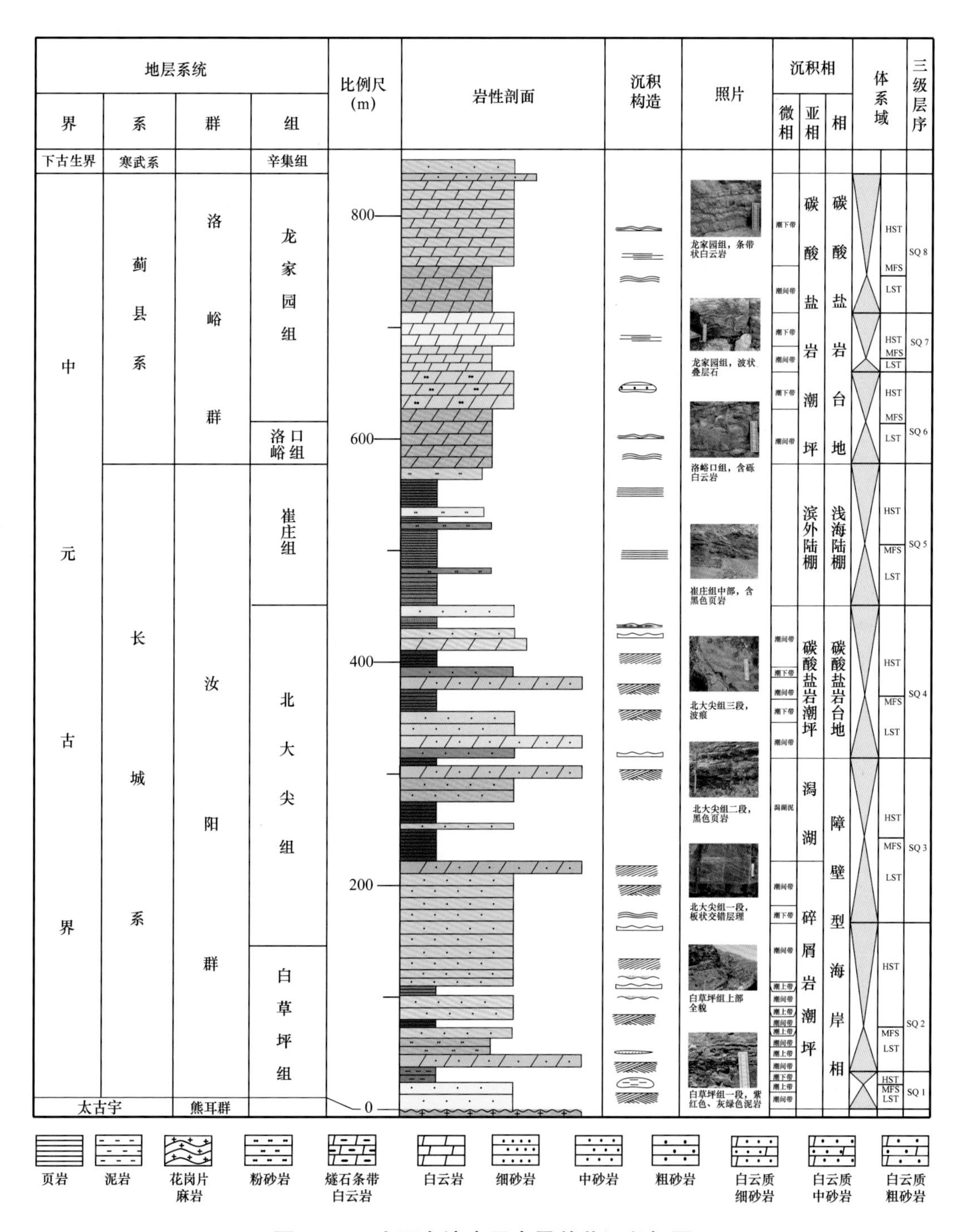

图 3–30　山西永济中元古界单井沉积相图

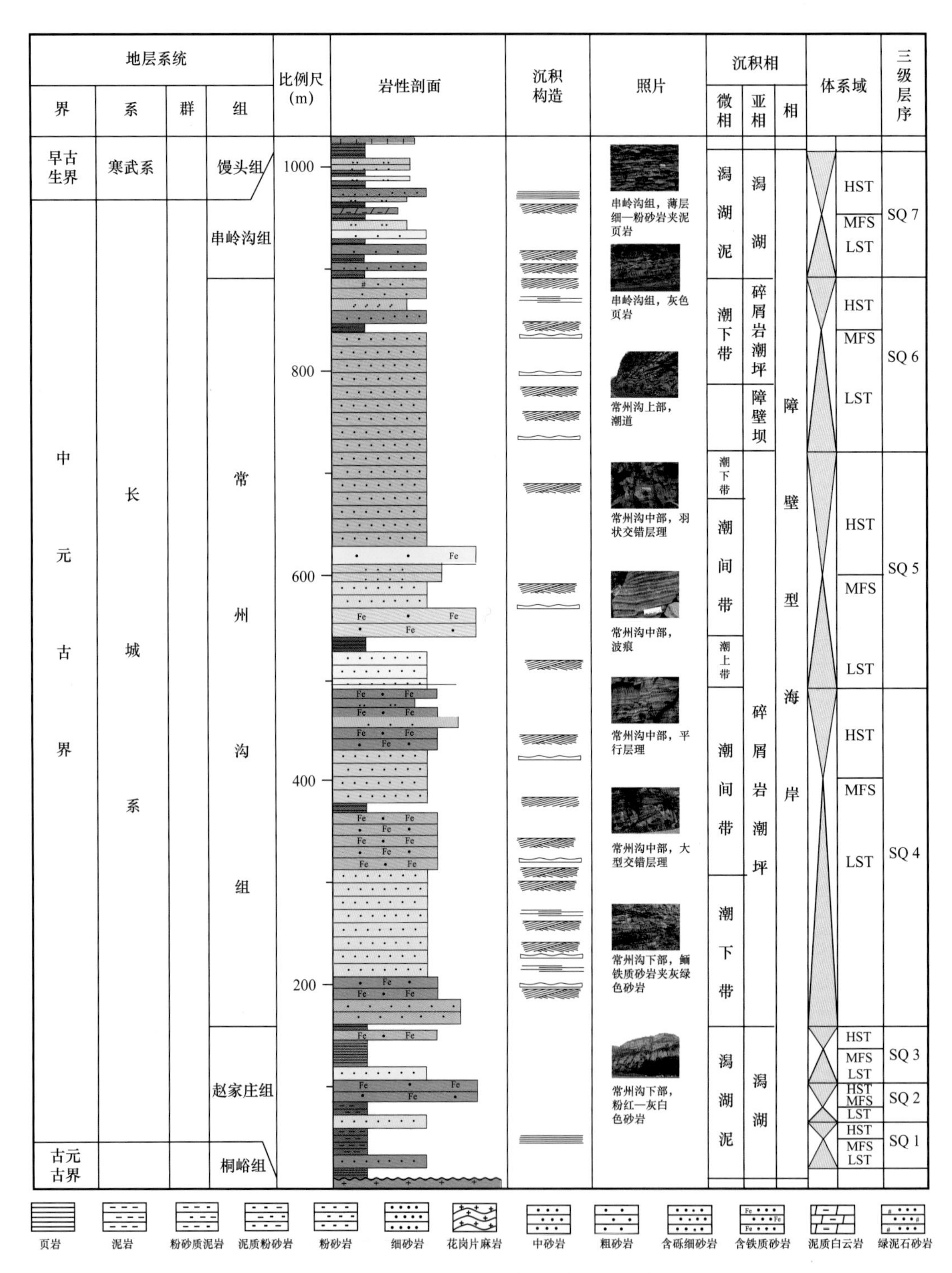

图 3-31 山西黎城中元古界单井沉积相图

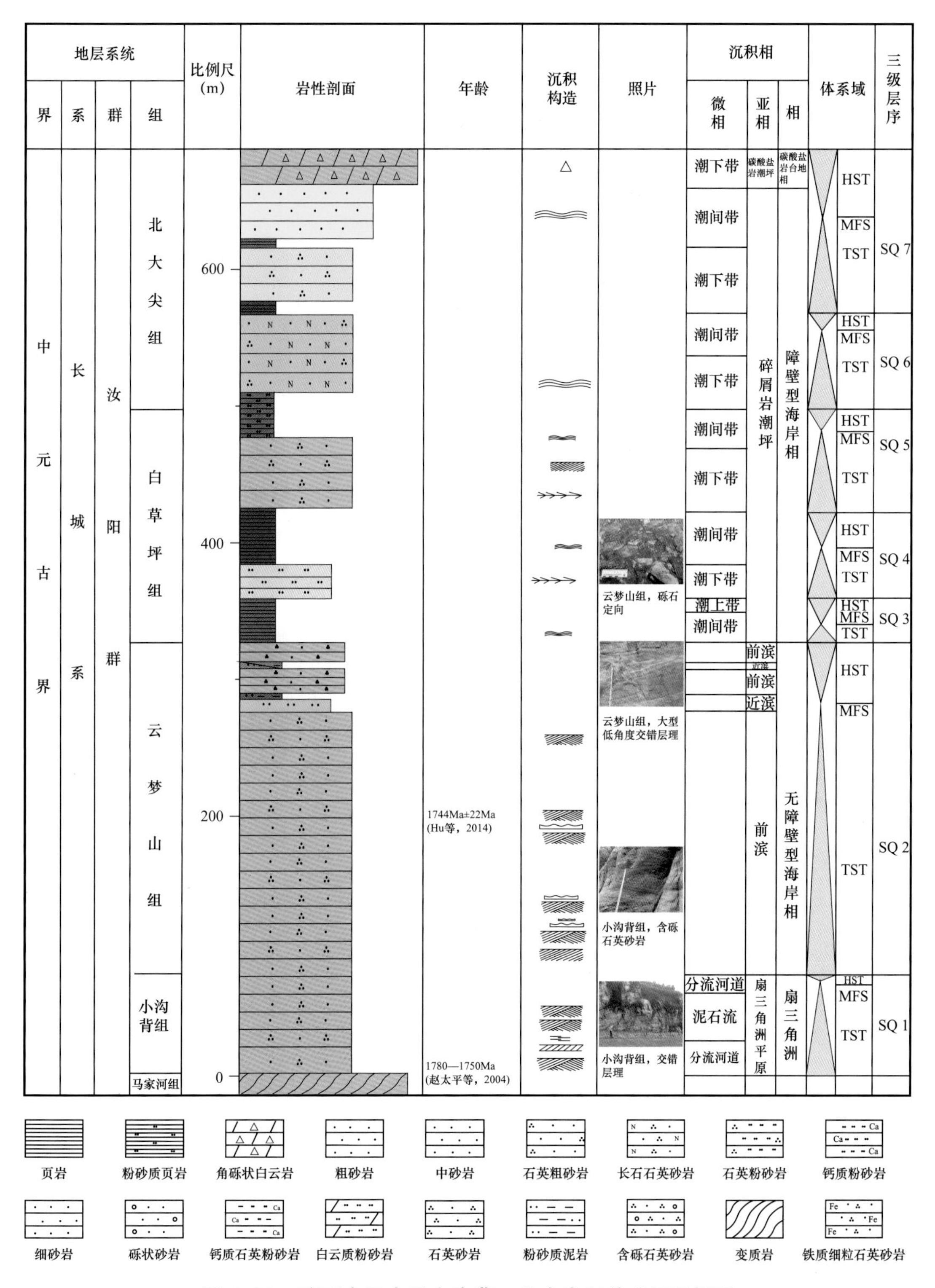

图 3-32　豫西中元古界小沟背—北大尖组单井沉积相图

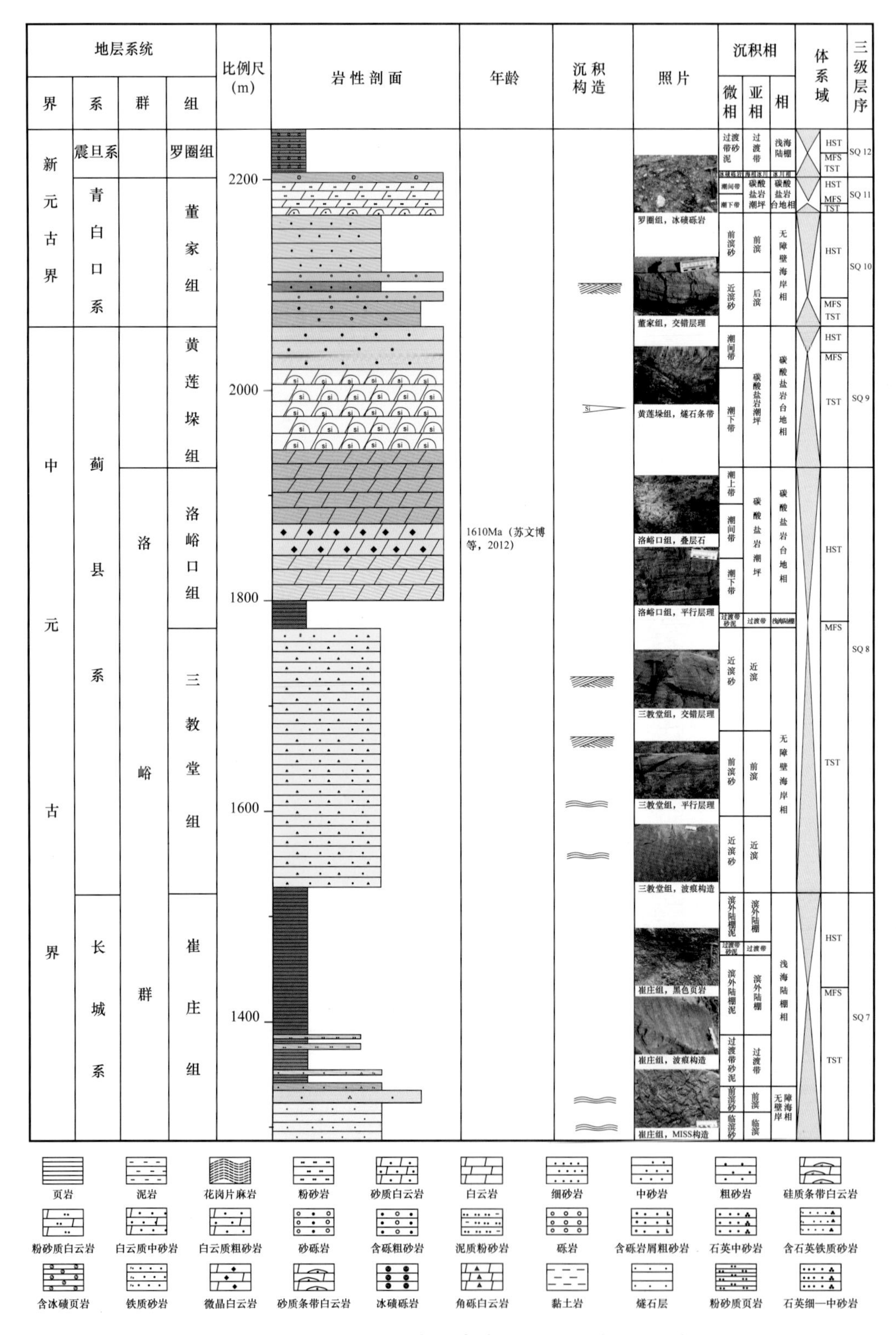

图 3-33　豫西中—新元古界崔庄—罗圈组单井沉积相图

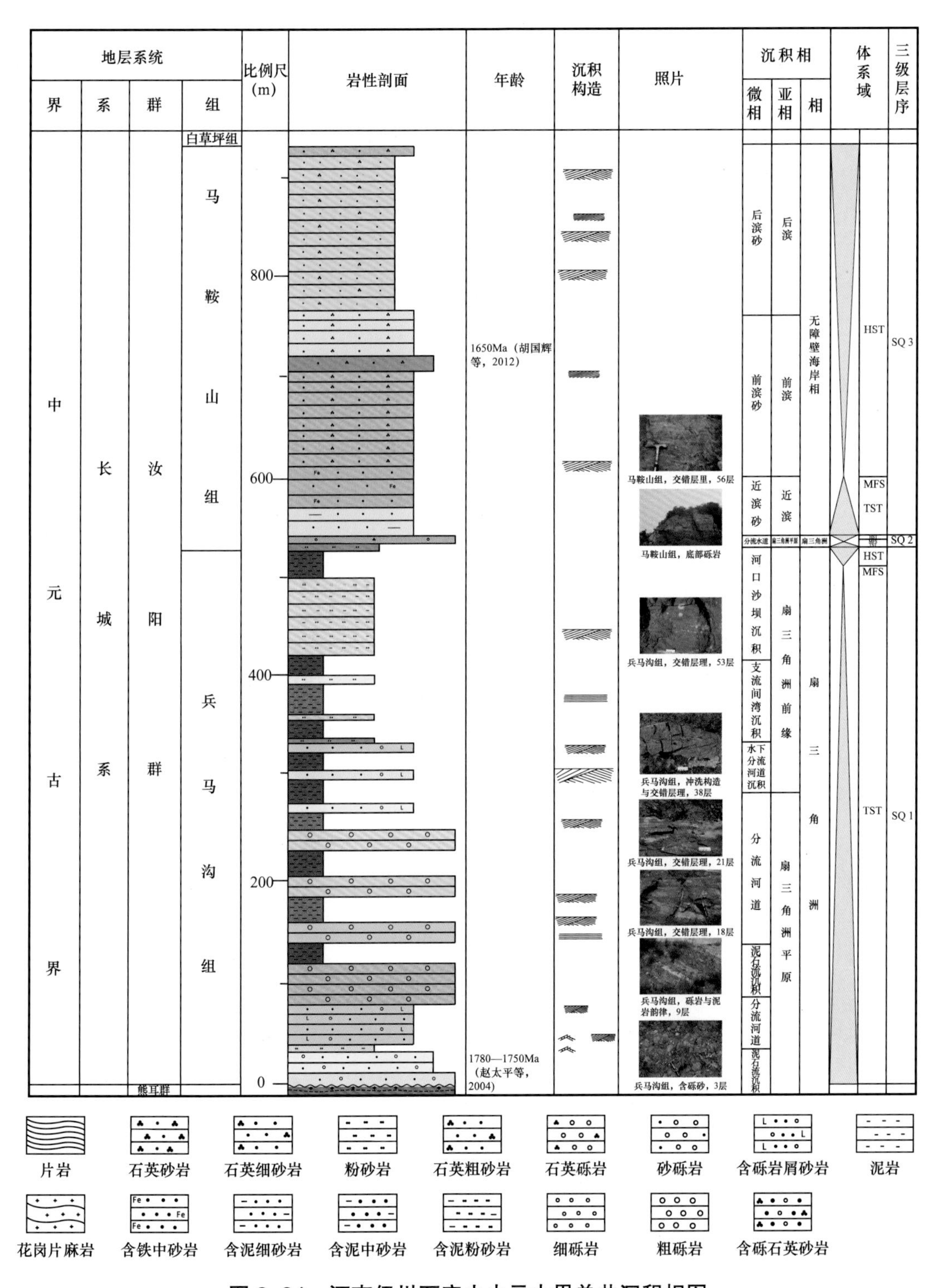

图 3-34　河南伊川万安山中元古界单井沉积相图

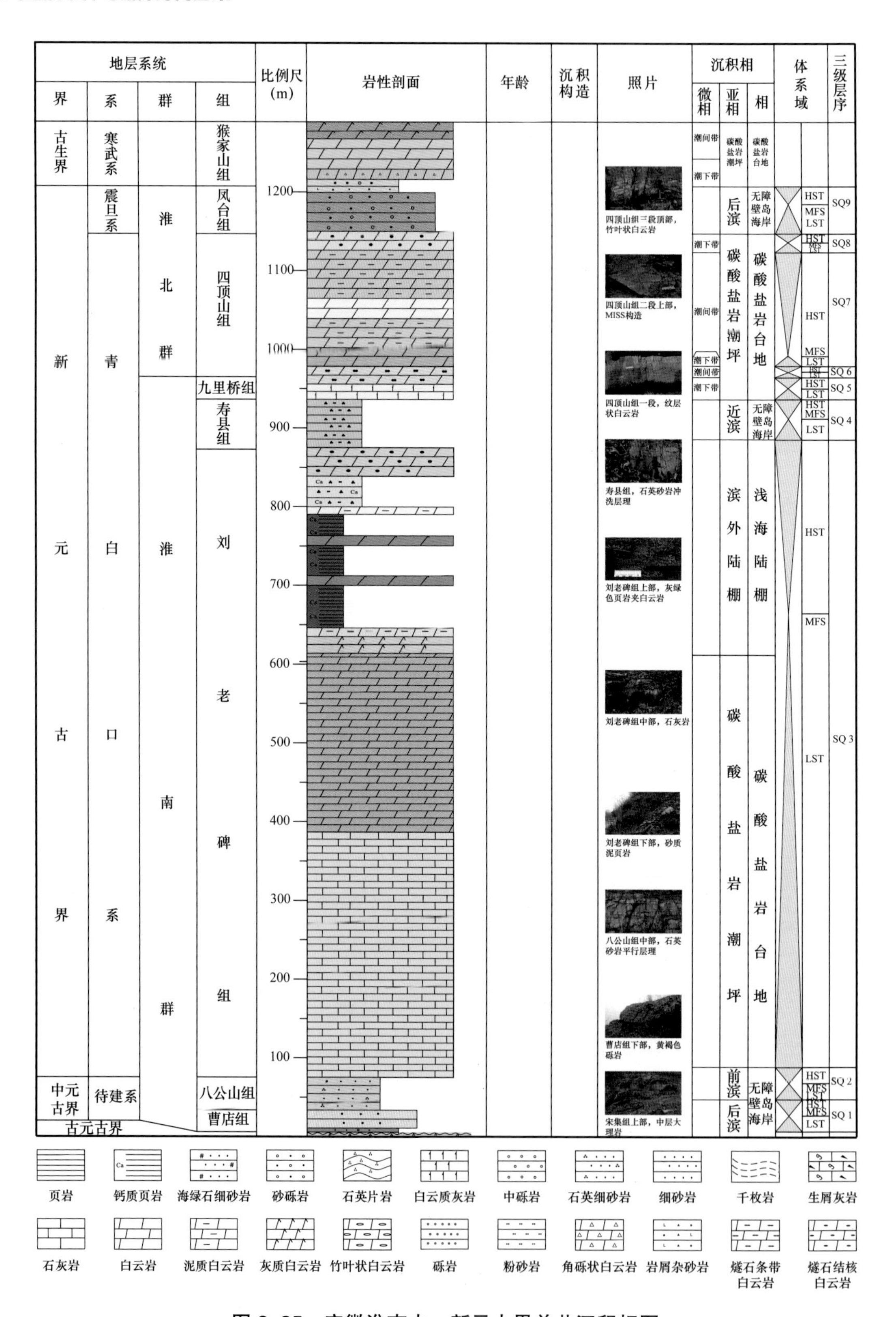

图 3-35　安徽淮南中—新元古界单井沉积相图

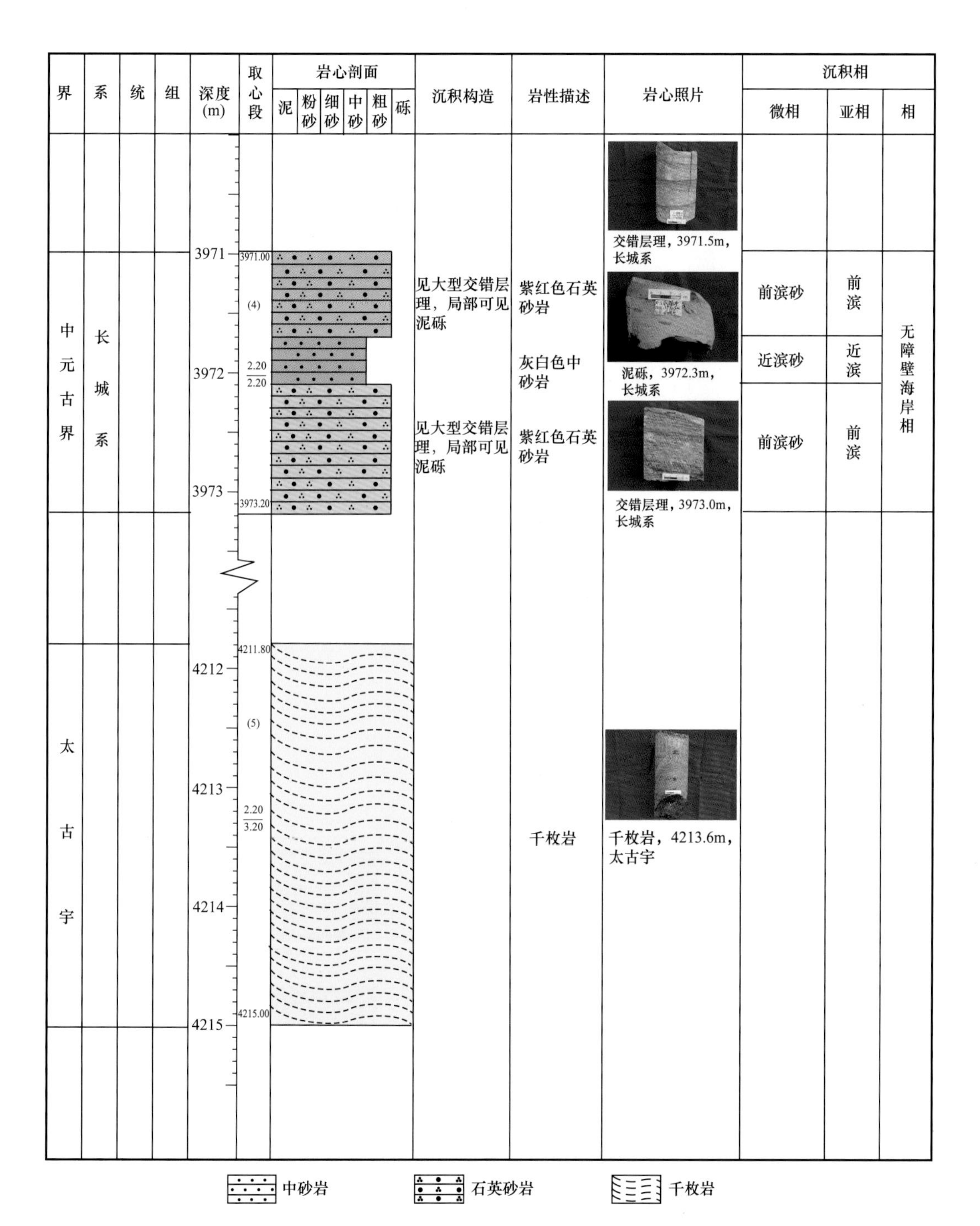

图 3-36　杭探 1 井太古宇—中元古界单井综合柱状图

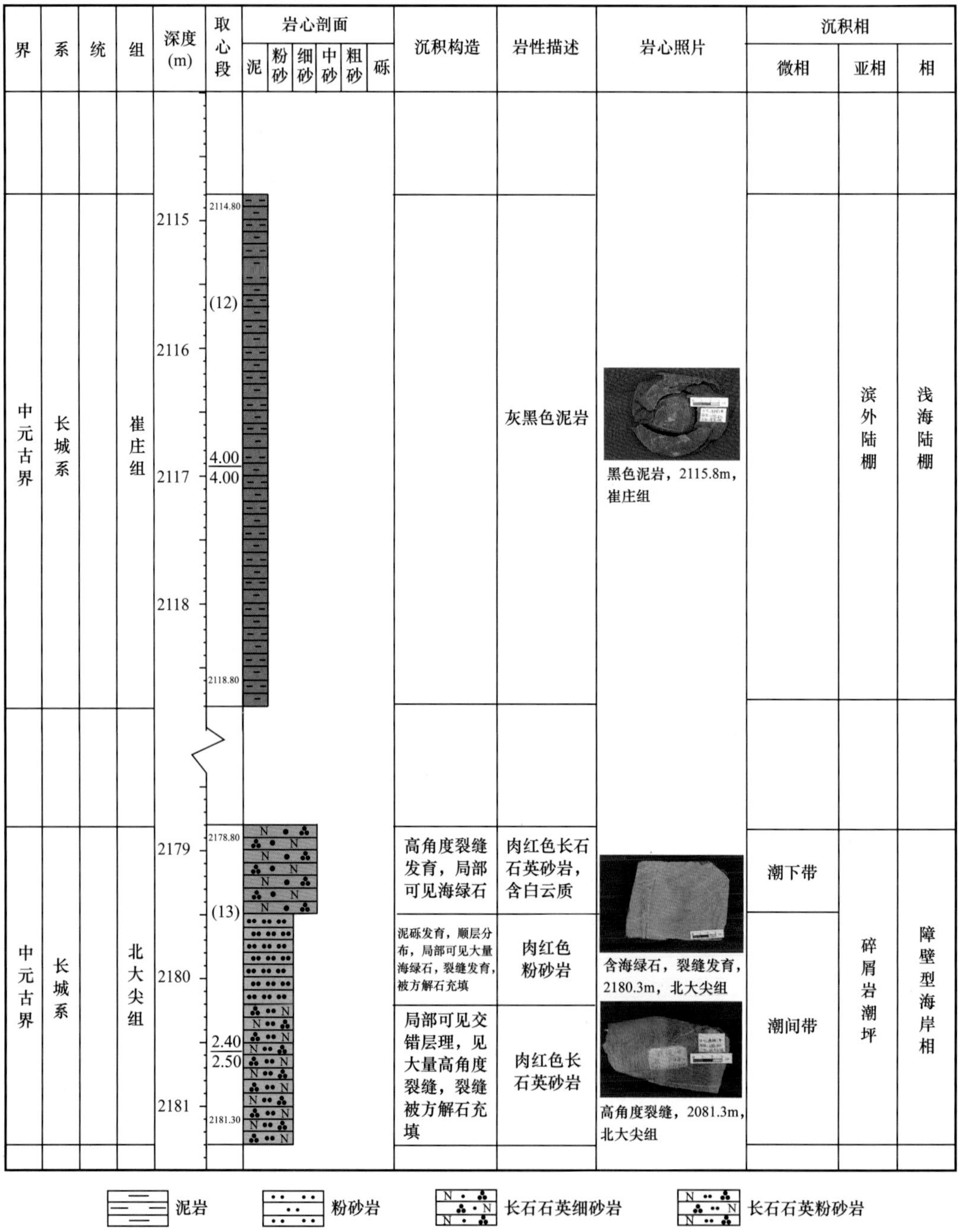

界	系	统	组	深度(m)	取心段	岩心剖面（泥、粉砂、细砂、中砂、粗砂、砾）	沉积构造	岩性描述	岩心照片	沉积相 微相	沉积相 亚相	沉积相 相
中元古界	长城系		崔庄组	2115 2116 2117 2118	2114.80 (12) 4.00 4.00 2118.80			灰黑色泥岩	黑色泥岩，2115.8m，崔庄组		滨外陆棚	浅海陆棚
中元古界	长城系		北大尖组	2179	2178.80 (13)		高角度裂缝发育，局部可见海绿石	肉红色长石英砂岩，含白云质	含海绿石，裂缝发育，2180.3m，北大尖组	潮下带	碎屑岩潮坪	障壁型海岸相
				2180			泥砾发育，顺层分布，局部可见大量海绿石，裂缝发育，被方解石充填	肉红色粉砂岩		潮间带		
				2181	2.40 2.50 2181.30		局部可见交错层理，见大量高角度裂缝，裂缝被方解石充填	肉红色长石英砂岩	高角度裂缝，2081.3m，北大尖组			

泥岩　粉砂岩　长石石英细砂岩　长石石英粉砂岩

图 3-37　济探 1 井北大尖—崔庄组单井综合柱状图

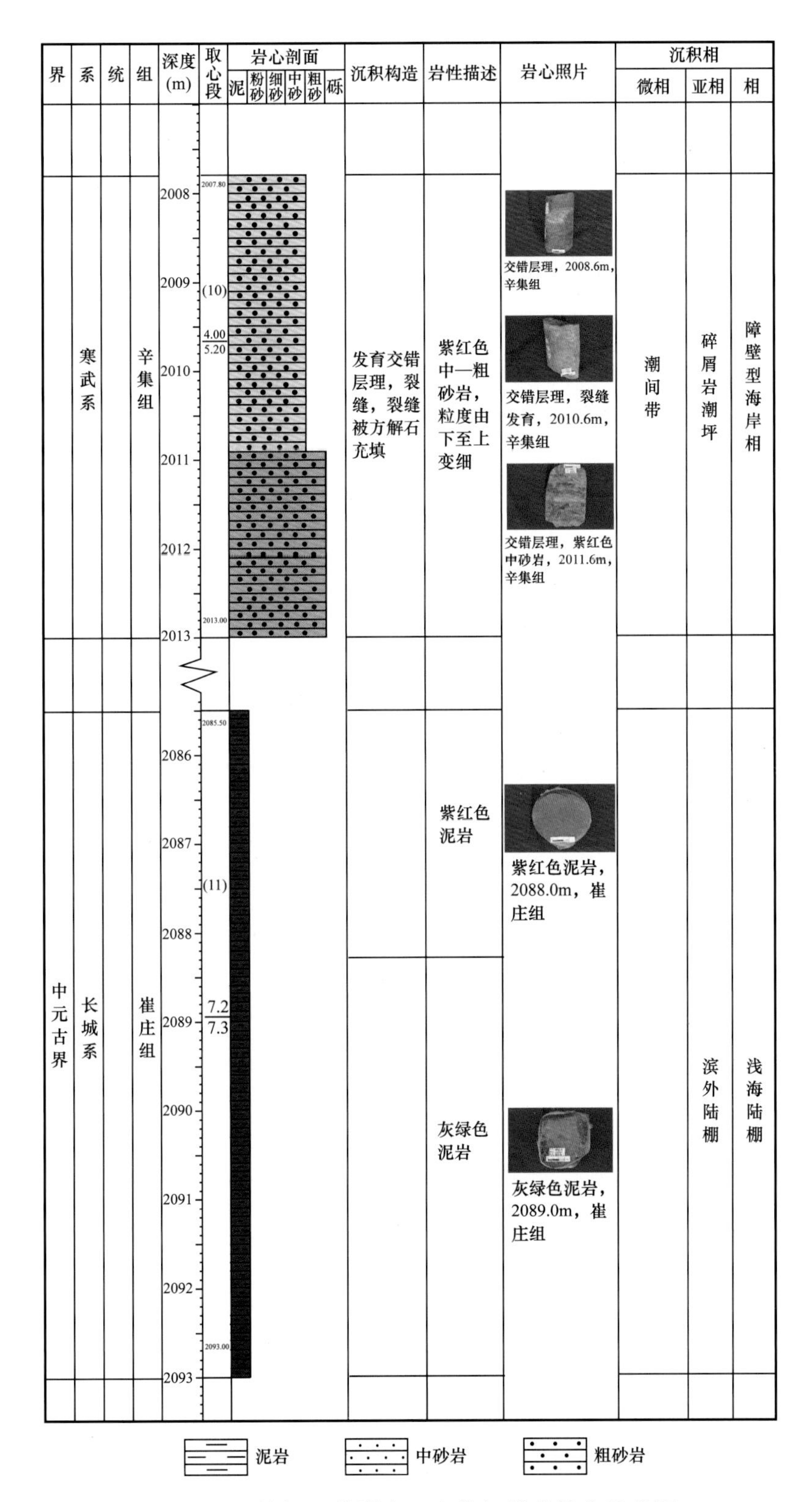

图 3-38　济探 1 井崔庄—辛集组单井综合柱状图

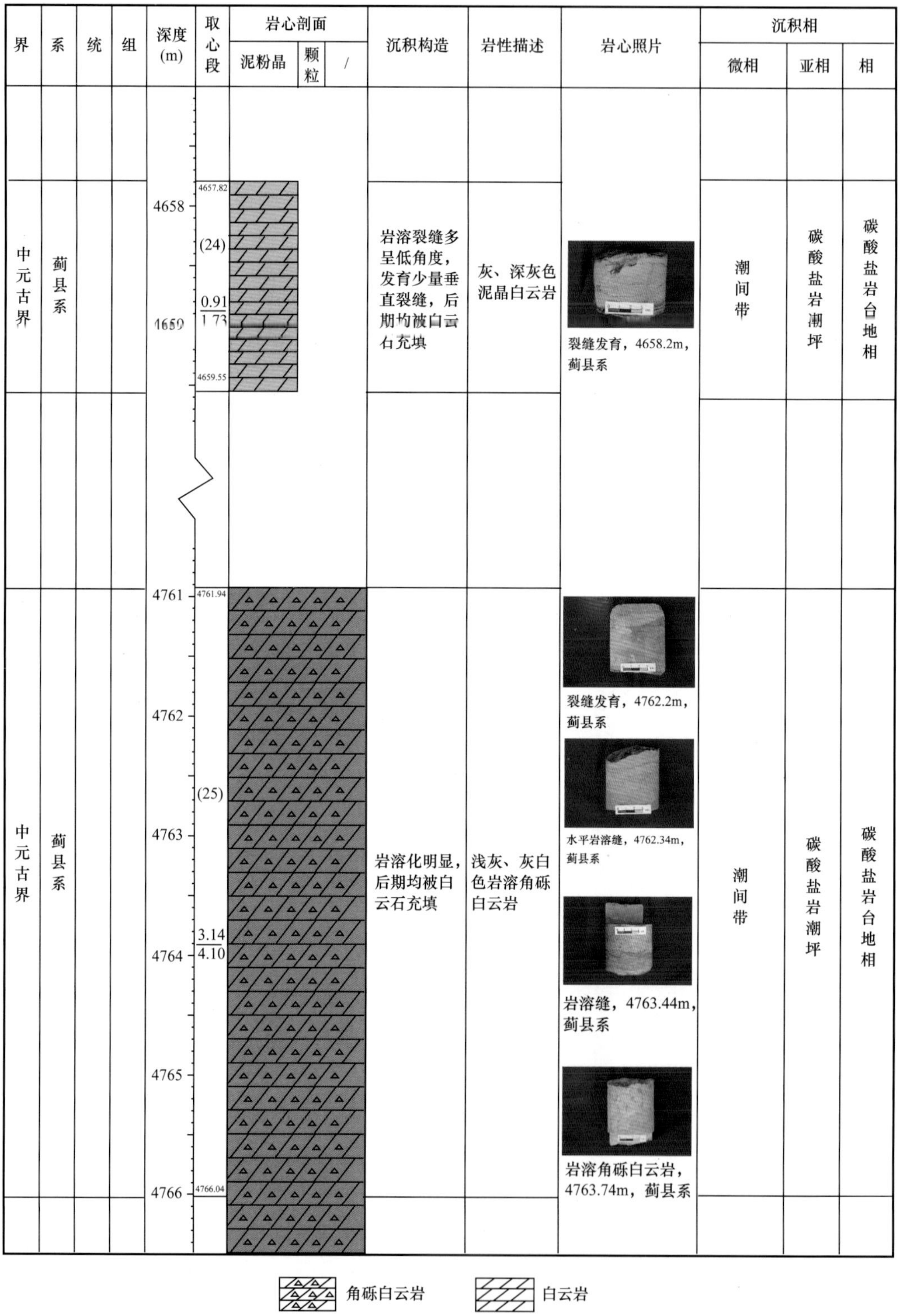

界	系	统	组	深度(m)	取心段	岩心剖面 泥粉晶	颗粒	/	沉积构造	岩性描述	岩心照片	沉积相 微相	亚相	相
中元古界	蓟县系			4658 4659	4657.82 (24) 0.91/1.73 4659.55				岩溶裂缝多呈低角度，发育少量垂直裂缝，后期均被白云石充填	灰、深灰色泥晶白云岩	裂缝发育，4658.2m，蓟县系	潮间带	碳酸盐岩潮坪	碳酸盐岩台地相
中元古界	蓟县系			4761 4762 4763 4764 4765 4766	4761.94 (25) 3.14/4.10 4766.04				岩溶化明显，后期均被白云石充填	浅灰、灰白色岩溶角砾白云岩	裂缝发育，4762.2m，蓟县系 水平岩溶缝，4762.34m，蓟县系 岩溶缝，4763.44m，蓟县系 岩溶角砾白云岩，4763.74m，蓟县系	潮间带	碳酸盐岩潮坪	碳酸盐岩台地相

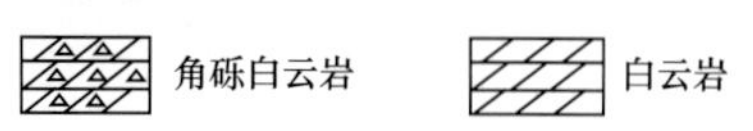

图 3-39 镇探 1 井蓟县系单井综合柱状图

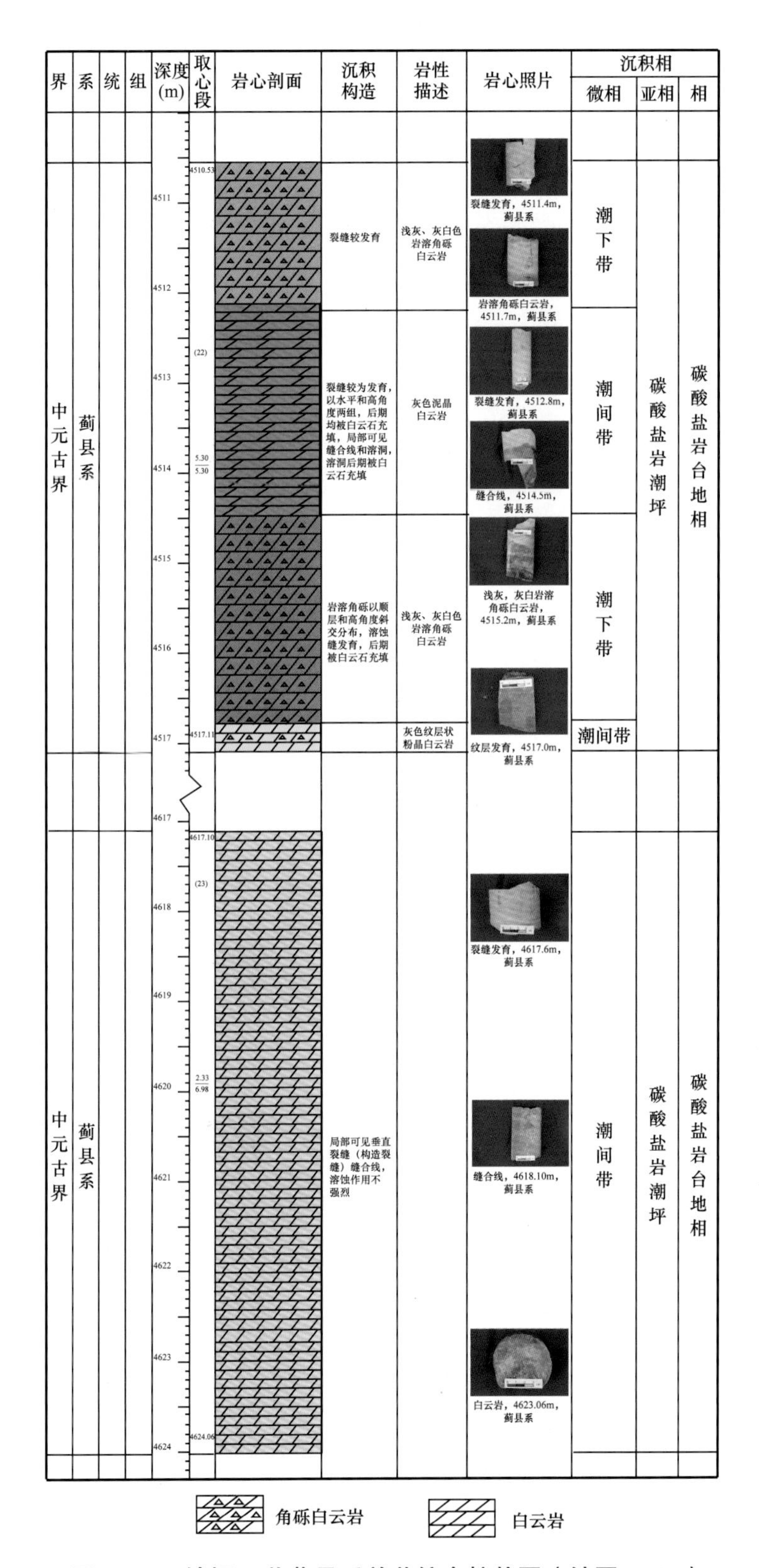

图 3-40　镇探 1 井蓟县系单井综合柱状图（续图 3-39）

界	系	统	组	深度(m)	取心段	岩心剖面（泥、粉砂、细砂、中砂、粗砂、砾）	沉积构造	岩性描述	岩心照片	沉积相：微相	沉积相：亚相	沉积相：相
新元古界	震旦系		罗圈组	4488—4491	4488.04—4489.71 (16) 1.67/1.67	冰碛砾岩	砾石粒径0.5～4cm	冰碛砾岩	冰碛砾岩，4488.3m，罗圈组	冰碛砾岩	海相冰川	冰川相
					4489.71—4491.10 (17) 1.21/1.39	冰碛砾岩	砾石粒径0.5～5cm	冰碛砾岩	冰碛砾岩，4490.4m，罗圈组			
新元古界	震旦系		罗圈组	4493—4494	4493.04—4494.06 (18) 0.46/1.02	冰碛砾岩	砾石粒径0.5～4cm	冰碛砾岩	冰碛砾岩，4493.8m，罗圈组	冰碛砾岩	冰川	冰川相
新元古界	震旦系		罗圈组	4498	4497.66—4498.59 (19) 0.93/0.93	冰碛砾岩	砾石粒径0.5～2cm	冰碛砾岩	冰碛砾岩，4498.59m，罗圈组	冰碛砾岩	海相冰川	冰川相
				4499	4498.59—	冰碛砾岩	砾石粒径0.5～5cm	冰碛砾岩	冰碛砾岩，4499.2m，罗圈组			
				4499—4500	(20) 4.97/5.22	白云岩	岩溶作用较强，以平行和垂直两种为主，局部可见溶洞，溶洞后期被岩溶角砾充填，顶部泥晶白云岩中，疑有冰碛砾岩风化沉积到溶洞中	浅灰色泥晶白云岩		潮间带	碳酸盐岩潮坪	碳酸盐岩台地相
				4500—4503	—4503.81	白云岩	溶缝极为发育，后期被白云石充填，局部可见缝合线和溶洞，溶洞后期被白云石充填	浅灰—灰白色泥晶白云岩	溶缝发育，后期被充填，4503.9m，蓟县系			
中元古界	蓟县系			4504—4510	4503.81—4510.33 (21) 6.52/6.52	白云岩	溶缝较为发育，后期被白云石充填，局部可见缝合线和溶洞，溶洞后期被白云石充填	浅灰泥晶白云岩	缝合线，4505.2m，蓟县系；溶洞后期充填，4506.8m，蓟县系	潮间带	碳酸盐岩潮坪	碳酸盐岩台地相

图例：冰碛砾岩　白云岩

图 3-41　镇探 1 井蓟县—震旦系单井综合柱状图

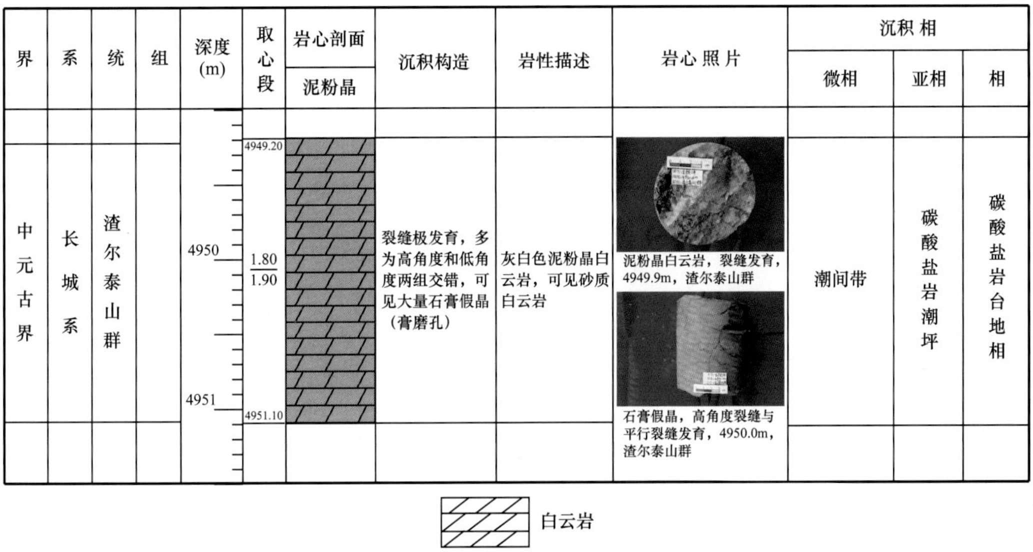

界	系	统	组	深度(m)	取心段	岩心剖面 泥粉晶	沉积构造	岩性描述	岩心照片	沉积相		
										微相	亚相	相
中元古界	长城系	渣尔泰山群		4950 4951	4949.20 1.80/1.90 4951.10		裂缝极发育，多为高角度和低角度两组交错，可见大量石膏假晶（膏磨孔）	灰白色泥粉晶白云岩，可见砂质白云岩	泥粉晶白云岩，裂缝发育，4949.9m，渣尔泰山群 石膏假晶，高角度裂缝与平行裂缝发育，4950.0m，渣尔泰山群	潮间带	碳酸盐岩潮坪	碳酸盐岩台地相

白云岩

图 3-42 古探 1 井长城系单井综合柱状图

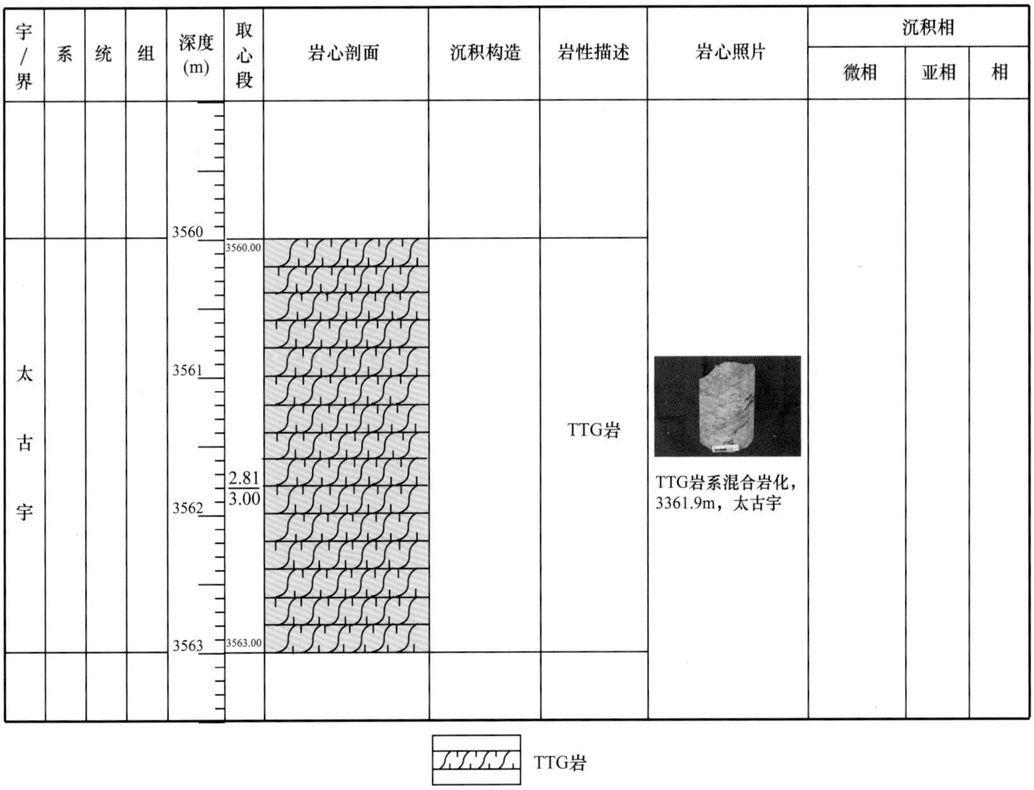

宇/界	系	统	组	深度(m)	取心段	岩心剖面	沉积构造	岩性描述	岩心照片	沉积相		
										微相	亚相	相
太古宇				3560 3561 3562 3563	3560.00 2.81/3.00 3563.00			TTG岩	TTG岩系混合岩化，3361.9m，太古宇			

TTG岩

图 3-43 龙探 1 井太古宇单井综合柱状图

第四章　烃　源　岩

世界范围内，多个国家和地区发现了与元古宇烃源岩有关的油气资源。中国华北元古宇作为潜在的油气勘探领域，能否实现突破的一个关键因素就是“源”的问题。研究表明，受板块位置（南北纬30°）、古气候环境、间冰期汇水、火山活动、放射性物质等因素综合影响，元古宙低等生物异常繁盛，奠定了古老优质烃源岩发育的物质基础。地球化学生物标志化合物分析表明，高TOC层段富含萜烷类化合物而不含甾烷类化合物，表明数量更具优势的蓝藻、细菌等原核生物是主要的有机质来源。总体上，古老烃源岩形成的母质来源主要以低等藻类为主，分为浮游藻和底栖藻，为烃源岩形成提供物质基础。

第一节　华北中—新元古界烃源岩分布

大量露头及钻井资料揭示，华北中—新元古界普遍发育厚度大、有机质丰度高、成熟度高（燕辽地区除外）的古老烃源岩（图4-1至图4-4）。通过野外考察发现，燕辽地区出露有串岭沟组、洪水庄组和下马岭组三套烃源岩层系（图4-20至图4-32）；鄂尔多斯盆地西南缘陕西洛南巡检司剖面高山河组晚期泥岩和山西永济中条山剖面长城系崔庄组泥岩，鄂尔多斯盆地北缘固阳、大佘、乌家河、巴彦诺日公等剖面长城系泥岩；合肥盆地霍邱县马店剖面出露震旦系冰碛岩夹黑色页岩。

一、燕辽地区

蓟县地区的串岭沟组是一套细泥岩为主的碎屑岩沉积，最厚可达889m，与下伏常州沟组为整合接触。从下至上可分为三段：串一段岩性为黄绿和灰绿色透镜状砂岩和粉砂岩，以及黑灰色细粉砂质伊利石页岩；串二段为黄绿色、黑色伊利石页岩以及含粉砂伊利石页岩；串三段为黑色伊利石页岩夹粉砂、细砂岩条带局部夹少量碳质白云岩。下马岭组代表了一套海侵层序，形成于浪基面以下（大于100m）的水体环境中。蓟县剖面串岭沟组烃源岩TOC在1%～20%范围内变化，平均1.8%左右；R_o<0.6%，尚处于有机质热演化的低成熟阶段。

洪水庄组以黑灰—灰黑色页岩为主，夹有薄层状白云岩。烃源岩的分布范围略小于下马岭组。暗色页岩的最大厚度约140m。但由北京向南、向西均小到约60m，并逐渐减小至尖灭。冀北坳陷的化皮和双洞地区TOC最高，平均值可达3.91%～4.39%、冀北大部分地区大于1.0%；向西向南TOC降低。冀北杨树岭—龙潭沟一带R_o>2.0%，已处于干气阶段。承德大营乡离火成岩体近的地方成熟度也比较高，R_o均大于1.5%，平均值已达1.88%。在蓟县—昌平—京101井一带R_o为1.65%～2.07%，已达湿气—干气阶段。其余地区R_o为1.04%～1.30%，尚处于生油阶段。

下马岭组以黑、灰黑、深灰、灰绿色泥页岩为主，夹有少量灰岩和砂岩。沉积中心在宣龙坳陷的新保安一带，沉积厚度约500m，其中暗色泥页岩厚度大于300m，向南、向东逐渐变薄，在保定—天津以北尖灭。大部分地区的烃源岩厚度为100～300m。京西坳陷十三陵地区TOC可达2%，冀北坳陷大部分地区TOC大于1%，兴隆、承德、平泉地区TOC大于2%，只有化皮背斜局部地区TOC为0.51%～0.89%。总的变化趋势是由北向南，由西向东降低。冀北地区成熟度最高，R_o多为1.5%～2.0%，处于湿气至干气阶段。在蓟县—昌平—房山—京101井范围内，R_o大于1.5%，处于凝析油—湿气阶段。冀中地区坝县—保定之间R_o为1.07%～1.08%，仍处于生油阶段。下花园地区成熟度最低，R_o在0.6%～0.7%之间，为低成熟阶段。

二、鄂尔多斯盆地周缘

盆地周缘露头剖面及盆地内关键钻井揭示，鄂尔多斯盆地及周缘长城系发育有效烃源岩。该套烃源岩在盆地北缘有机质丰度高、厚度大，但成熟度偏高。TOC平均3.8%，厚100～400m，等效R_o为2.0%～3.0%；在盆地南缘有机质丰度较低、厚度较薄，TOC平均0.52%，厚20～40m，T_{max}平均580℃，等效R_o为2.5%～3.0%。盆地内近期完钻的桃59井于4630～4632m、4656～4657m井段钻遇长城系灰黑色碳质泥岩，累计厚度约3m（因工程原因完钻），现场热解分析TOC为3%～5%（岩屑样品），等效R_o为1.8%～2.2%（较安岳气田主力烃源岩——筇竹寺组烃源岩成熟度略低）。桃59井揭示的烃源岩信息，虽然尚不能确定盆地内长城系烃源岩的规模性，但值得关注的是过桃59井以及盆地内多条地震剖面反映的裂陷槽内，普遍有一套强波组反射，可能是厚层泥页岩响应（与冀中坳陷高深1井串岭沟组黑色碳质页岩响应类似）。据此推断，桃59井完钻深度以下，可能仍有较厚的烃源岩未被钻揭。可以预见，盆地内部裂陷槽区，可能发育长城系烃源岩。

三、华北克拉通南缘

华北克拉通南部合肥盆地发现了震旦系间冰期优质烃源岩（图4-5）。烃源岩自下而上发育三套，剖面上表现为黑色钙质泥页岩与冰碛砾岩间互的旋回组合。烃源岩累计厚度大于60m，TOC为1.09%～3.56%，平均为2.2%；T_{max}平均为508℃，等效R_o约为2.5%。

该套烃源岩与陕西洛南、宁夏黄旗口震旦系间冰期纹层状泥岩和白云质泥岩时代相当，区域上可横向对比，推测华北克拉通南缘、西缘可以规模发育。对鄂尔多斯盆地西缘、南缘以及合肥盆地元古宇—寒武系油气成藏而言，是一套不容忽视的烃源岩层系。

第二节 华北中—新元古界烃源岩古生物化石特征

华北元古宙微生物类型多样（图 4–6），有原核生物、真核生物以及不同形态的疑源类，为有机质的富集奠定了物质基础。在采集的样品中发现了丰富的生物标志化合物以及多种不同形态的疑源类化石组合，指示了元古宙各个阶段具有相似的生物组合特征。其中在形成于 18 亿年前的串岭沟组发现了丰富的甾烷类以及球面藻类，说明当时真核生物的出现。在下花园剖面下马岭组发现的大量类似现生褐藻的拟昆布膜片，说明有底栖藻类广泛繁衍。

天津蓟县剖面长城系串岭沟组中保存有丰富的光面球藻化石，化石直径多大于 20μm。洪水庄组也发现了 *Leiominuscula*、*Leiopsophosphaera* 等光面球藻藻种。前人研究发现这些球形疑源类壳壁为似三明治的三层结构，表明其与绿藻有亲缘关系。综合其结构和大小，可将其归为真核生物化石。说明当时以真核生物为主的海洋浮游微体生物，与早先适应性强的原核蓝细菌不同，已表现出对区域海洋和沉积环境的不同适应性。

洪水庄组的硅质条带以及崔庄组的硅质岩中，保存了丰富丝体藻类化石。如古鞘丝藻 *Palaeolyngbya* sp.。这些微体化石一般呈现三维立体状态，并更多地保存了生物群类本身和无机矿物的联系，它们中大多数类型的形态特征和群体保存状态都与蓝细菌相仿。

下马岭组页岩中发现了较多的底栖藻类碎片。通过对下马岭组页岩的超微切片进行观察，发现下马岭组油页岩是由单一的底栖藻类群。这种底栖藻类多以原核生物蓝细菌为主，是下马岭组主要的生油母质。底栖宏观藻类的生产力最高可达 5500mg/（m^2·d），且底栖宏观藻类在海洋中分布面积极小，不到海洋表面积的 0.5%，合适的生长环境意味着有很大的生产力。

总体而言，野外露头样品可能受到区域地质构造运动破坏或后期改造作用，从中获得的疑源类及其他孢型化石几乎都严重炭化（氧化），标本大都保存不好。不同类型的微生物分异度都较低，光面球藻（*Leiosphaeridia*）在多个剖面地层组几乎皆有出现，说明穿时分布于整个元古宇。据它们的膜壳大小，应代表了浮游真核生物单细胞遗迹。值得注意的是在中条山风伯峪剖面的崔庄组出现较多碳化不显著、近透光的单细胞膜壳。它们的出现是否与当时沉积环境（如水体深度）波动相关，有待其他资料佐证。另外，在一些剖面，如下花园剖面，出现较多或大量类似现生褐藻的拟昆布膜片 *Laminarites*，表明当时沉积水体相对较浅，而有底栖藻类广泛繁衍。此外，在崔庄组样品中出现少数丝状蓝细菌化石，它们的出现可表明沉积水体相对较浅。由于收集的疑源类及其他微体化石数量少，类型分异度低，加之保存不好，不能鉴定分类命名到种，所以不能提供各沉积岩组的确切时限。

第三节　华北中—新元古代有机质富集模式

华北元古宙存在两种水体环境，不同的水体环境下分布着不同的微生物群落，并控制着两种不同模式的有机质富集。一种是以下马岭组为代表的强滞留咸化水体条件下的贫氧—缺氧环境有机质富集模式（图 4-7），生烃母源以原核生物为主。另一种是以洪水庄组为代表的缺氧—硫化环境有机质富集模式，生烃母源既有原核生物也有真核生物。

一、弱滞留缺氧—硫化水体环境有机质富集模式

微生物群落对水体盐度尤为敏感，盐度高或低都不利于其生存。元素地球化学分析表明，洪水庄期的沉积水体环境为开阔的弱滞留水体环境，当盆地发生海侵作用时，有利于盆地的水体与外界开阔水体保持沟通，此时的海洋水体具有正常的盐度条件。这种滞留强度弱且盐度合适的水体环境有利于大量的真核浮游藻类繁盛，这些真核浮游藻类为洪水庄组有机质形成提供了大量物质基础，且球形藻群构成了这些真核浮游生物群落的主体，其次还有少量的异形微生物群落，不仅种类多，且繁盛程度高。而在较浅的水体环境主要分布有原核底栖生物群落。前面的生物标志化合物和化石资料也显示洪水庄组沉积时期的古海洋生物既有原核底栖藻类也有真核浮游藻类。

二、强滞留贫氧—缺氧咸化水体环境有机质富集模式

在强滞留水体环境下，盆内水体与外界水体的连通性减弱，水体的补给受限，导致水体的蒸发量大于淡水的补给量，水体的含盐度增加，不利于浮游型微生物的生长。而这种水体环境有利于底栖型微生物生长繁盛，这就是下马岭组沉积期海洋微生物群落的分布状态。生物标志化合物和化石资料也显示下马岭组沉积时期的古海洋生物主要是以原核底栖藻类为主。热水活动、火山活动、风化作用和上升流带来的大量营养元素和营养盐，导致底栖生物的大爆发。同样这些微生物有机质在下沉过程中，消耗了水体中大量的氧气，形成了缺氧环境，有机质大量保存和富集。

三、微生物繁盛因素分析

生物化石鉴定分析表明，华北元古宙存在多种类型的微生物菌藻类。微生物菌藻类是否能够繁盛生长主要与营养元素有关（图 4-9、图 4-10），而营养元素的输入多与气候条件与地质事件有关。通过恢复和讨论烃源岩沉积时期古气候条件和地质背景，指出温暖气

候引起的风化作用和热水活动的存在促进了元古宙微生物的繁盛。微量元素和碳同位素分析表明，地幔柱运动将大量 CO_2 释放进入大气—海洋系统，引起温室效应和强风化作用。串岭沟组、高山河组和崔庄组以及中元古界的洪水庄组和下马岭组的沉积物都跟热水活动有关。风化作用和热水活动为微生物繁盛提供生命活动所必需的 N、P、K、C、S 等营养元素以及 U、Th 等放射性元素。微生物培育实验结果证明在 N、P 营养元素和放射性 U 元素一定浓度范围内能促进原核生物或真核生物的繁盛或油脂累积。

四、华北元古宙初级生产力

华北元古宙具备较高的海洋初级生产力，能够为有机质富集提供充足的物质基础。通过对元古宙海洋初级生产力进行重建，认为华北元古宙海洋初级生产力经历了古元古代中低等—中元古代高等—新元古代中高等的变化过程，这种变化过程可能是生物的多样性演化、地质和环境事件等多重因素共同作用导致的。

1. 天津蓟县剖面串岭沟组

地球化学特征及其重建的古生产力显示，P 含量与生源 Ba_{xs} 的含量基本表现出相同的变化趋势（图 4–11）。在下部粉砂质白云岩和页岩段（65～112m），Ba_{xs} 含量较高，平均值达 453.5μg/g；P 含量平均值为 745μg/g，与具有中等初级生产力大小的中国湖北大峡口剖面二叠系吴家坪组相当，远高于上部的泥质白云岩和页岩的 Ba_{xs} 含量（平均值为 191μg/g）和 P 含量（平均值为 501μg/g）。串岭沟组沉积早期的海洋初级生产力高于晚期。而总有机碳含量（TOC）变化趋势与 P 以及 Ba_{xs} 的变化趋势表现出相反的关系，可能是后期保存条件存在差异性。TOC 与 $\delta^{13}C$ 表现出基本相同的变化趋势，这是由于由于微生物的对 ^{12}C 和 ^{13}C 的分馏作用造成海水中 ^{13}C 增多。总体上，串岭沟组沉积期的古海洋表现出低—中等的海洋初级生产力。

2. 山西永济中条山崔庄组

山西永济中条山崔庄组海洋初级生产力指标 TOC、P 和 Ba_{xs} 含量均比串岭沟组要低（图 4–12），其中 TOC 为 0.2%～1.21%，平均值 0.48%；P 含量为 92～275μg/g，平均值为 201μg/g；Ba_{xs} 含量为 111～538μg/g，平均值为 213μg/g；并且这三个指标之间对应的变化趋势不明显。总体上，山西永济中条山崔庄组泥岩段的海洋生产力较低。

3. 陕西洛南高山河群

高山河群的泥板岩沉积于晚期，海洋初级生产力指标 TOC、P 和 Ba_{xs} 含量与山西永济崔庄组相当（图 4–13），TOC 为 0.08%～0.88%，平均值为 0.35%；P 含量为 36～80μg/g，平均值为 56μg/g；Ba_{xs} 含量为 521～947μg/g，平均值为 761μg/g，说明了该层位沉积时期的海洋初级生产力较低。

4. 承德宽城清河剖面洪水庄组

洪水庄组古生产力指标TOC、P和Ba_{xs}表现出相同的变化趋势（图4–14）。整体上，洪水庄组P含量为2701～3135μg/g，平均值为1108μg/g。底部泥页岩段P含量平均值为1359ppm，大于具有高生产力的华南克拉通新民二叠系长兴组剖面的P含量（700～1200μg/g）。上部的泥质白云岩段P含量为271～638μg/g，平均值为450μg/g，相当于新民剖面二叠系晚期生物灭绝阶段的海洋初级生产力水平（P＜400μg/g）。底部Ba_{xs}含量为240～594μg/g，平均值为448μg/g；顶部含量为279～516μg/g，平均值为408μg/g。两段沉积物Ba_{xs}含量与具有中等生产力的日本美浓湾Gujo–Hachiman剖面晚二叠世水平相当。总体上，华北在洪水庄组沉积期具有较高海洋初级生产力。

5. 河北下花园地区下马岭组

下马岭组岩性具有很强的非均质性，有机质含量（TOC）在剖面上的变化幅度很大（图4–15）。在上部粉砂质泥岩段，古生产力指标TOC与P和Ba_{xs}表现出明显的正相关性。TOC值为0.56%～9.91%，平均值3.81%；P含量为25～523μg/g，平均值为174μg/g；Ba_{xs}含量为206～453μg/g，平均值为313μg/g。在底部页岩和硅质泥岩段，TOC与P和Ba_{xs}的正相关性关系不明显。TOC值为1.0%～15.42%，平均值为5.66%；P含量为37～138μg/g，平均值为70μg/g；Ba_{xs}含量为223～421μg/g，平均值为283μg/g。

值得注意的是，TOC与$\delta^{13}C$和$\delta^{18}O$值表现出明显的负相关关系，这种变化特征与洪水庄组相似，说明下马岭组沉积时期，也存在强烈的火山活动，释放出大量二氧化碳和甲烷等气体，加速了当时的大气海洋的温室效应，使母岩遭受风化，为海洋微生物生命活动提供了大量营养元素，最终促进了微生物繁盛。

6. 合肥盆地马店剖面震旦系凤台组

凤台组底部钙质泥岩沉积时期具有较高的古海洋生产力（图4–16），得益于海洋中氧气含量的提升。Pb—Pb等时线年龄指示凤台组为晚震旦世的沉积，此时地球完成了第二次成氧事件，大气氧含量上升到一个新的高度。氧气含量提升极大促进了微生物的多样性和微生物大爆发。在冰碛砾岩沉积时期，由于发生冰川作用，海平面下降不利于浮游藻生长，同时带走大量营养元素，导致微生物数量急剧减少。

串岭沟组、崔庄组、高山河组、洪水庄组、下马岭组和凤台组6个典型剖面古海洋生产力分析表明（图4–17至图4–19），华北中—新元古界海洋初级生产力经历了“古元古代中低等—中元古代高等—新元古代中高等”的演变过程：古元古代海洋氧气含量低、生物种类非常单一，以厌氧型原核生物为主，真核生物少量存在；中元古代地球完成了第一次成氧事件，氧气含量有小幅度提升，同时有火山、热水和上升流活动存在，能够为古海洋输入大量营养元素，导致中元古代海洋具有很高的初级生产力；新元古代末期，海洋系统中氧气的第二次提升极大促进了生物多样性和繁盛。

第四节　华北中—新元古界烃源岩生烃潜力

华北中—新元古界烃源岩生烃潜力大，不同类型的微生物对元古宇有机质生烃潜力有影响。通过对原核生物、真核生物的类干酪根以及低成熟度的下马岭组干酪根进行高温高压黄金管生烃模拟实验，证明原核生物和真核生物的类干酪根都具有较强的生烃潜力，但真核生物的生烃潜力明显高于原核生物，且真核生物以生气为主，而原核生物以生油为主。

华北克拉通中—新元古代裂陷槽发育，控制元古宇烃源岩分布，油气资源前景广阔。根据钻井资料、野外剖面和地震资料，结合裂陷槽的分布特征，可以对华北元古宇烃源岩的展布范围和厚度进行预测。

野外露头和盆地腹部的部分钻井资料均揭示裂陷槽发育区有烃源岩存在，在没有钻井资料的区域，主要通过地震资料约束烃源岩的分布。结果显示，燕辽裂陷槽元古宇烃源岩厚度最高可达1500m，分布面积为$169\times10^4km^2$；东豫裂陷槽烃源岩厚度最高可达1800m，分布面积为$115\times10^4km^2$；熊耳裂陷槽烃源岩厚度最高可达1800m，分布面积为$160\times10^4km^2$；陕甘裂陷槽烃源岩厚度最高可达2100m，分布面积为$156\times10^4km^2$；晋陕裂陷槽烃源岩厚度最高可达2100m，分布面积为$180\times10^4km^2$；北缘裂陷槽烃源岩厚度最高可达900m，分布面积为$148\times10^4km^2$。总体上，元古宇烃源岩在华北6个裂陷槽均规模发育，厚度大且分布面积广。利用成因法对华北元古宇的油气资源生烃潜力进行计算，结果表明烃源岩的总体面积达$928\times10^4km^2$，最厚可达2100m。其中燕辽裂陷槽的油气资源生烃量达到79.4×10^8t，东豫裂陷槽油气资源生烃量达到80.2×10^8t，熊耳裂陷槽的油气资源生烃量达到32.5×10^8t。相比燕辽裂陷槽和东豫裂陷槽，熊耳裂陷槽较低的油气资源潜量可能是由于其有机质的物质基础沉积在古元古代，主要以生烃潜力较低的原核生物为主，当时的海洋初级生产力较低。在进行油气资源评价和勘探选区块优选时，建议根据裂陷槽的展布特征和不同烃源岩层系的生烃母质类型，来进行分区、分类别计算烃源岩生烃量。

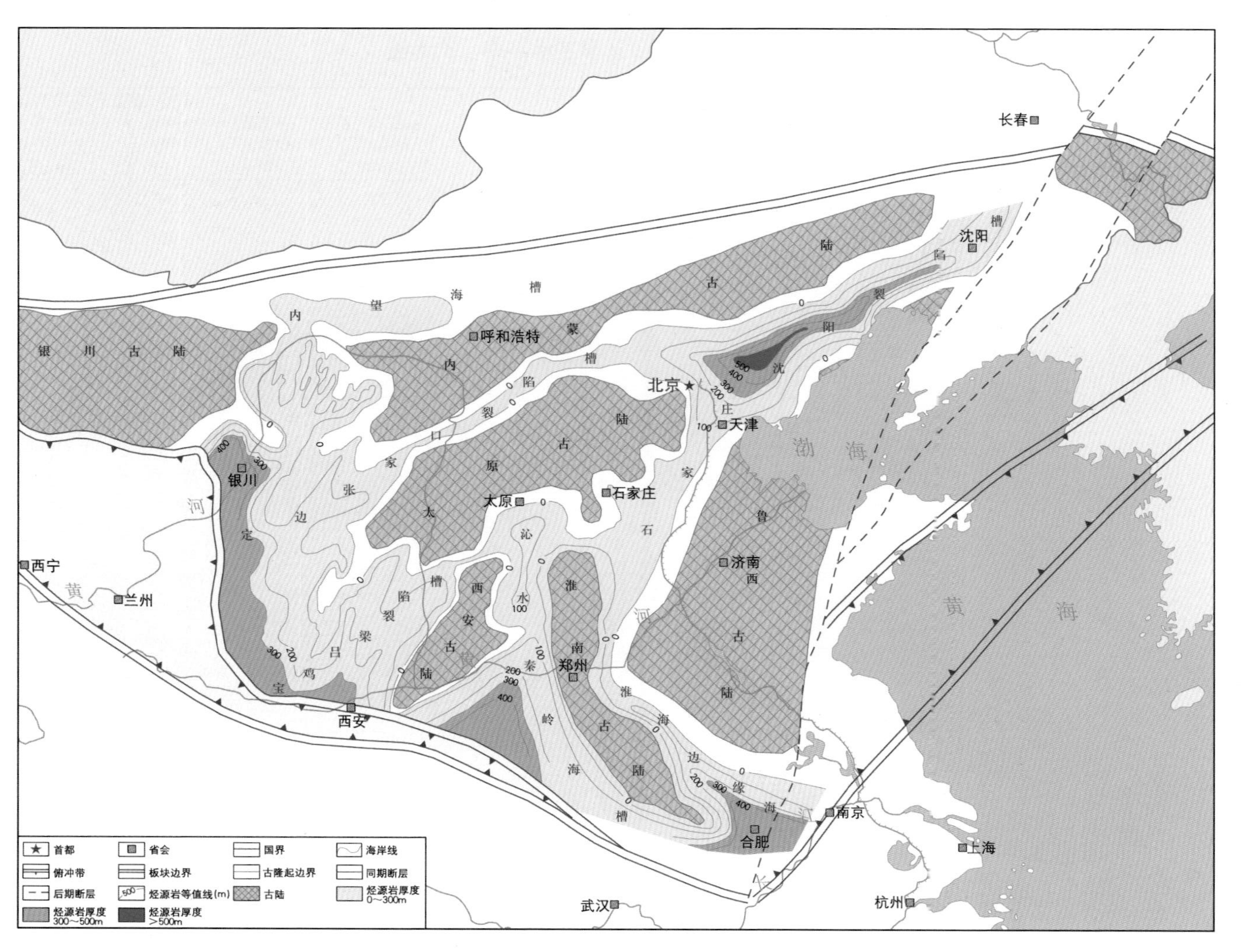

图 4-1 华北中元古界长城系烃源岩厚度图

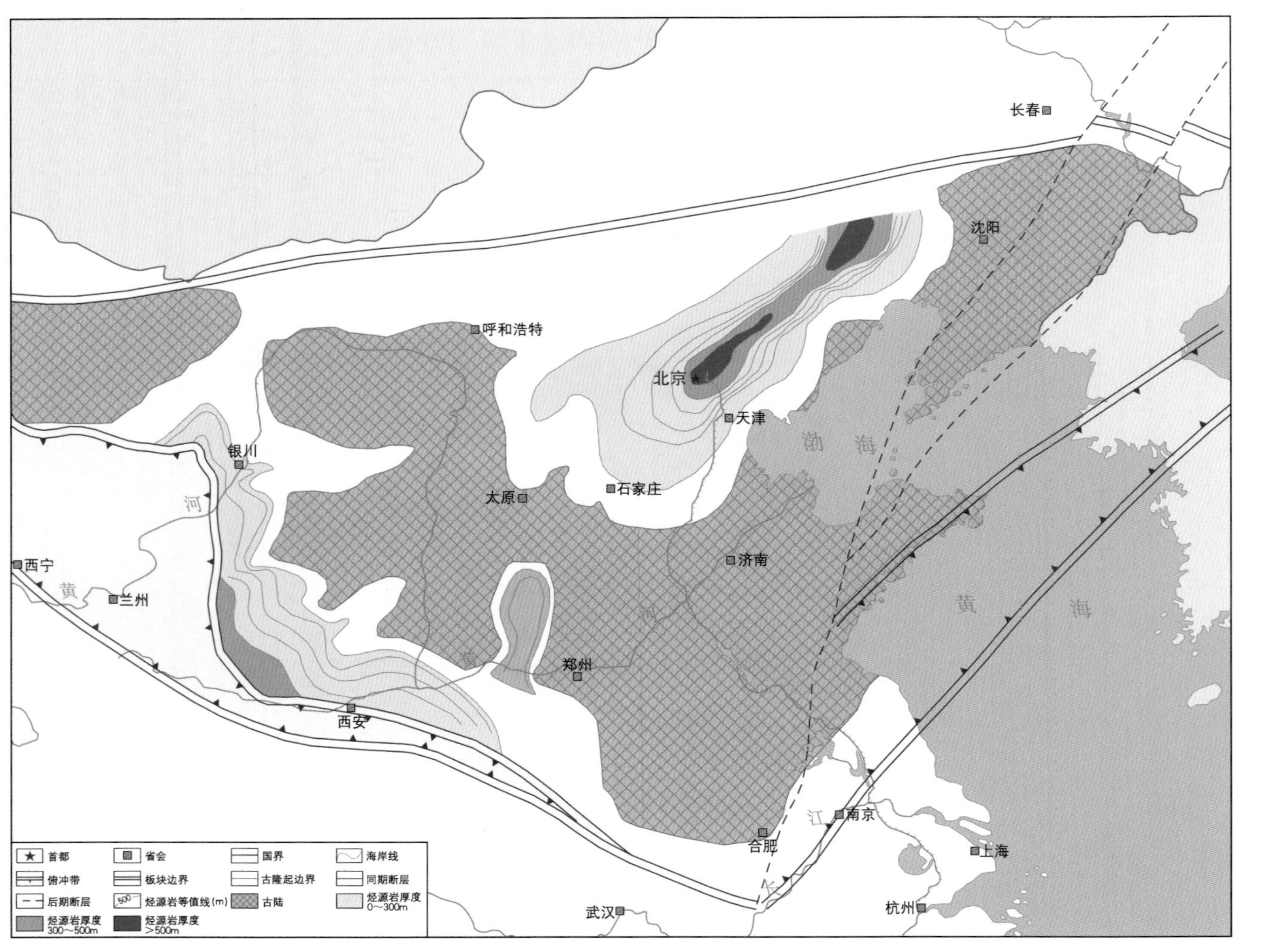

图 4-2　华北中元古界蓟县系烃源岩厚度图

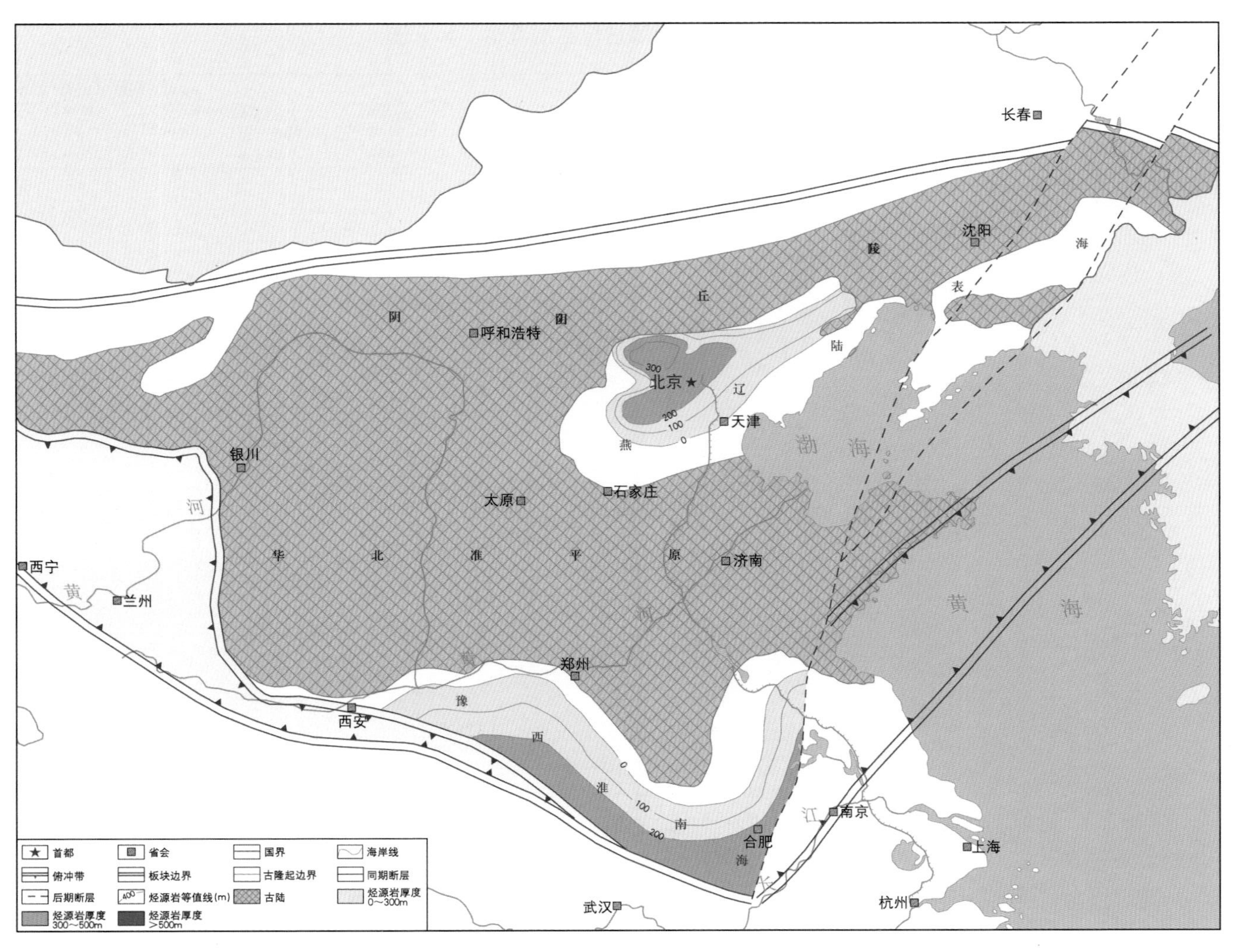

图 4-3 华北中元古界待建系烃源岩厚度图

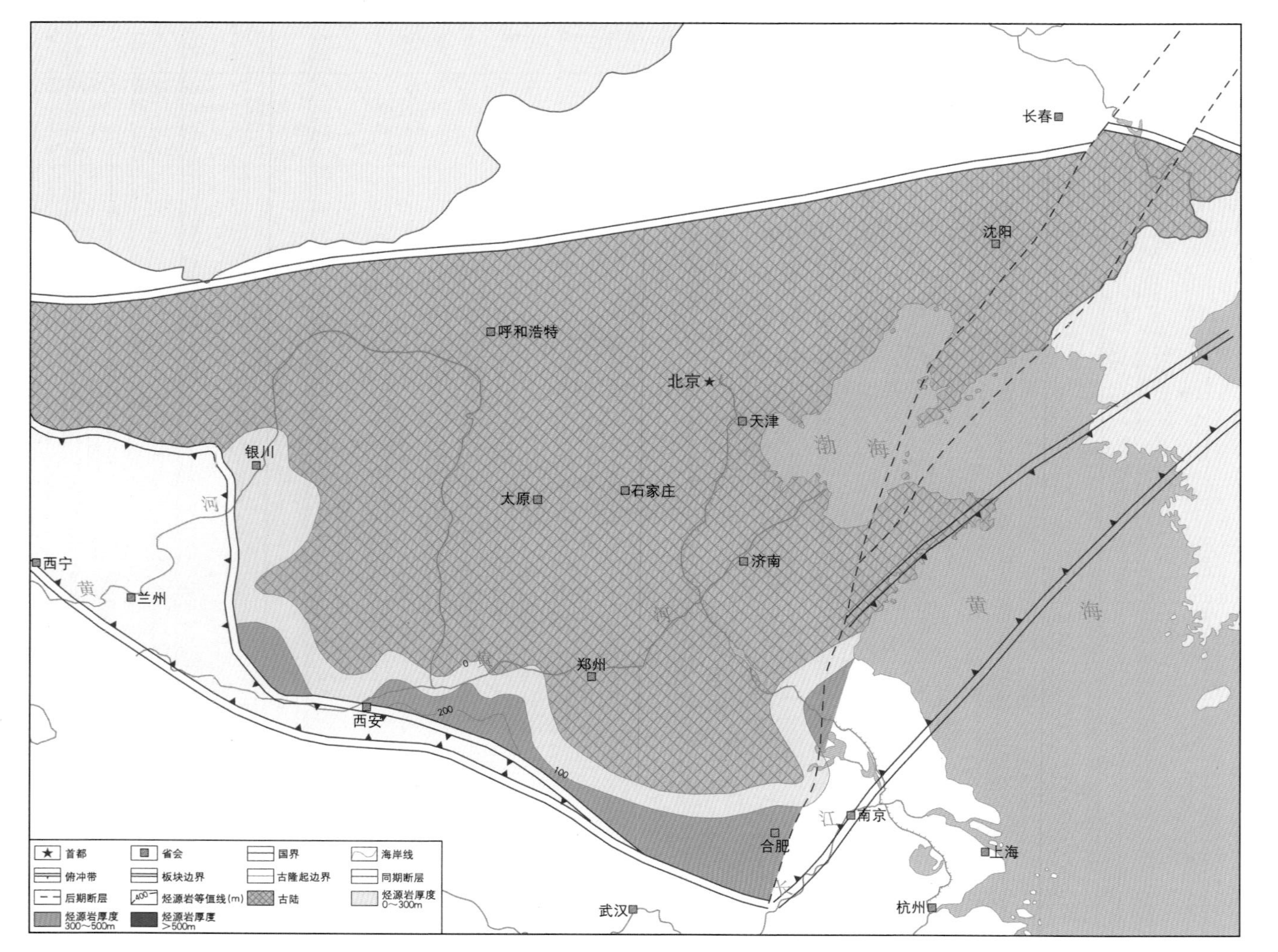

图 4-4 华北新元古界震旦系烃源岩厚度图

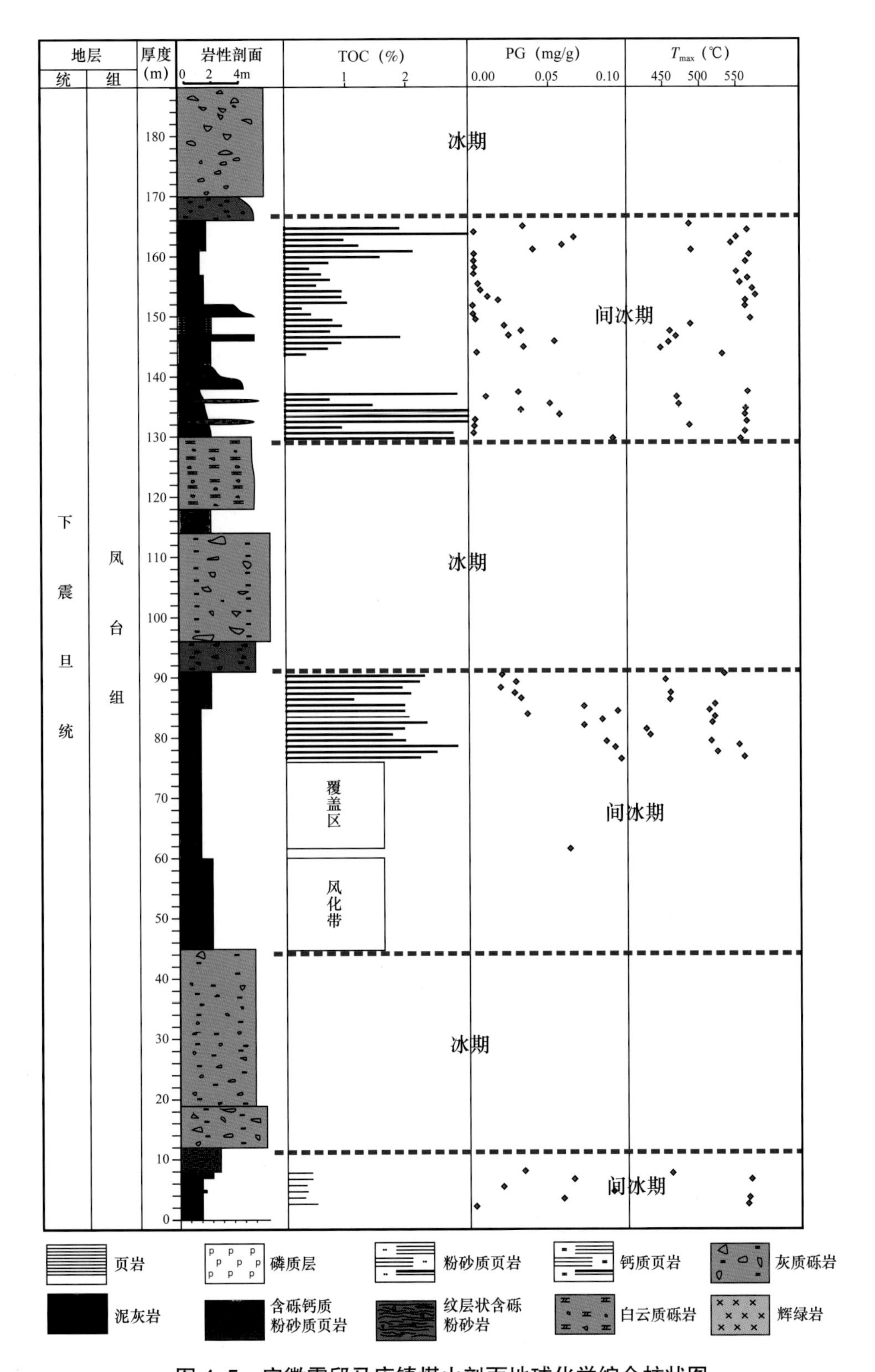

图 4-5　安徽霍邱马店镇煤山剖面地球化学综合柱状图

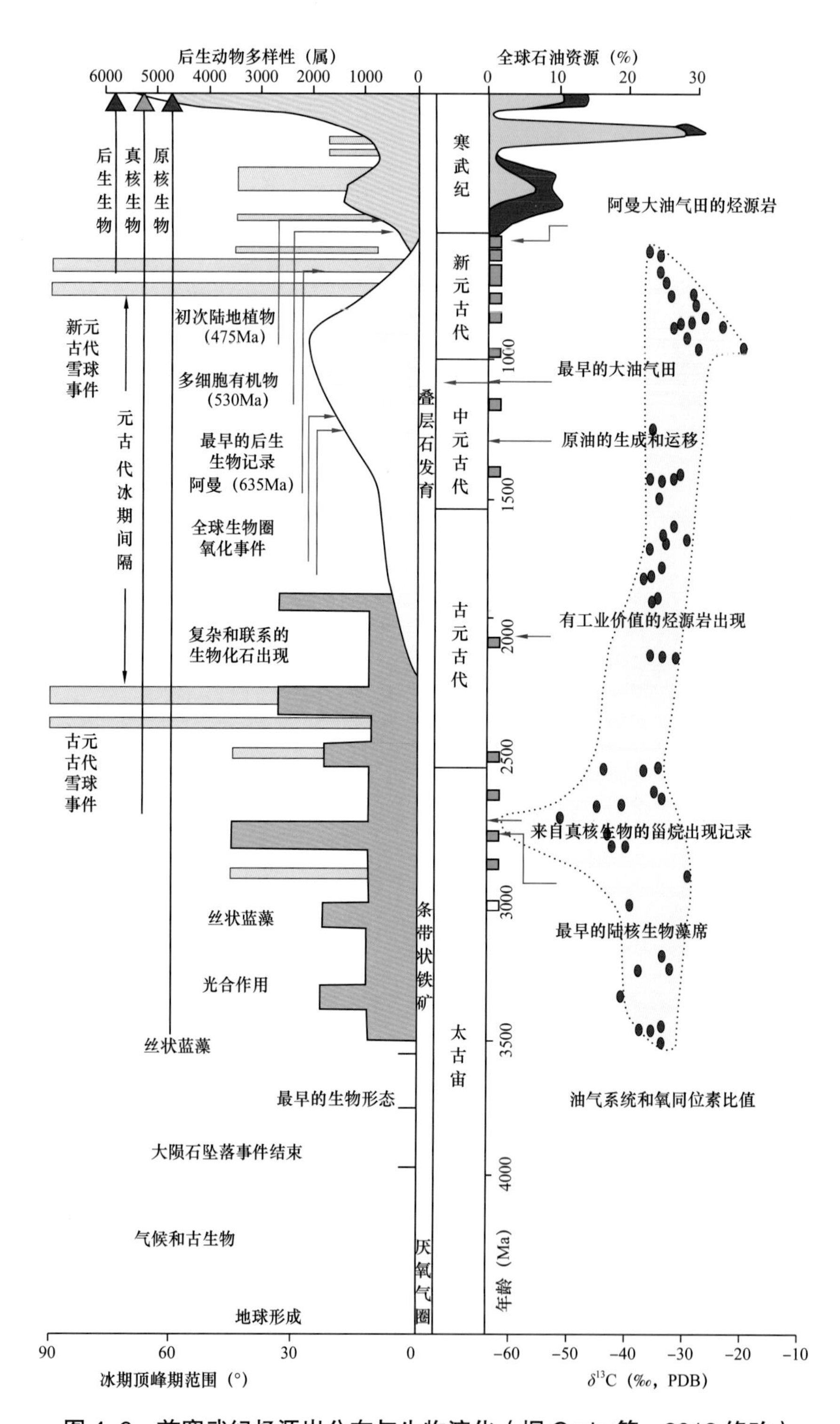

图 4–6　前寒武纪烃源岩分布与生物演化（据 Craig 等，2013 修改）

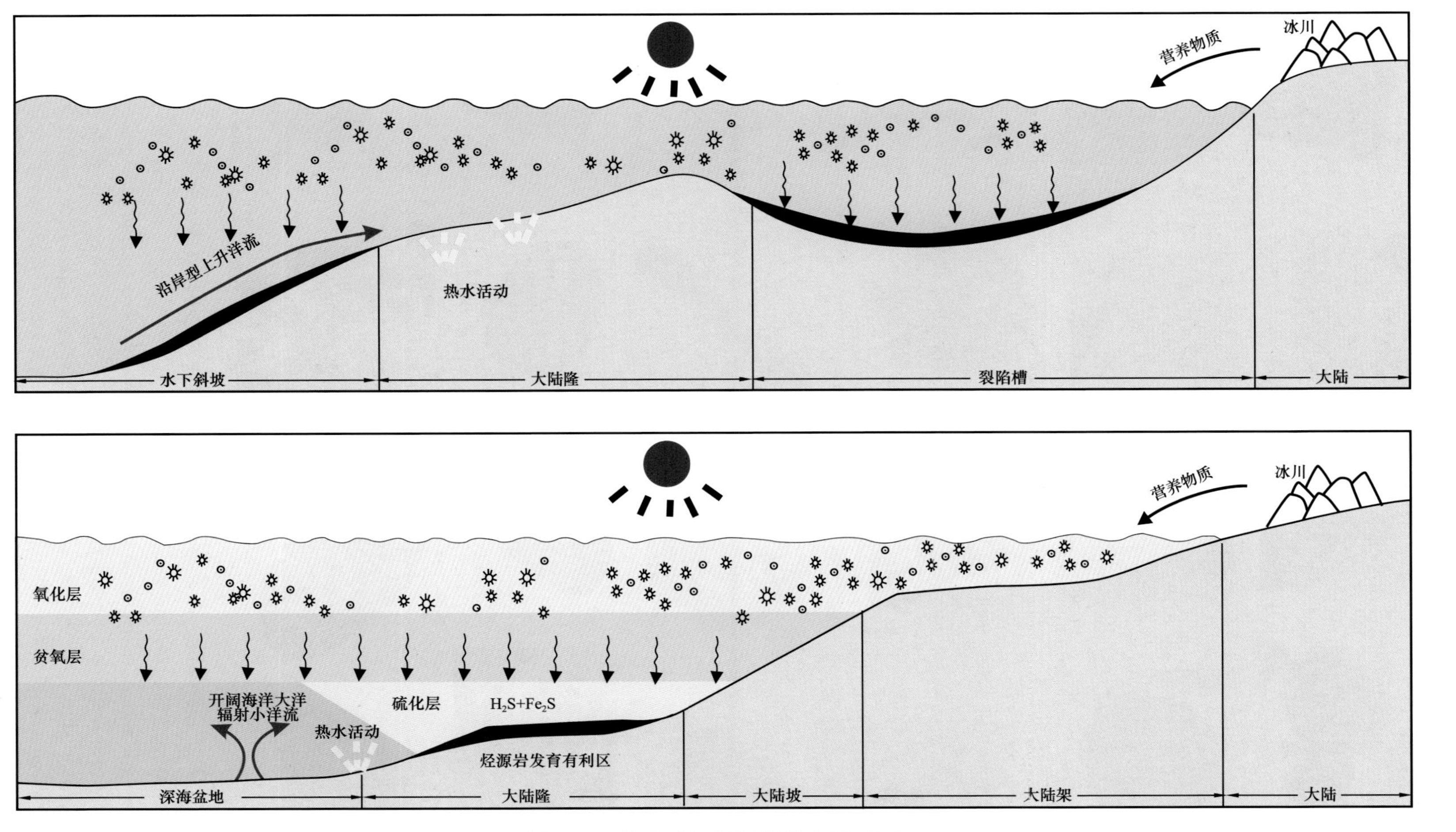

图 4-7　前寒武纪烃源岩发育模式图

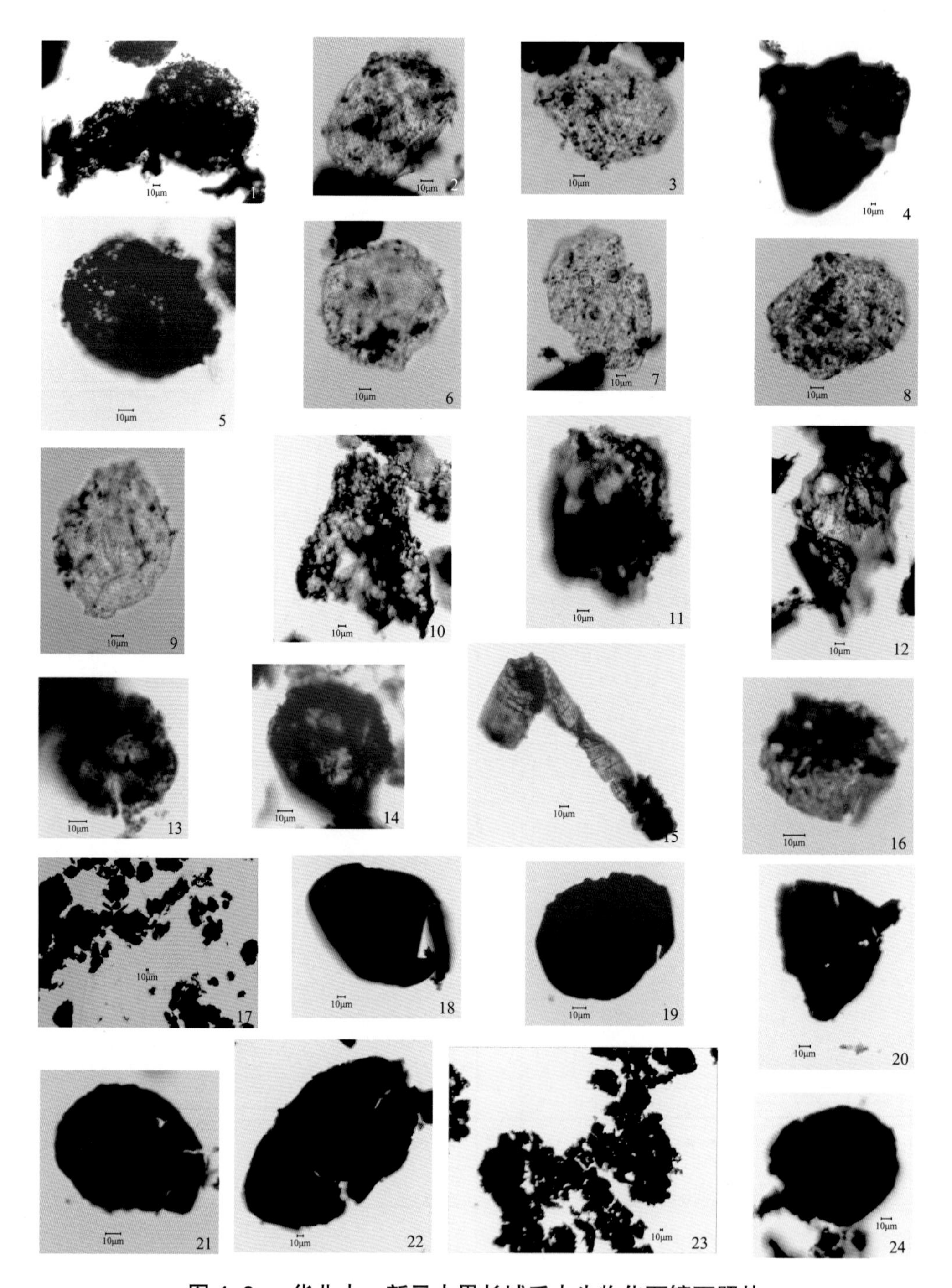

图 4-8a　华北中—新元古界长城系古生物化石镜下照片

1—芽突球藻（未定种）*Germinosphaera* sp；2、3、4、6、9、11、13、14、16、18、19、21、22、24—光面球藻（未定多种）*Leiosphaeridia* spp.；5—网面球藻（未定种）*Dictyotidium* sp.；7—连球藻（未定种）*Synsphaeridium* sp.；8—瘤面球藻（未定种）*Lophosphaeridium* sp.；10—拟昆布膜片（未定种）*Laminarites* sp.；12—底栖藻类碎片（fragment of benthonic algae）；15—古鞘丝藻（未定种）*Palaeolyngbya* sp.；17—非定形干酪根；20—芽突球藻（未定种）*Germinosphaera* sp.；23—非定形干酪根

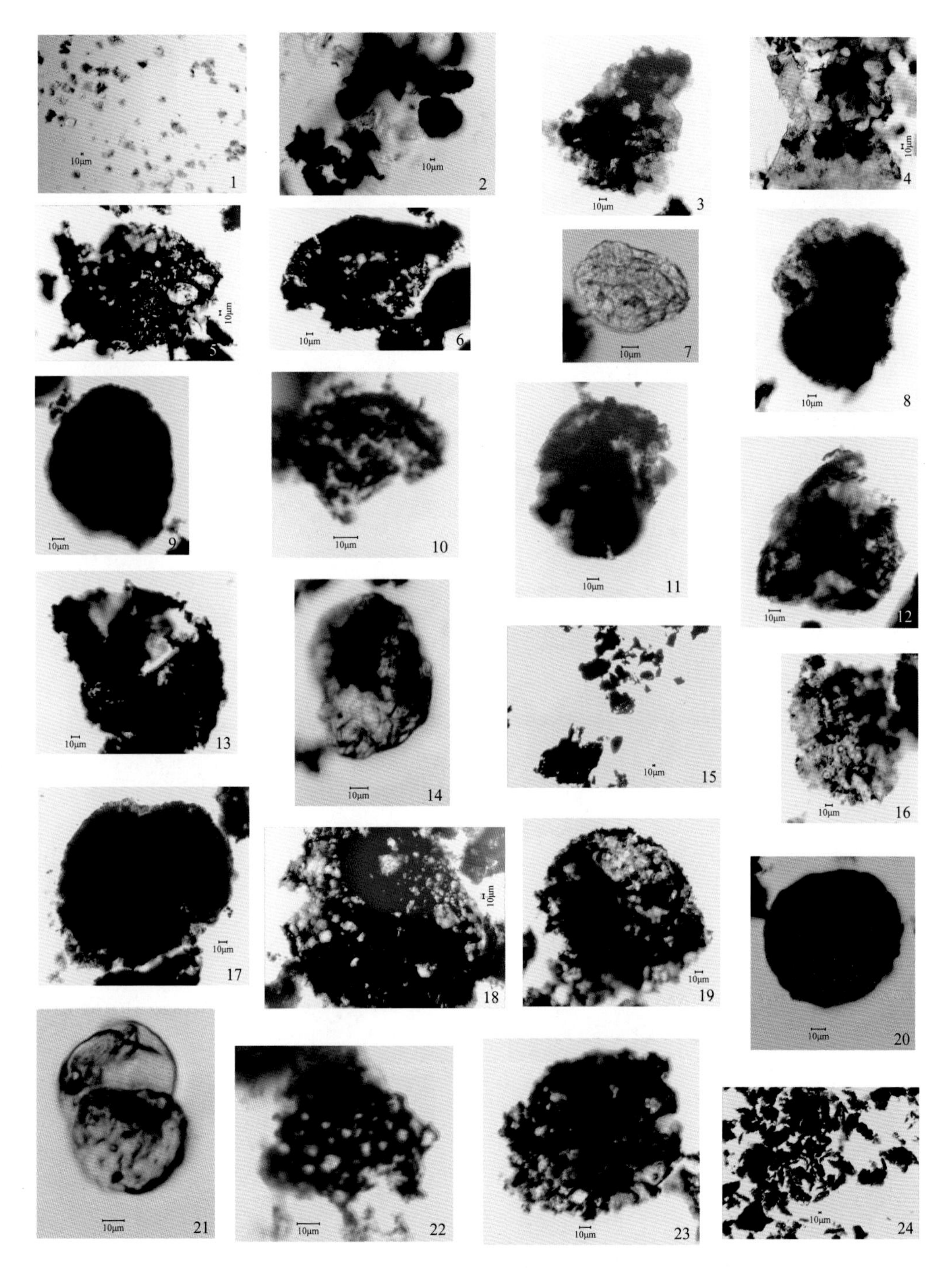

图 4-8b　华北中—新元古界长城系古生物化石镜下照片

1—非定形干酪根；2—非定形干酪根；3，5—底栖藻类碎片（fragment of benthonic algae）；4、18—拟昆布膜片（未定种）*Laminarites* sp.；6—光面球藻（未定种）*Leiosphaeridia* sp.；7、9、10、11、12、13、14、16、17、19、20、23—光面球藻（未定多种）*Leiosphaeridia* spp.；8、21—连球藻（未定种）*Synsphaeridium* sp.；15—非定形干酪根；21—连球藻（未定种）*Synsphaeridium* sp.；22—不规则网状残片（retinarites irregularis）（Ouyang 等，1974）；24—非定形干酪根

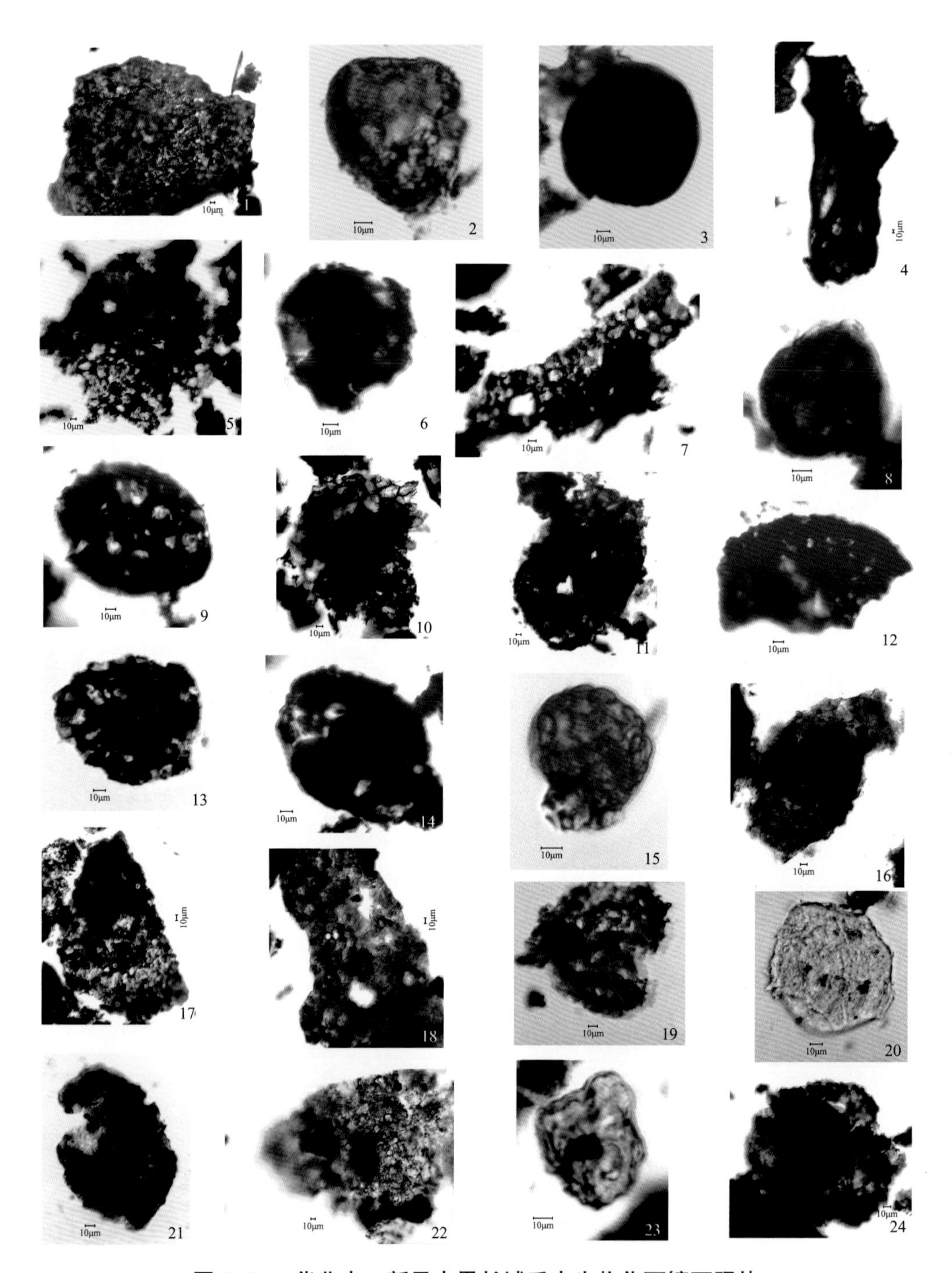

图 4-8c　华北中—新元古界长城系古生物化石镜下照片

1、5、17、18、22—拟昆布膜片（未定种）*Laminarites* sp.；2、3、6、8、9、11、12、13、14、16、19、20、23—光面球藻（未定多种）*Leiosphaeridia* spp.；4—底栖藻类碎片（fragment of benthonic algae）；7—古鞘丝藻（未定种）*Palaeolyngbya* sp.；10—不规则网状残片（retinarites irregularis）（Ouyang 等，1974）；15—芽突球藻（未定种）*Germinosphaera* sp.；24—连球藻（未定种）*Synsphaeridium* sp.

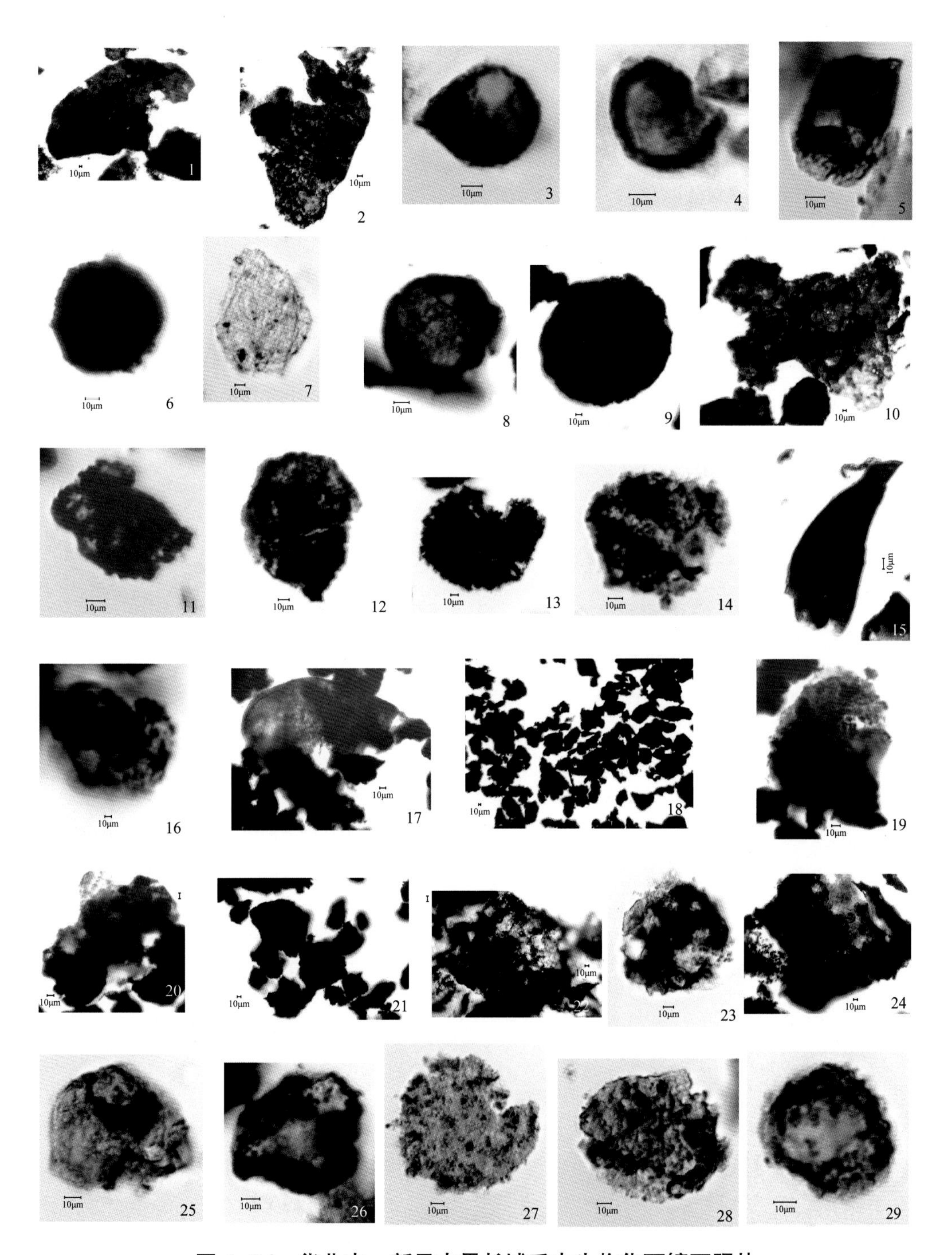

图 4-8d 华北中—新元古界长城系古生物化石镜下照片

1、3、4、5、6、7、8、9、12、13、14、16、17、19、23、26、27、28—光面球藻（未定多种）*Leiosphaeridia* spp.；2，10—拟昆布膜片（未定种）*Laminarites* sp.；11—连球藻（未定种）*Synsphaeridium* sp.；15、22、24—底栖藻类碎片（fragment of benthonic algae）；18—非定形干酪根；20—连球藻（未定种）*Synsphaeridium* sp.；21—非定形干酪根；25、29—瘤面球藻（未定种）*Lophosphaeridium* sp.

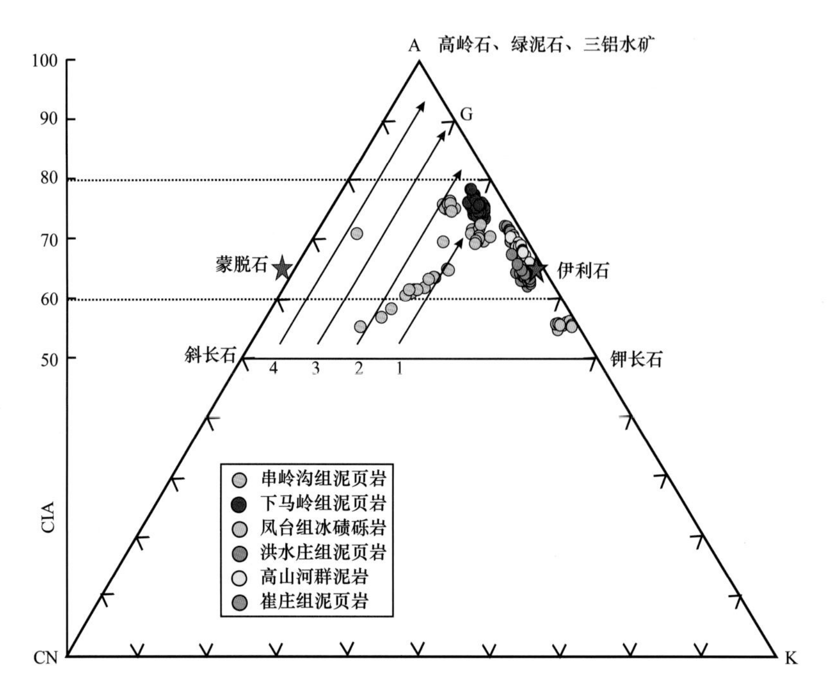

图 4-9 华北元古宇烃源岩 Al_2O_3—（$CaO+Na_2O$）—K_2O 三角图

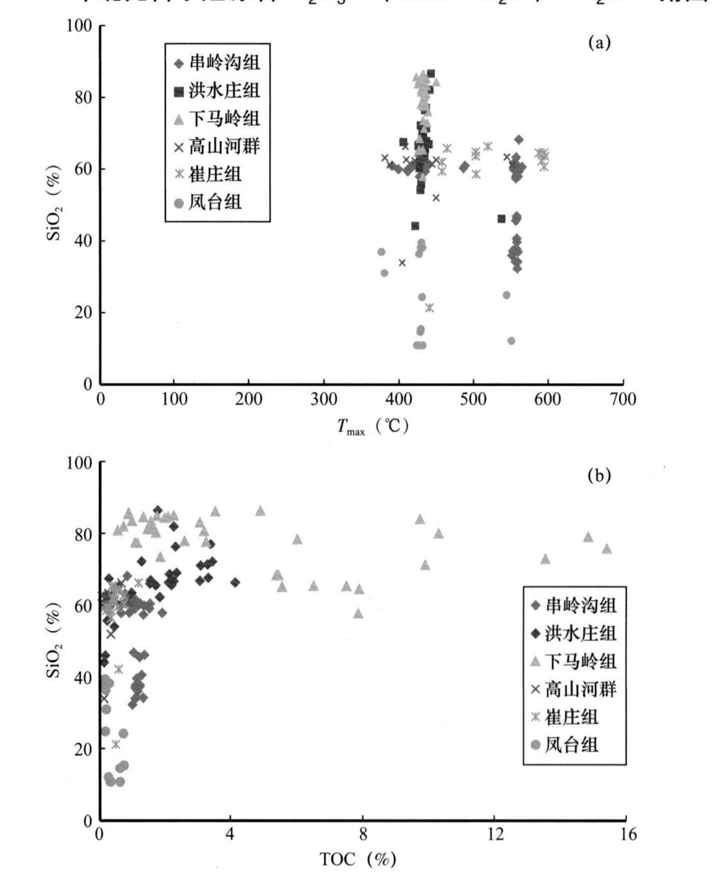

图 4-10 烃源岩样品中的 SiO_2 含量与 TOC（a）、T_{max}（b）的关系图

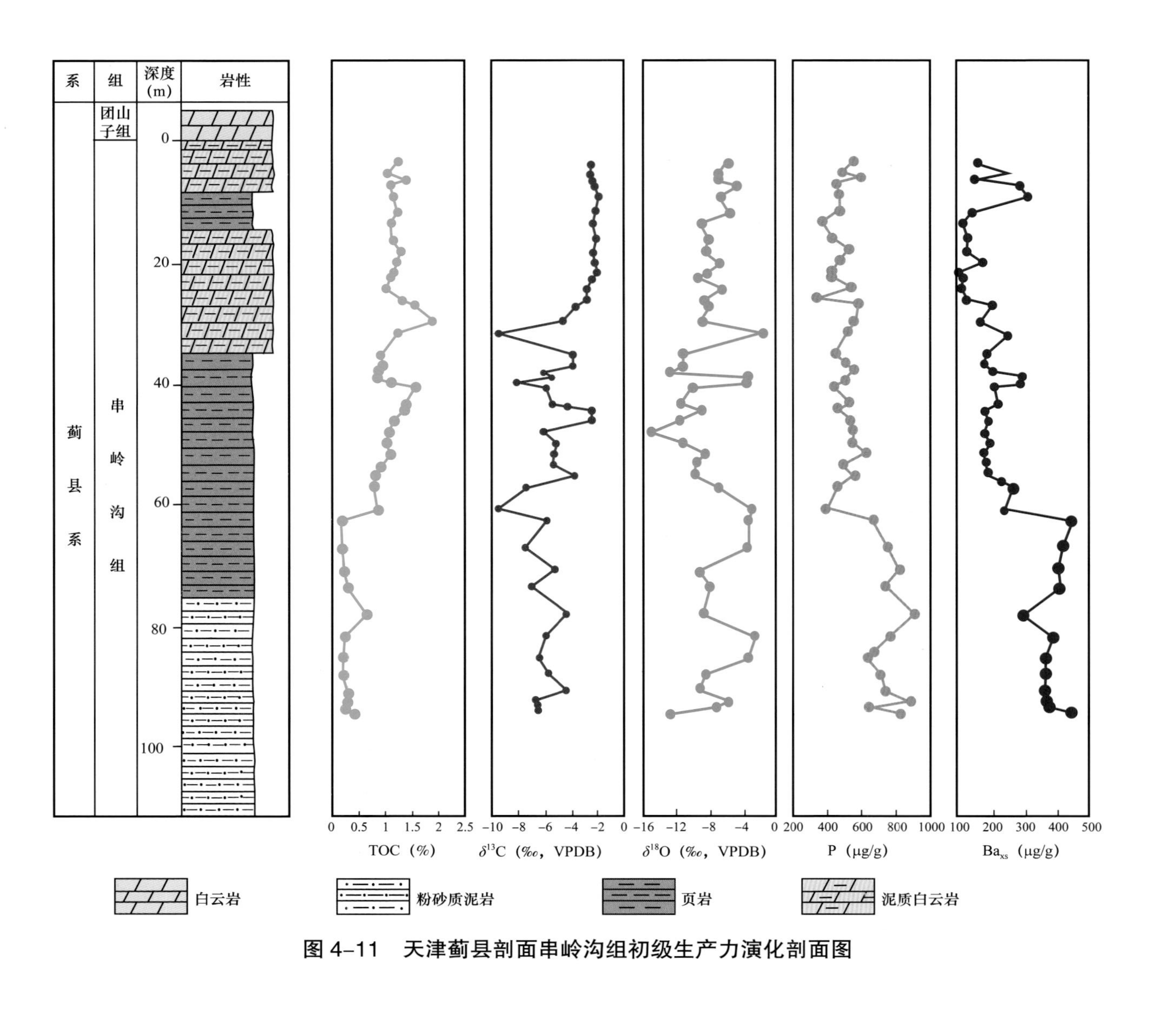

图 4-11　天津蓟县剖面串岭沟组初级生产力演化剖面图

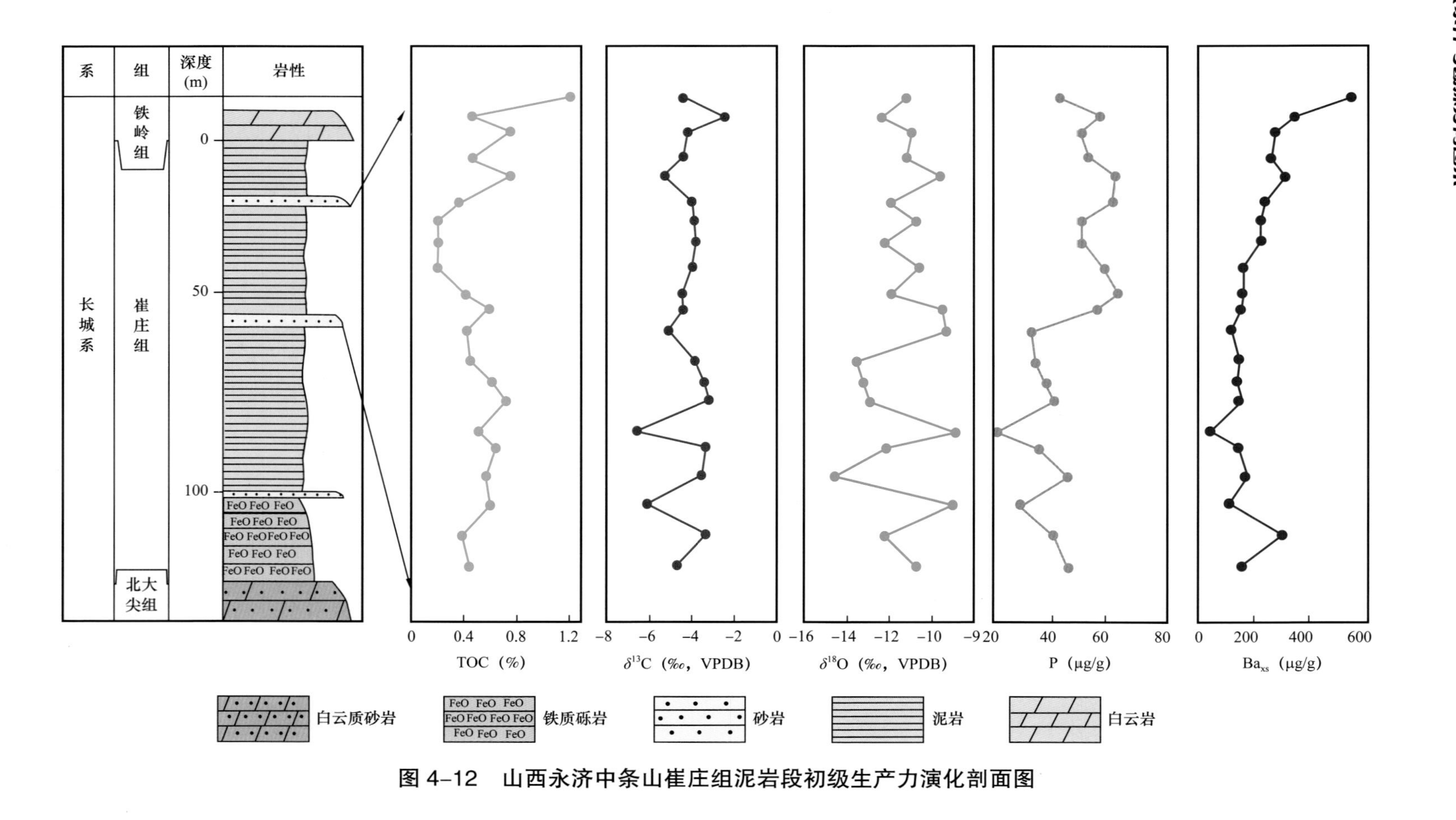

图 4-12 山西永济中条山崔庄组泥岩段初级生产力演化剖面图

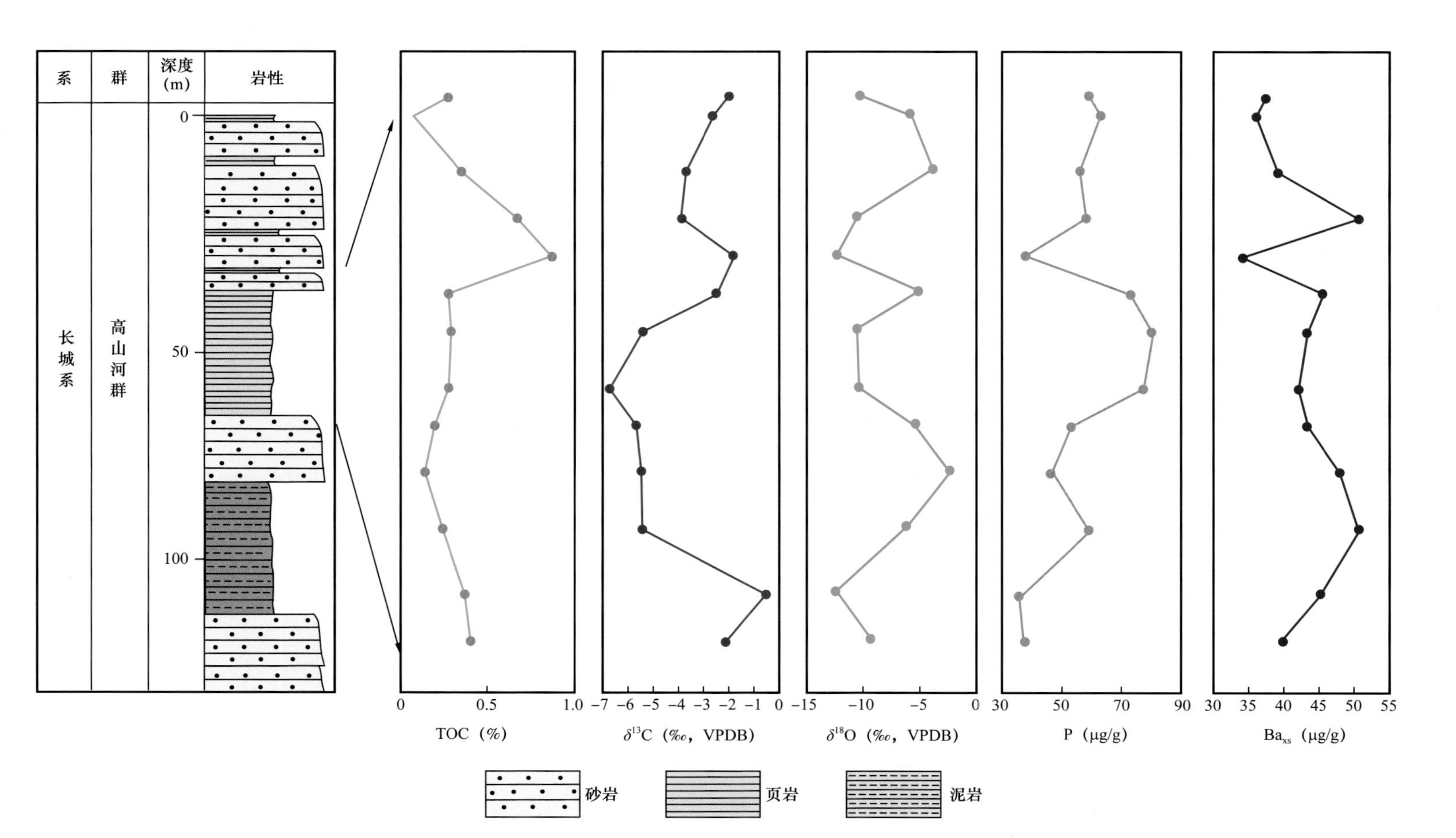

图 4–13　陕西洛南高山河群晚期泥板段初级生产力演化剖面图

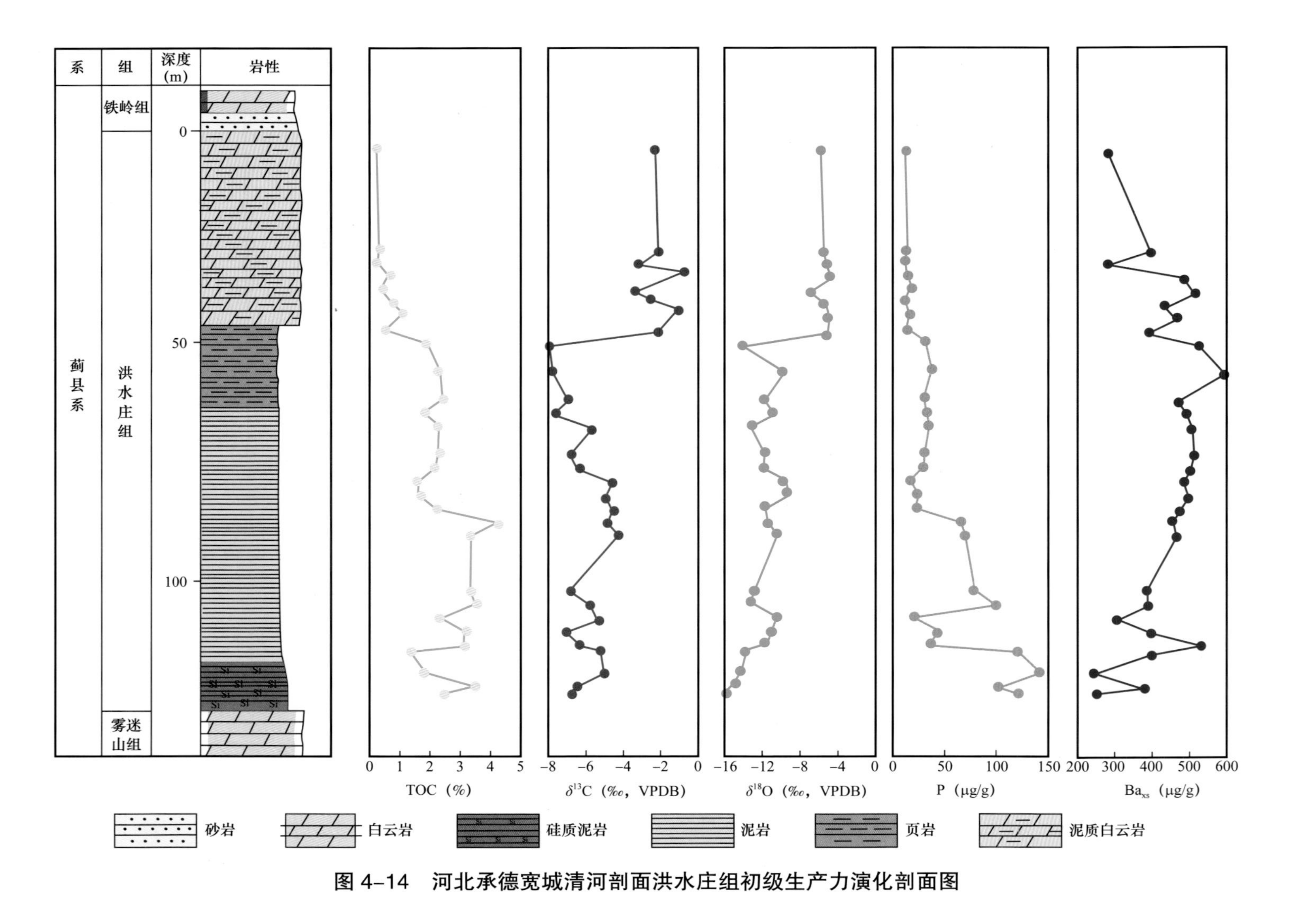

图 4-14 河北承德宽城清河剖面洪水庄组初级生产力演化剖面图

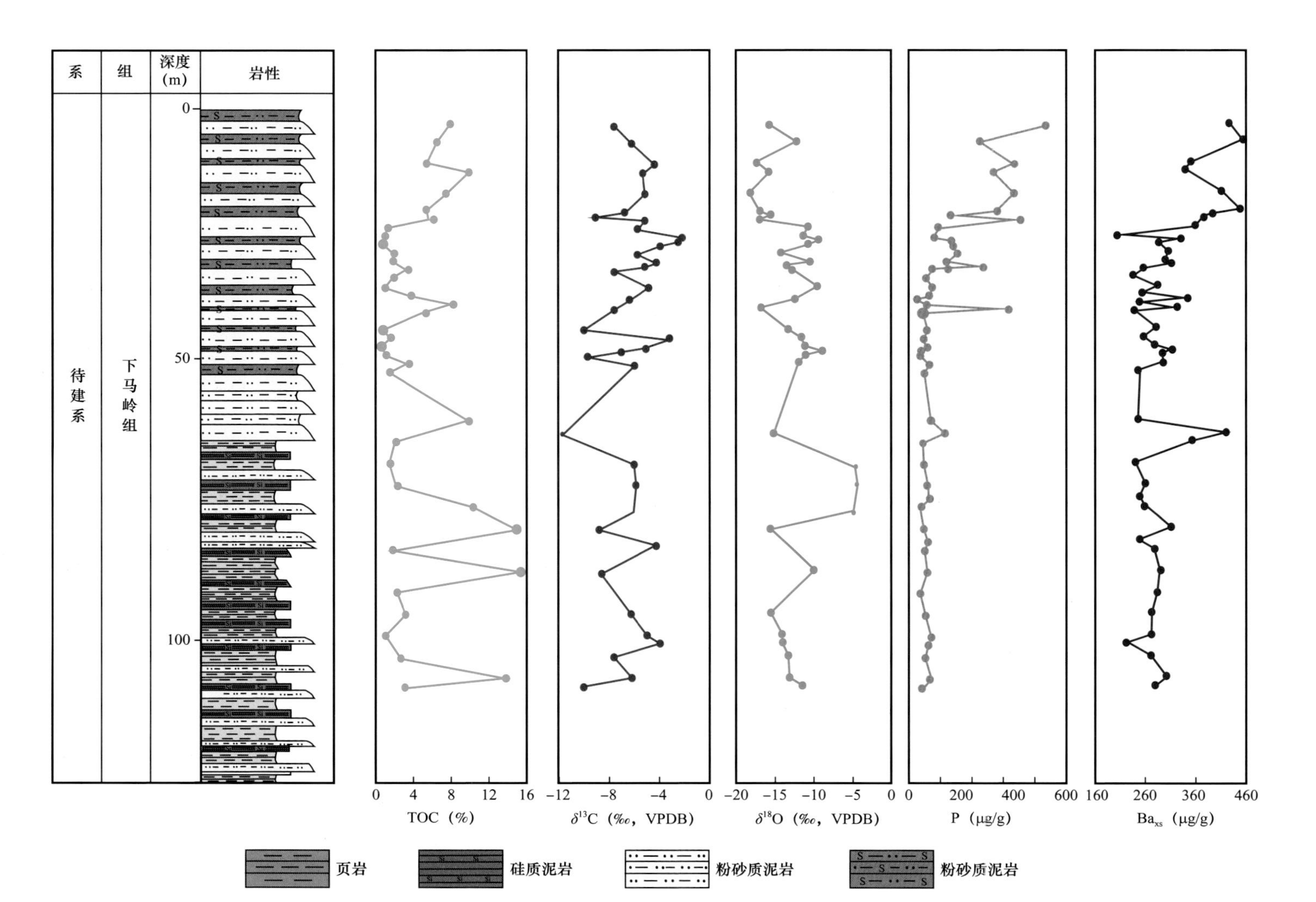

图 4-15 河北张家口下花园下马岭组初级生产力演化剖面图

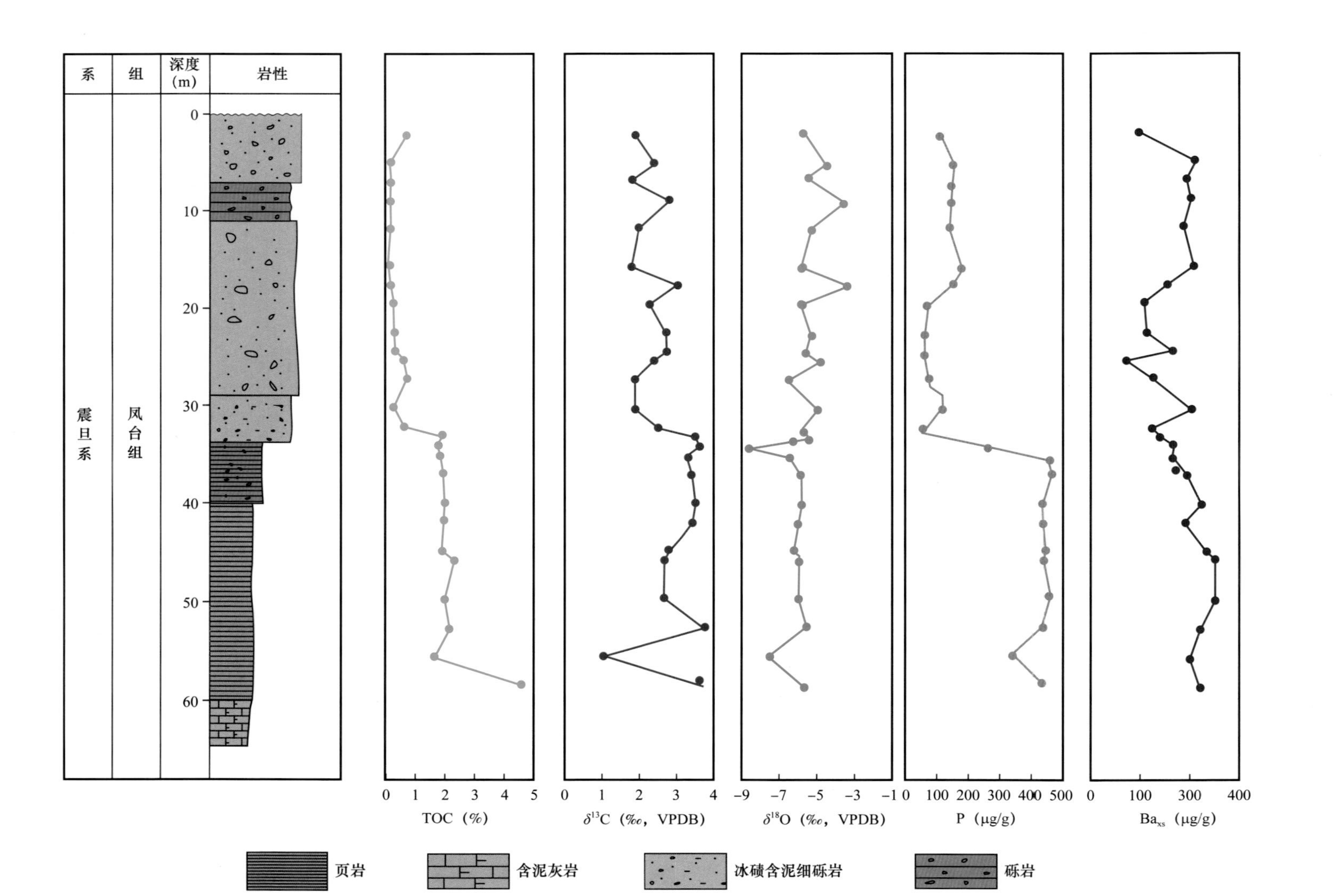

图 4-16 合肥盆地马店剖面震旦系风台组初级生产力演化剖面图

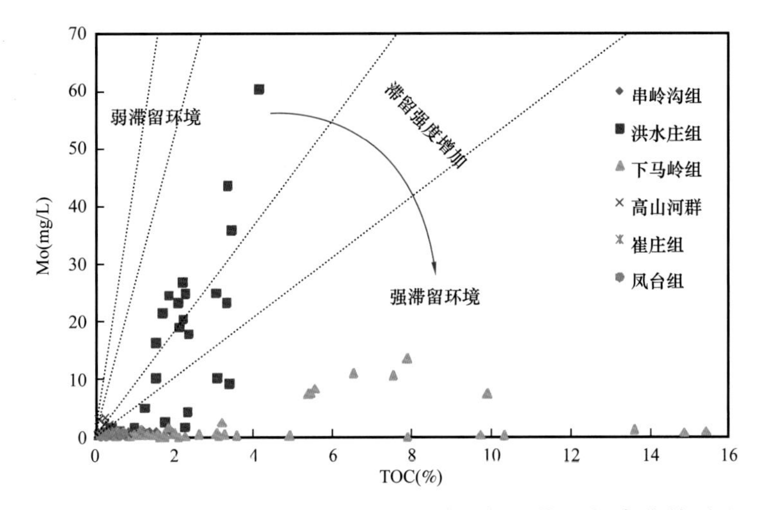

图 4-17　华北地区元古宇 Mo—TOC 关系与现代厌氧海盆的对比图

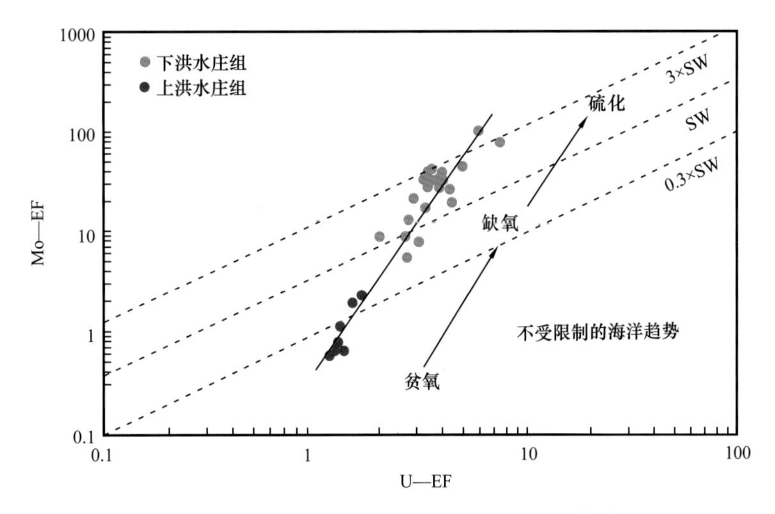

图 4-18　洪水庄组 Mo—EF 和 U—EF 协变图

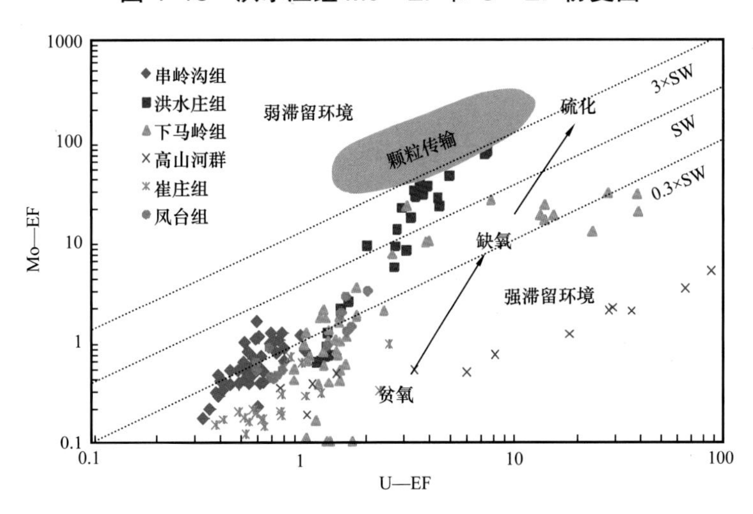

图 4-19　华北元古界烃源岩 Mo—EF 和 U—EF 协变图

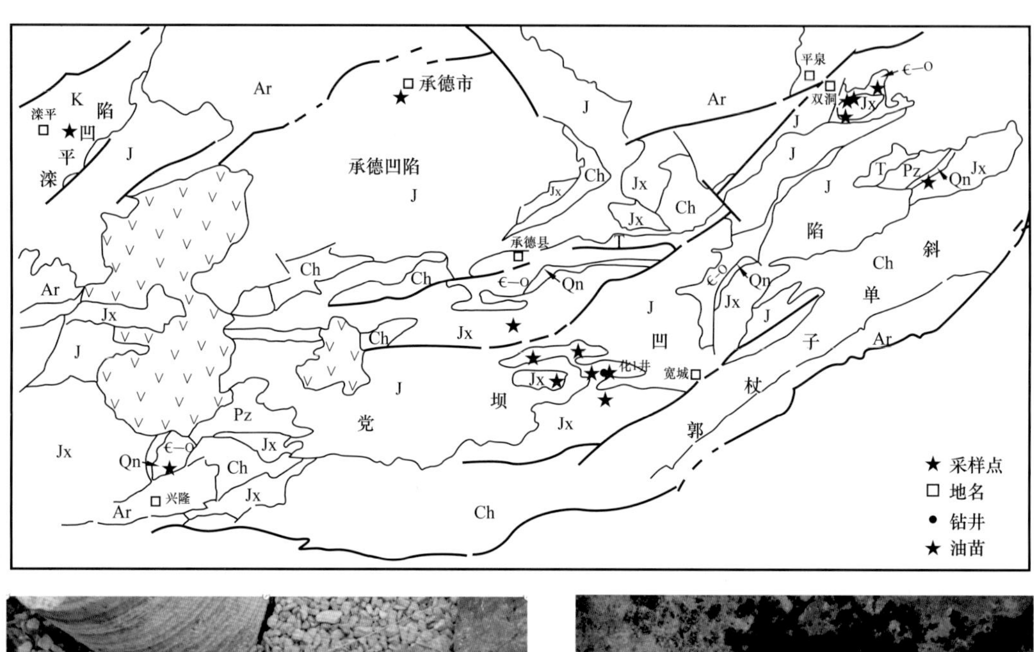

河北宽城化皮背斜钻井取心雾迷山组白云岩溶蚀孔含油

河北平泉双洞背斜雾迷山组油侵白云岩

化皮背斜钻井取心雾迷山组白云岩裂缝含油

化皮背斜钻井取心雾迷山组白云岩风化壳含油

图 4-20　冀北露头区中—新元古界油苗分布图

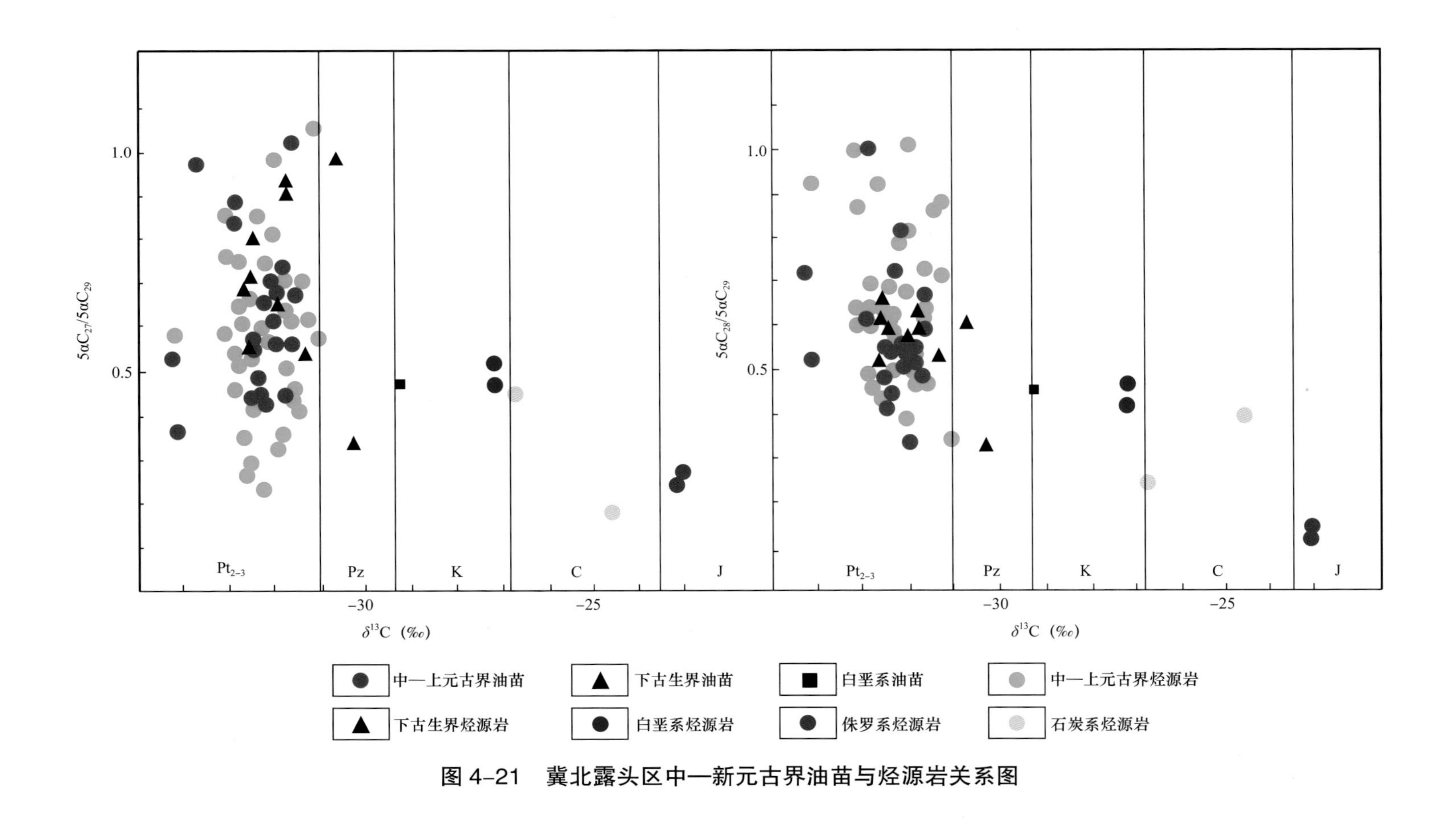

图 4-21　冀北露头区中—新元古界油苗与烃源岩关系图

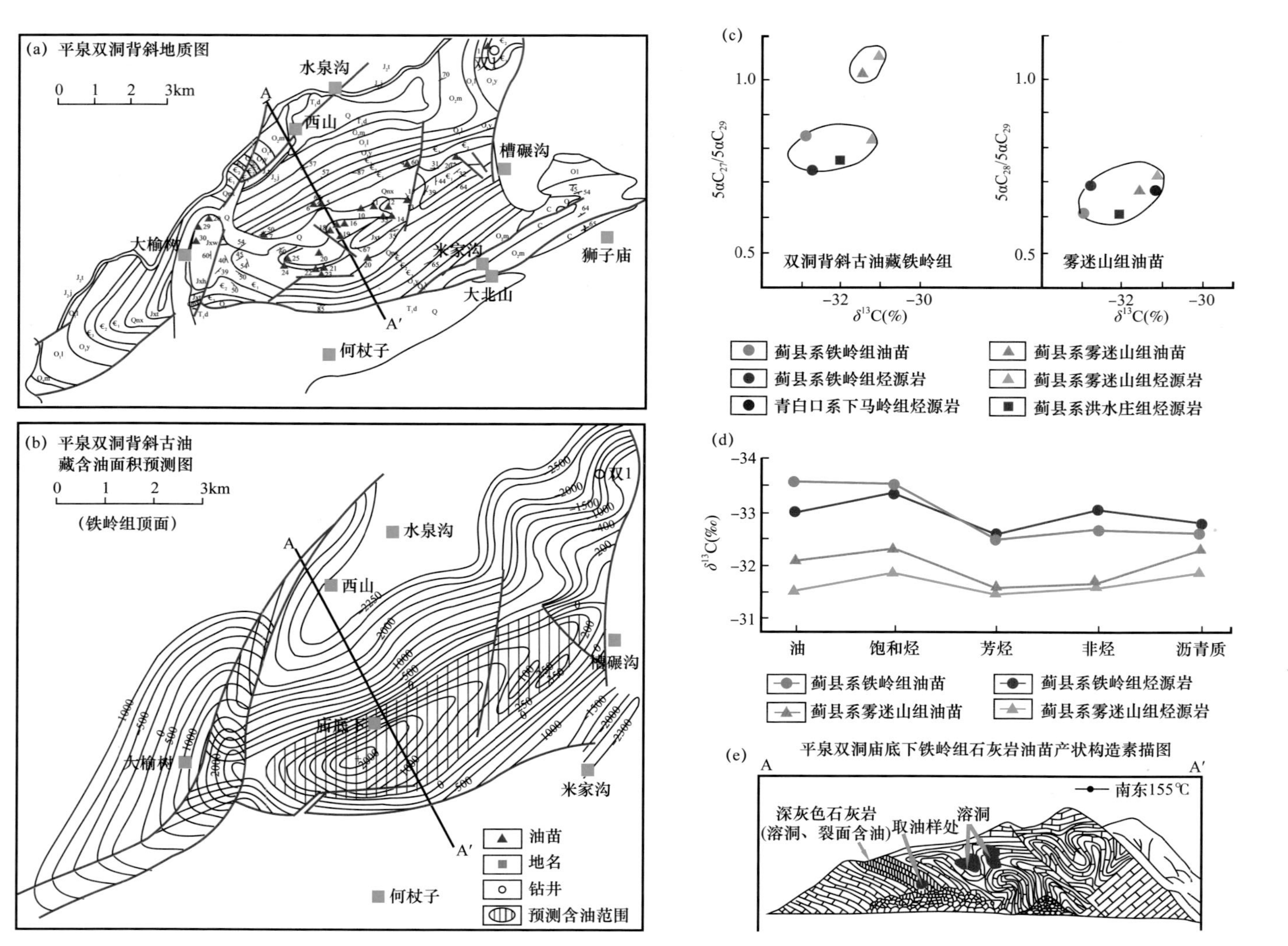

图 4-22 双洞背斜中元古界油苗与烃源岩对比图

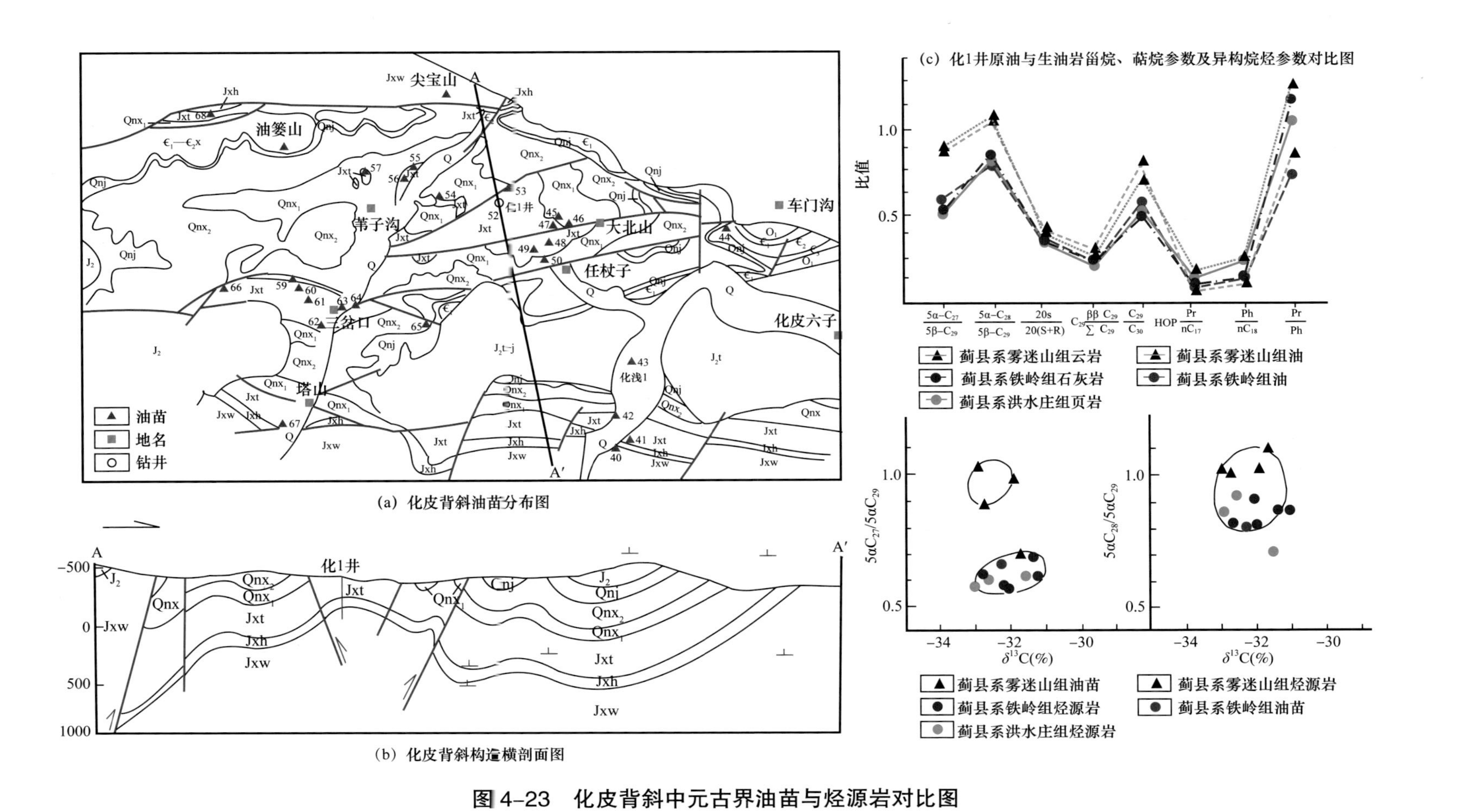

图4-23　化皮背斜中元古界油苗与烃源岩对比图

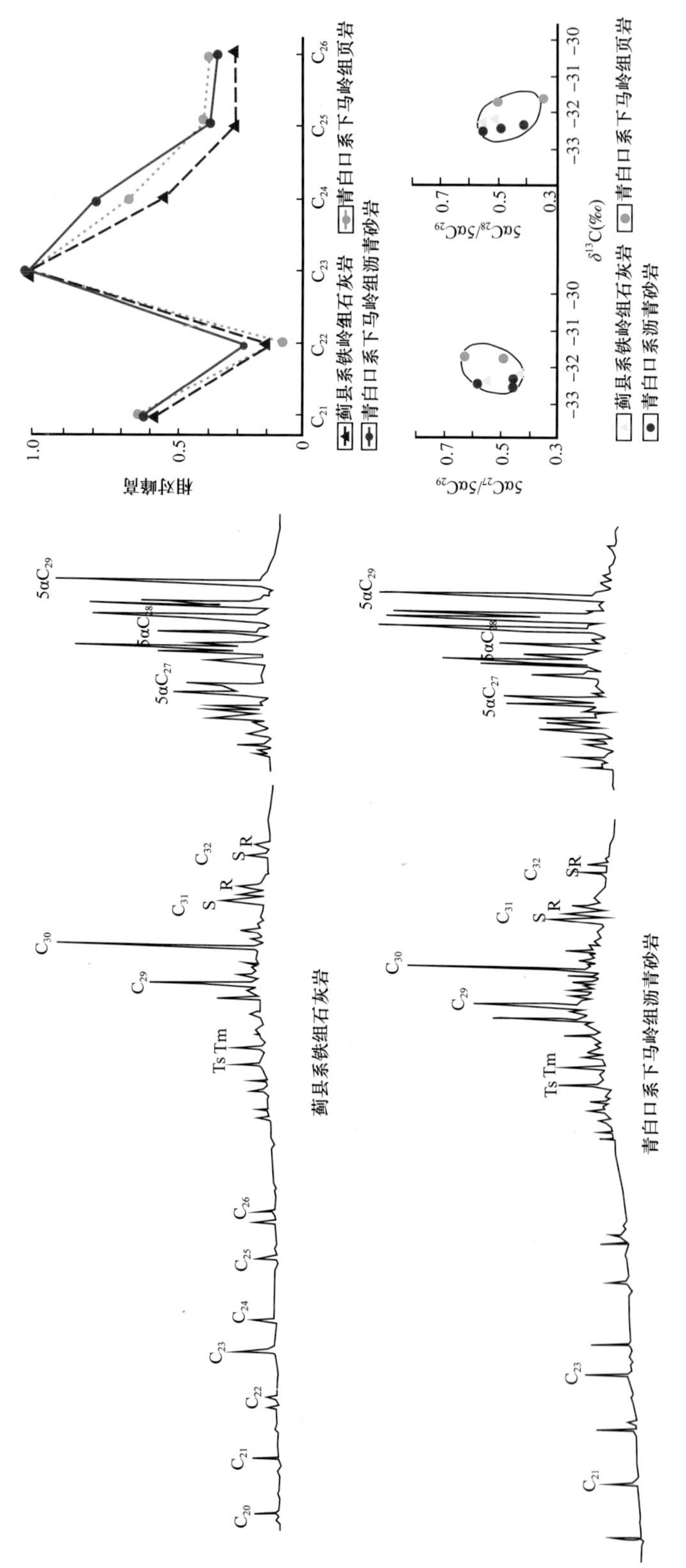

图 4-24 凌源龙潭沟中元古界沥青砂与烃源岩对比图

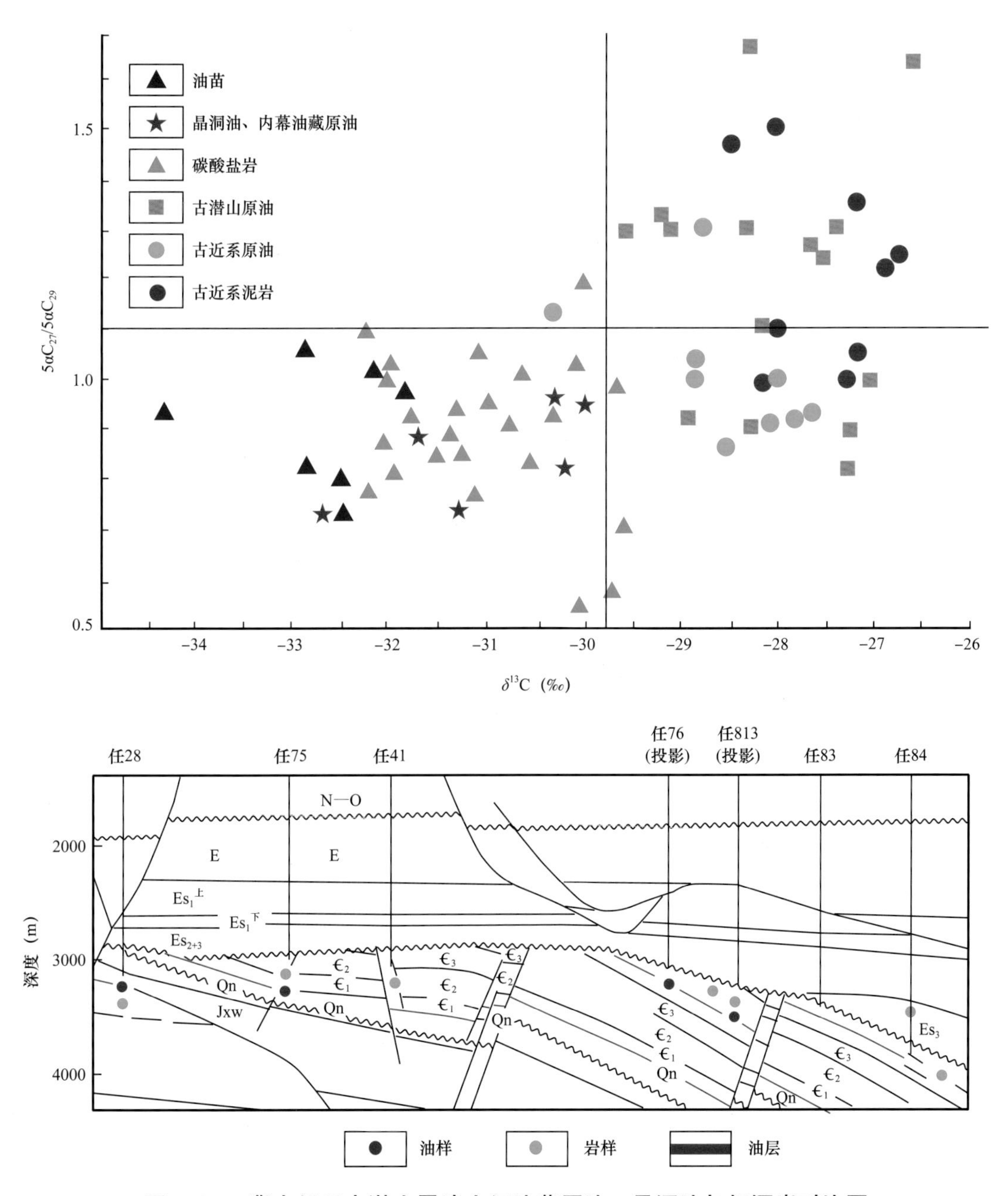

图 4-25 冀中任丘古潜山雾迷山组油藏原油、晶洞油与烃源岩对比图

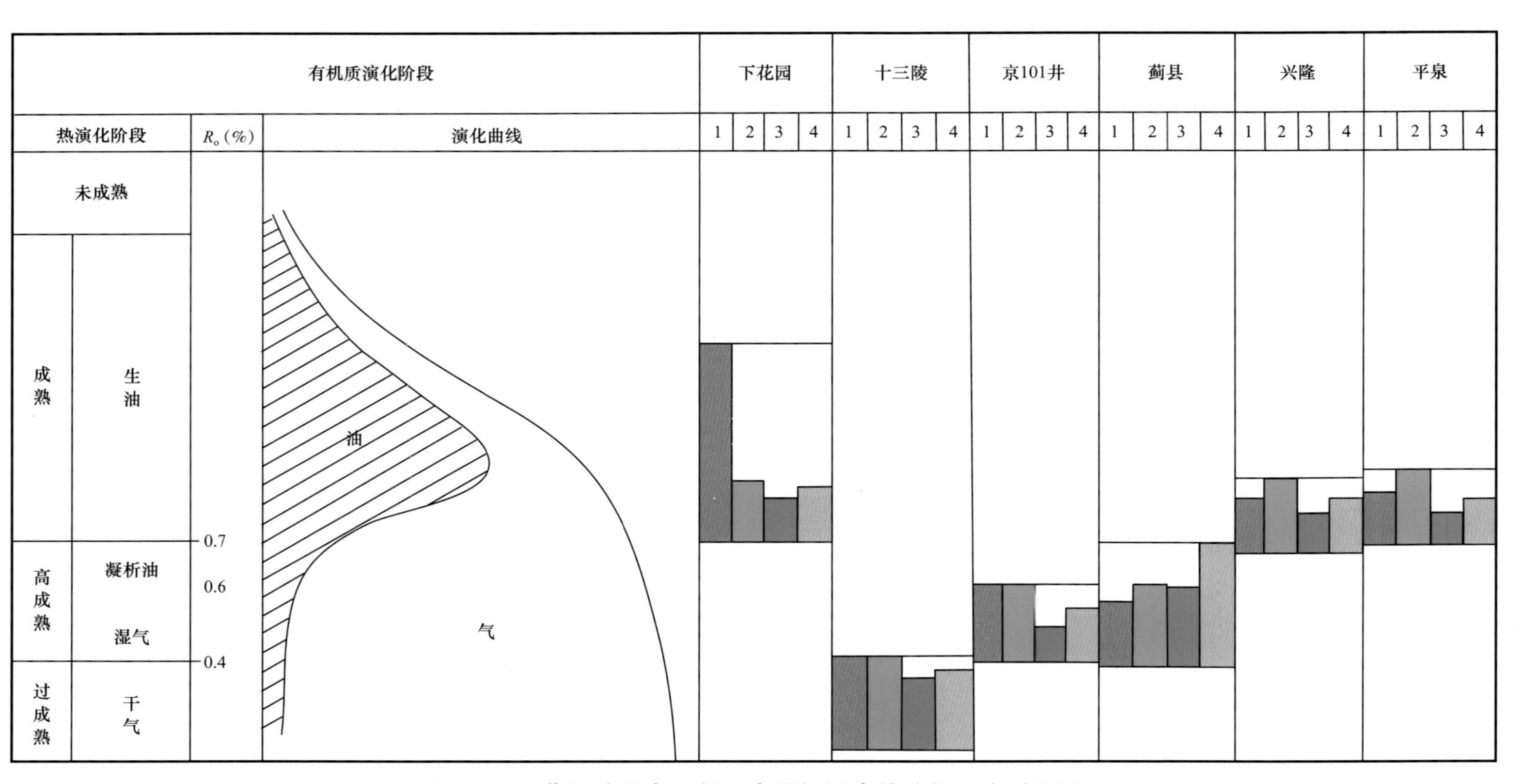

图 4-26　燕辽地区中—新元古界烃源岩热演化程度对比图

1—下马岭组；2—铁岭组；3—洪水庄组；4—雾迷山组

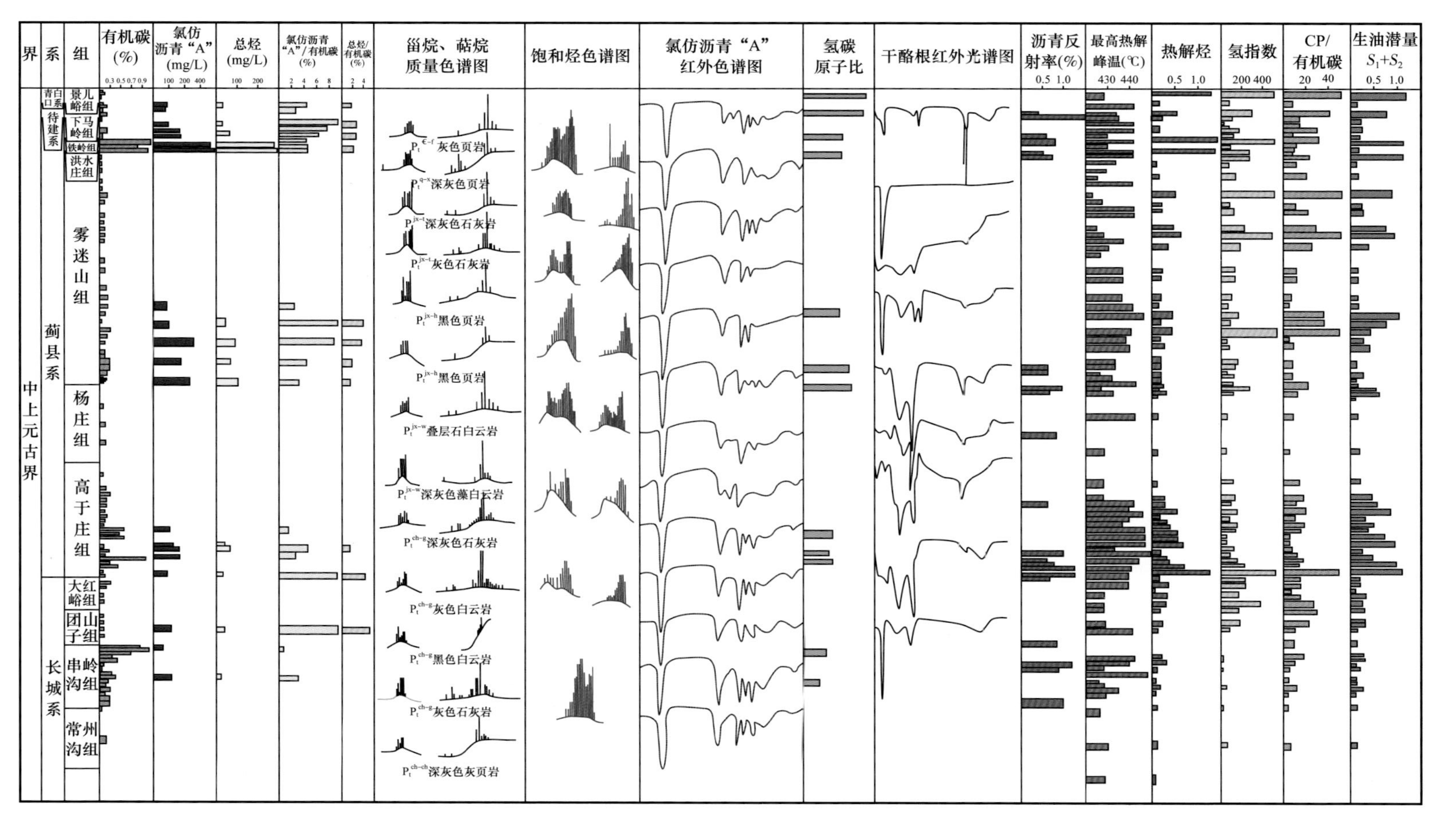

图 4-27　冀北蓟县剖面中—新元古界有机地球化学剖面图

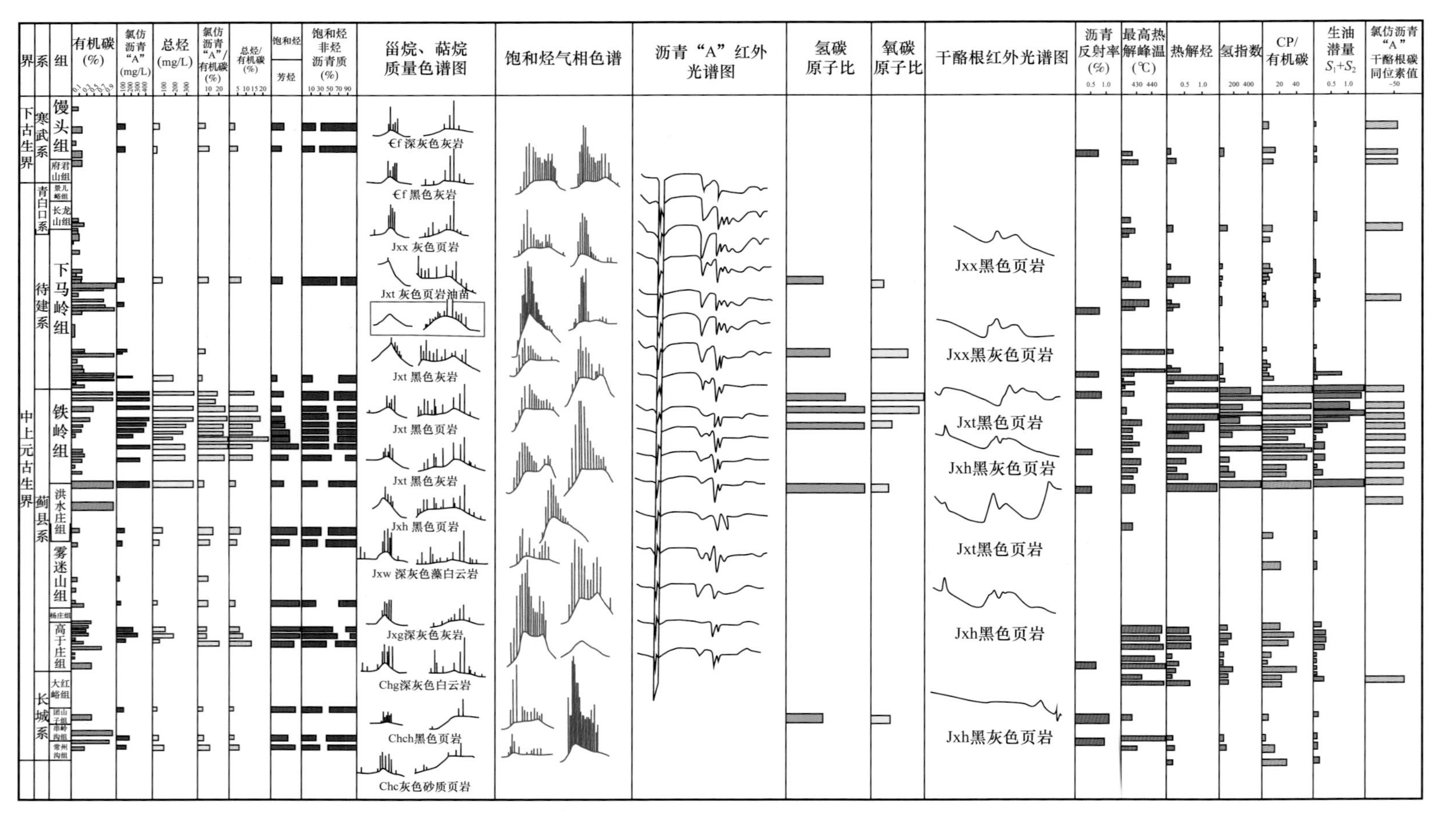

图 4-28 冀北宽城剖面中—新元古界有机地球化学剖面图

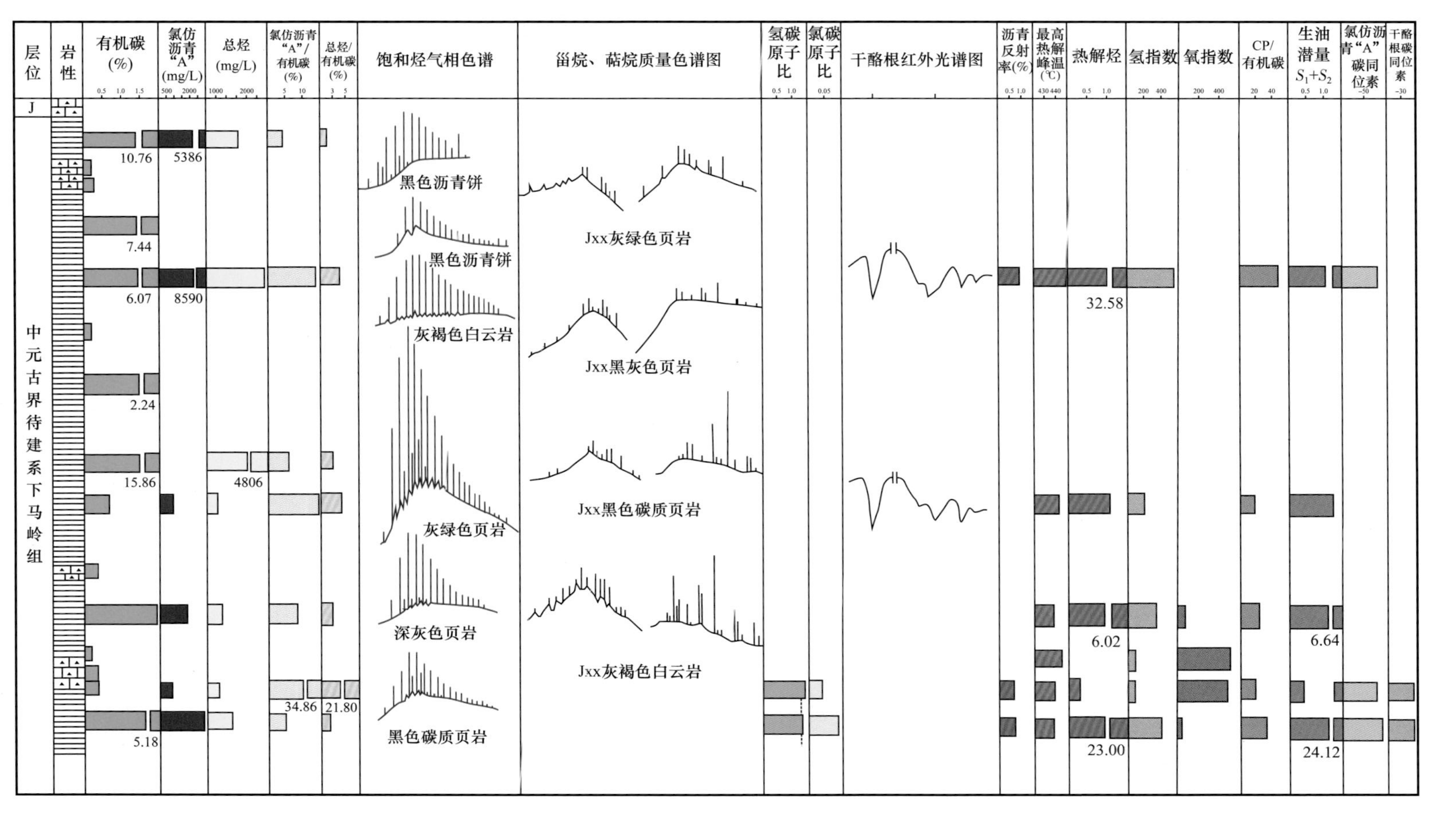

图 4-29　冀北下花园剖面中元古界有机地球化学剖面图

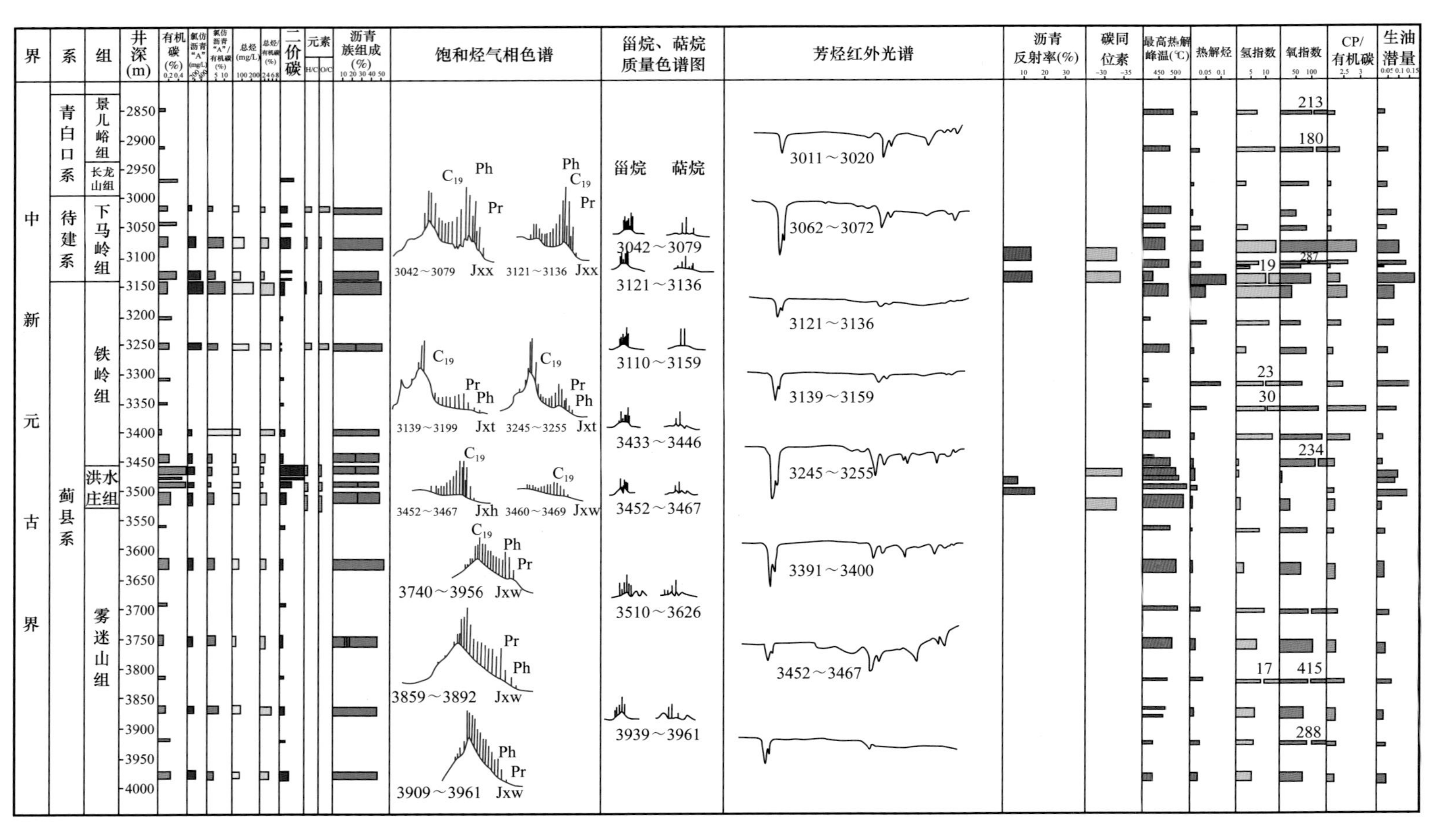

图 4-30 冀中京 101 井中—新元古界有机地球化学剖面图

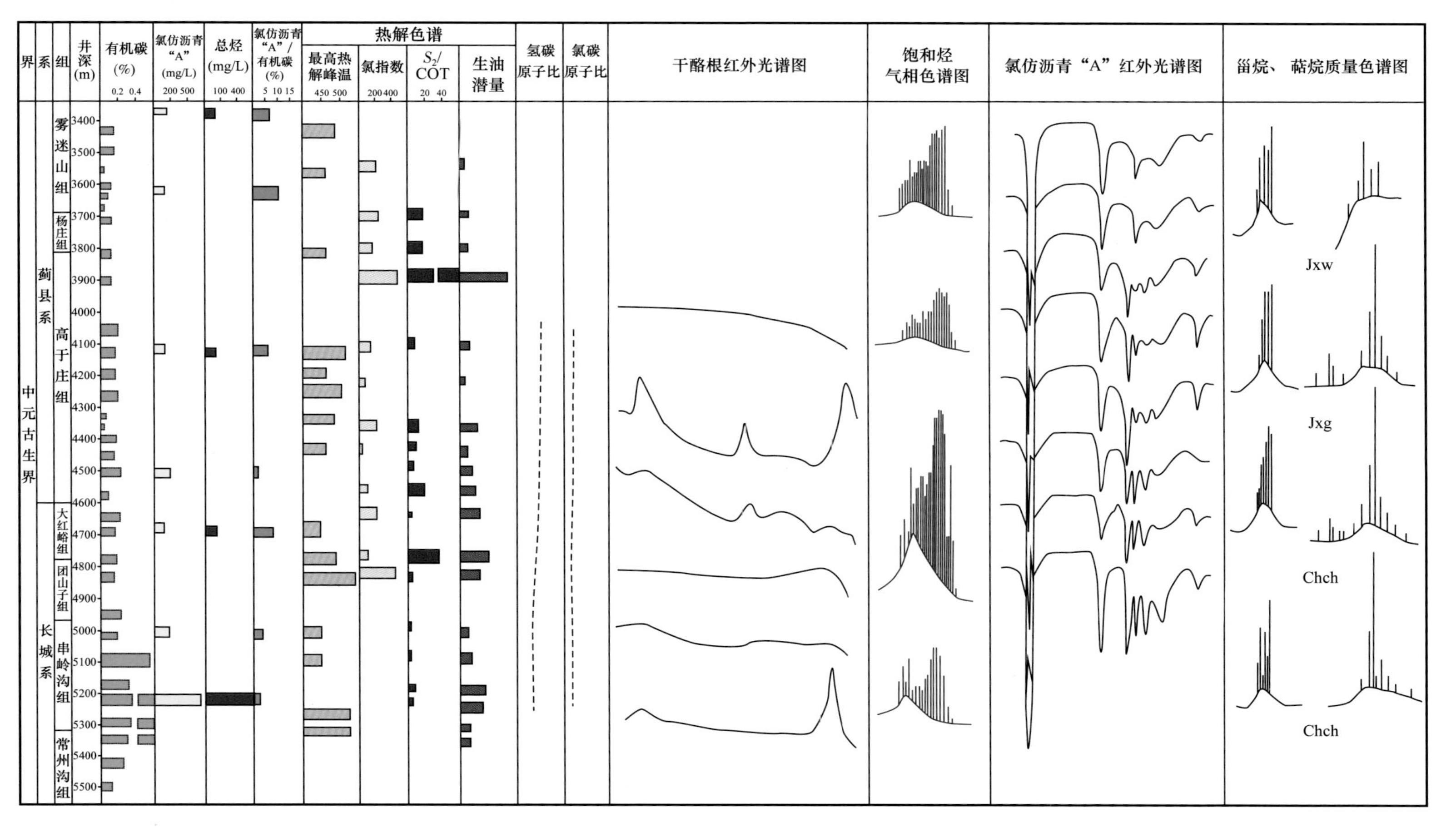

图 4-31 冀中高深 1 井中—新元古界有机地球化学剖面图

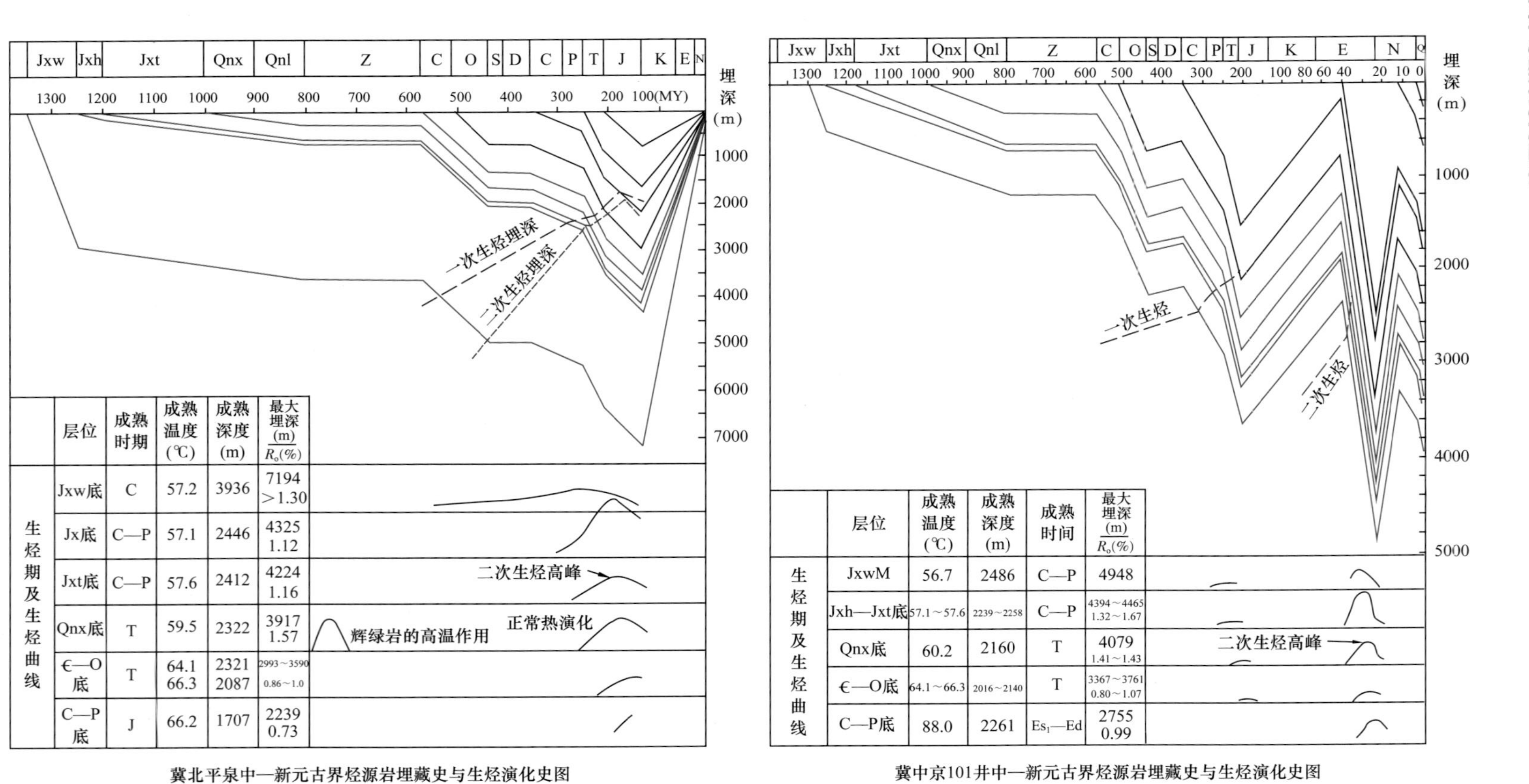

冀北平泉中—新元古界烃源岩埋藏史与生烃演化史图

冀中京101井中—新元古界烃源岩埋藏史与生烃演化史图

图 4-32 冀北平泉中—新元古界烃源岩埋藏史与生烃演化史图

第五章　储　　层

华北中—新元古界—寒武系作为油气勘探潜在目的层系，处于叠合盆地底层，埋深大，且经历多期成岩改造。长城系碎屑岩、蓟县系微生物碳酸盐岩、寒武系颗粒滩白云岩是华北元古宇—寒武系储层形成的物质基础。华北中—新元古代主要经历多期沉积旋回：由粗碎屑岩到细碎屑岩，泥质岩，再到碳酸盐岩类沉积，反映陆相、滨海相到滨浅海相的变化；下部大红峪组中夹中基性火山岩及火山碎屑岩，为大陆裂谷环境。华北中—新元古界发育了碳酸盐岩、碎屑岩两大沉积体系。总体上，中—新元古代大气氧含量低，风化淋滤作用弱，储层物性总体偏差。

第一节　华北中—新元古界微生物碳酸盐岩储层

微生物岩是指由底栖微生物群落通过捕获与粘结碎屑沉积物，或经与微生物活动相关的无机或有机诱导矿化作用在原地形成的沉积岩。微生物碳酸盐岩是分布最为广泛的一类微生物岩，主要包括叠层石、凝块石、树枝石等，发育时代向上可追溯到古太古代，并以中—新元古界、寒武系和奥陶系最为发育。

华北中—新元古界微生物岩主要发育于长城系高于庄组和蓟县系铁岭组、雾迷山组。雾迷山组微生物岩主要以层状叠层石及块状凝块石最为发育，是任丘油田主要产层，储集空间以孔、洞、缝为主，原生孔少见，储层非均质性强。沉积微相及岩溶作用是雾迷山组储层形成与保存的关键因素。部分岩性与物性关系统计表明，华北探区中元古界蓟县系雾迷山组发育藻结构白云岩、高于庄组凝块石云岩是最佳储集层。

近期对鄂尔多斯南缘中条山、秦岭地区野外调查发现，鄂尔多斯盆地及周缘蓟县系发育大套微生物岩。如山西永济王官峪剖面蓟县系洛峪口组和龙家园组均发育大型块状、柱状叠层石白云岩，陕西洛南石门剖面蓟县系巡检司组发育凝块石、叠层石白云岩，含黑色硅质条带、凝块以及硅质碎屑。叠层石局部可见顺层发育的溶孔、溶洞，与微裂隙构成一定的储集空间。目前鄂尔多斯盆地内部尚未钻揭蓟县系优质储层，镇探1井、沙探1井仅钻遇蓟县系致密储层，储集空间主要为残余孔、微裂隙，后期胶结作用强。但从鄂尔多斯盆地内部地层接触关系看，寒武系与长城系、蓟县系之间呈不整合接触，其间缺失了近

10亿年的地层，说明鄂尔多斯盆地在寒武纪之前，经历了长期的暴露与溶蚀，有利于大型岩溶储层的形成。宏观判断，有利相带与岩溶作用叠加部位，特别是鄂尔多斯盆地的西缘、南缘蓟县系缺失线附近的岩溶发育带，仍然有望发现规模有效储层。

总体看，从元古宇到古生界，风化强度加大，储层质量变好。如华北任丘蓟县系雾迷山组，中—新生代有氧改造，发育规模有效储层。任丘油田蓟县系雾迷山组（距今约12亿年）上覆古近系沙河街组（距今约0.2亿年），储层岩性以藻白云岩、叠层石白云岩、结晶白云岩为主，储集空间主要为溶蚀孔洞、裂缝，储层孔隙度主体分布在2.5%～5%。冀中坳陷牛东地区蓟县系经历加里东期、印支—燕山期风化岩溶改造，形成有效储层，沿风化面分布。

第二节　华北中—新元古界碎屑岩储层

中—新元古界长城系以碎屑岩为主，也可以形成有效储层，但总体致密。长城系碎屑岩储层主要为石英砂岩，储集空间以残余粒间孔和次生溶孔为主，局部发育微裂缝，孔隙度一般0.3%～0.5%，以特低孔隙度、特低渗透率或低渗透率为特征。

鄂尔多斯盆地北部中石化杭锦旗探区中元古界已经发现来自上古生界天然气。其中，锦13井已在中元古界砂岩中发现天然气，中途测试3816～23970m^3/d。近期研究表明，鄂尔多斯盆地长城系碎屑岩储层虽然致密，但经历了四期成岩胶结作用，分别是滹沱纪第Ⅰ期颗粒内裂隙；长城纪第Ⅱ期石英加大边；侏罗纪第Ⅲ期石英加大边；晚白垩纪第Ⅳ期切穿颗粒裂隙。长城系储层致密化主因为侏罗系双期石英加大。由此可见，长城系储层现今的致密特征是经历了多期成岩作用形成的，早期储层未必致密，倘若与烃源岩主生烃期匹配合适，仍然有可能捕获烃类流体。事实上，烃类流体包裹体分析已经证实了这种可能，长城系、寒武系储层残留胶质沥青与发育烃类包裹体，表明曾发生过烃类流体运移与聚集。

第三节　华北中—新元古界有利储集相带分布

华北中—新元古界有利储集相带分布受大区构造—古地理格局及其演化的控制。华北中—新元古代盆地演化以克拉通内裂陷的发展壮大、开始萎缩、趋于消亡过程为主线。

长城纪早期（18.5亿—17亿年）哥伦比亚超大陆裂解，裂陷槽围绕环古陆核成群分布，团山子组与大红峪组连续沉积，区域上超覆；长城纪晚期（17亿—14亿年）大红峪组含有火山沉积，代表了裂陷槽发展的相对活跃期；高于庄组构成中元古代最大一次海侵。总体上，长城系在鄂尔多斯盆地西南缘及盆内裂陷槽、徐淮—熊耳裂谷区发育碎屑岩储集相带，燕辽地区、沁水盆地主要发育碳酸盐岩储集相带（图 5–7）。

蓟县期（14 亿—10 亿年）总体处于海平面下降阶段，裂陷槽萎缩，雾迷山组沉积范围最大，之后洪水庄组、铁岭组出现退覆，芹峪抬升使得铁岭组顶部发育富铁的风化壳，与下覆的下马岭组平行不整合接触。蓟县系整体表现为以碳酸盐岩沉积为主，从全区看，华北克拉通西南缘、燕辽地区主要发育碳酸盐岩储集相带（图 5–8）。

受蓟县纪末期的芹峪运动影响，青白口系沉积时期（10 亿—8.5 亿年）西部的裂陷—沉降活动趋于结束，沉降中心向东移动，裂陷范围趋于萎缩，新元古界整体退覆。该时期在华北克拉通南缘陕南—豫西—徐淮一带发育碳酸盐岩储集相带，近东西向呈条带状展布，在克拉通北缘巴彦诺日公苏木—阴山—燕辽地区发育碎屑岩储集相带，近东西向展布，沉降中心位于京津地区（图 5–9、图 5–10）。

震旦—寒武纪（8 亿—5.7 亿年）克拉通内大型裂陷槽趋于萎缩乃至消亡，此时的华北古陆已经准平原化，海水整体向东、向北入侵，克拉通边缘局部呈隆凹地貌。在华北克拉通南缘徐淮—豫西—陕南一带主要发育近东西向的碳酸盐岩和碎屑岩储集相带（图 5–11），垂直于克拉通边缘、向盆地内部延伸的局部小型隆凹地貌，有利于成藏组合发育。

任丘潜山雾迷山组碳酸盐岩与溶蚀作用有关的风化壳型储层（铸体薄片）

任丘潜山雾迷山组碳酸盐岩与白云岩化作用有关的白云岩晶间孔隙（铸体薄片）

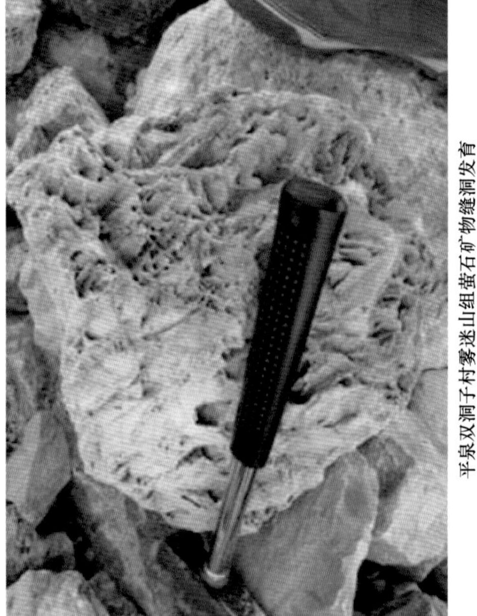
平泉双洞子村雾迷山组萤石矿物缝洞发育

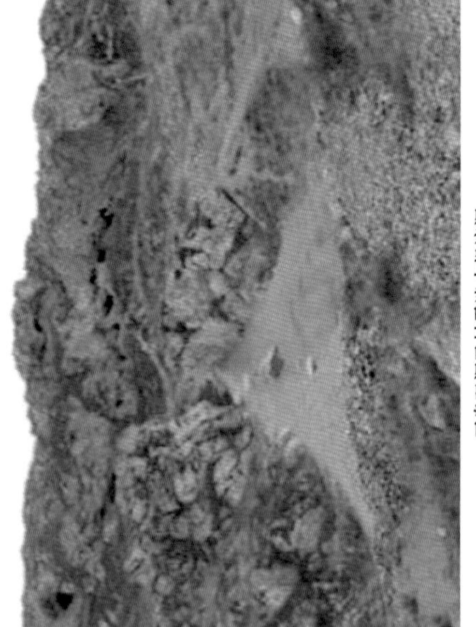
平泉双洞子村雾迷山组溶洞

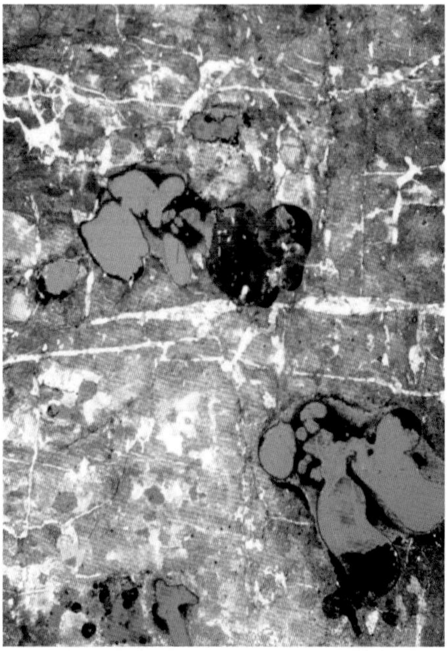

图 5-1　冀辽地区中—新元古界碳酸盐岩储层评价图

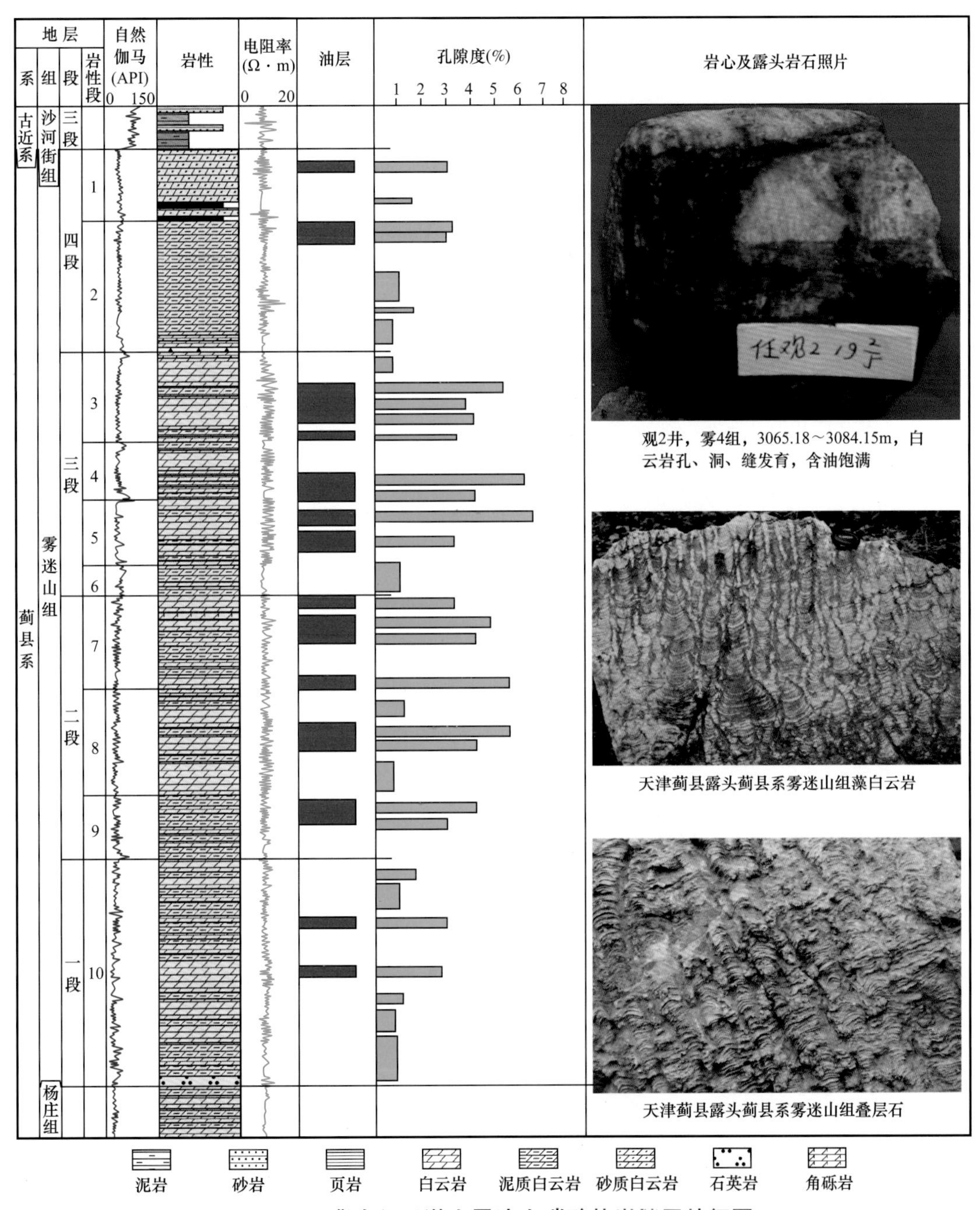

图 5-2　冀中任丘潜山雾迷山碳酸盐岩储层特征图

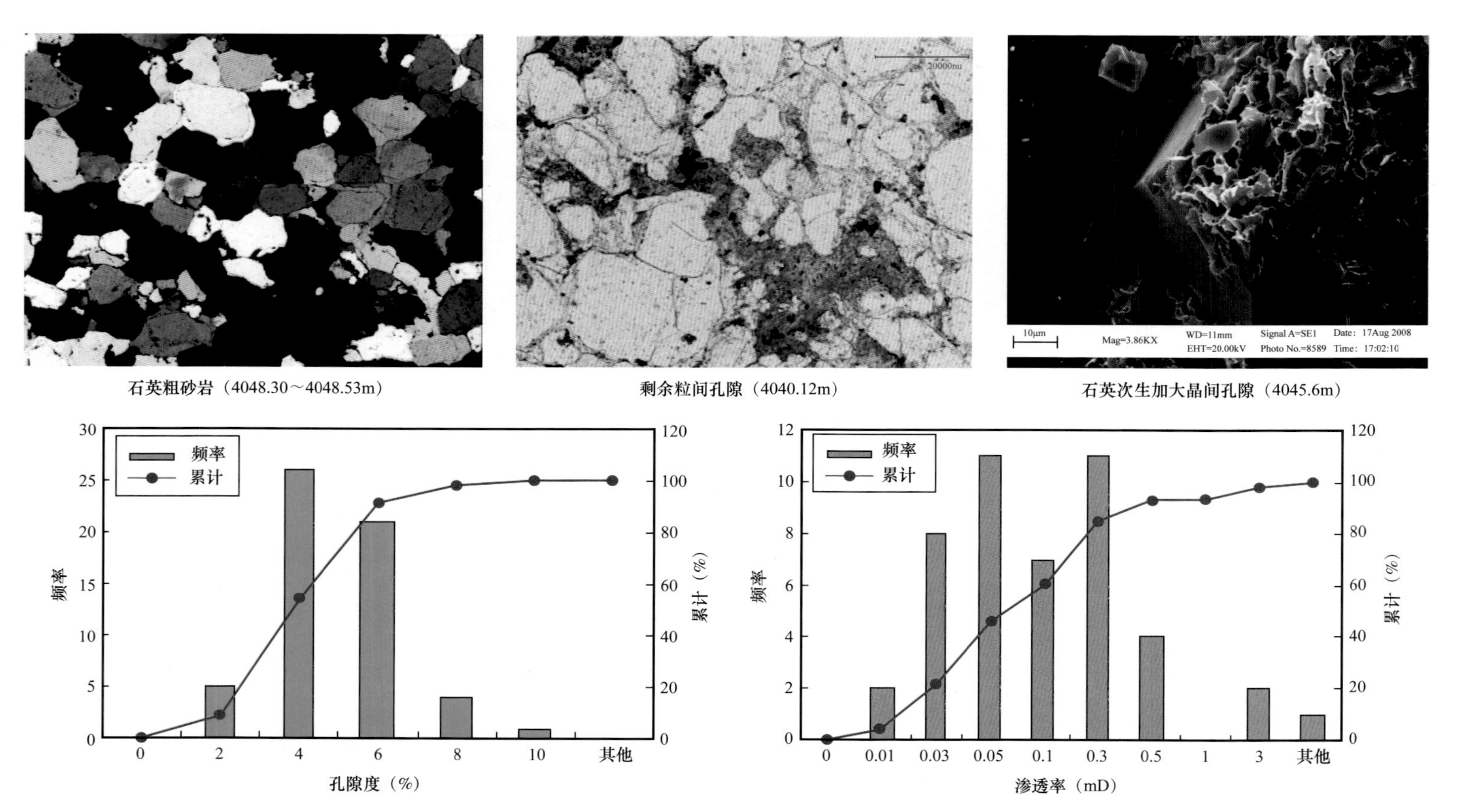

图5-3　鄂尔多斯盆地克1井长城系砂岩孔隙结构特征图

图 5-4　鄂尔多斯盆地杭探 1 井长城系砂岩特征图

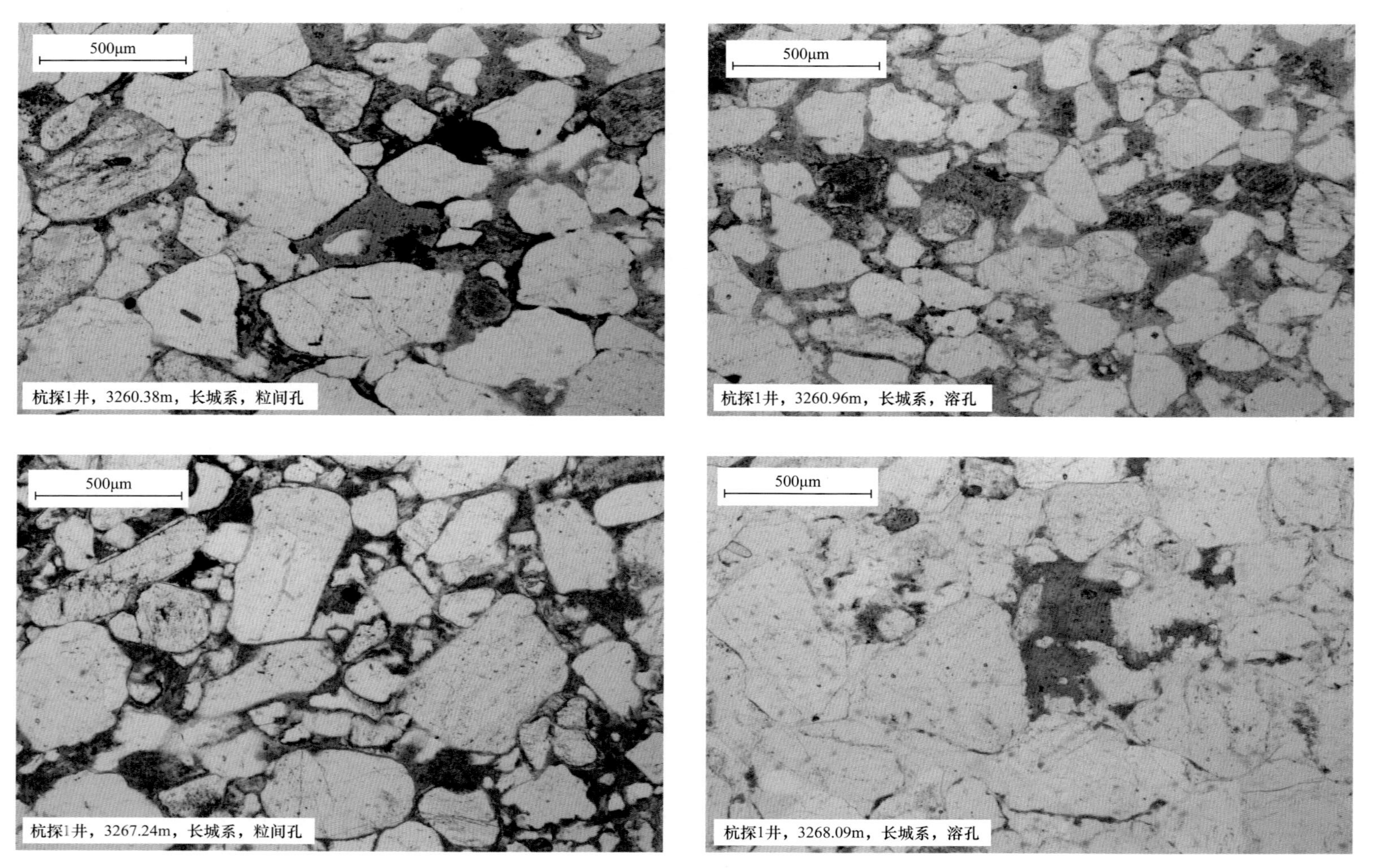

图 5-5 鄂尔多斯盆地杭探 1 井长城系砂岩孔隙特征图

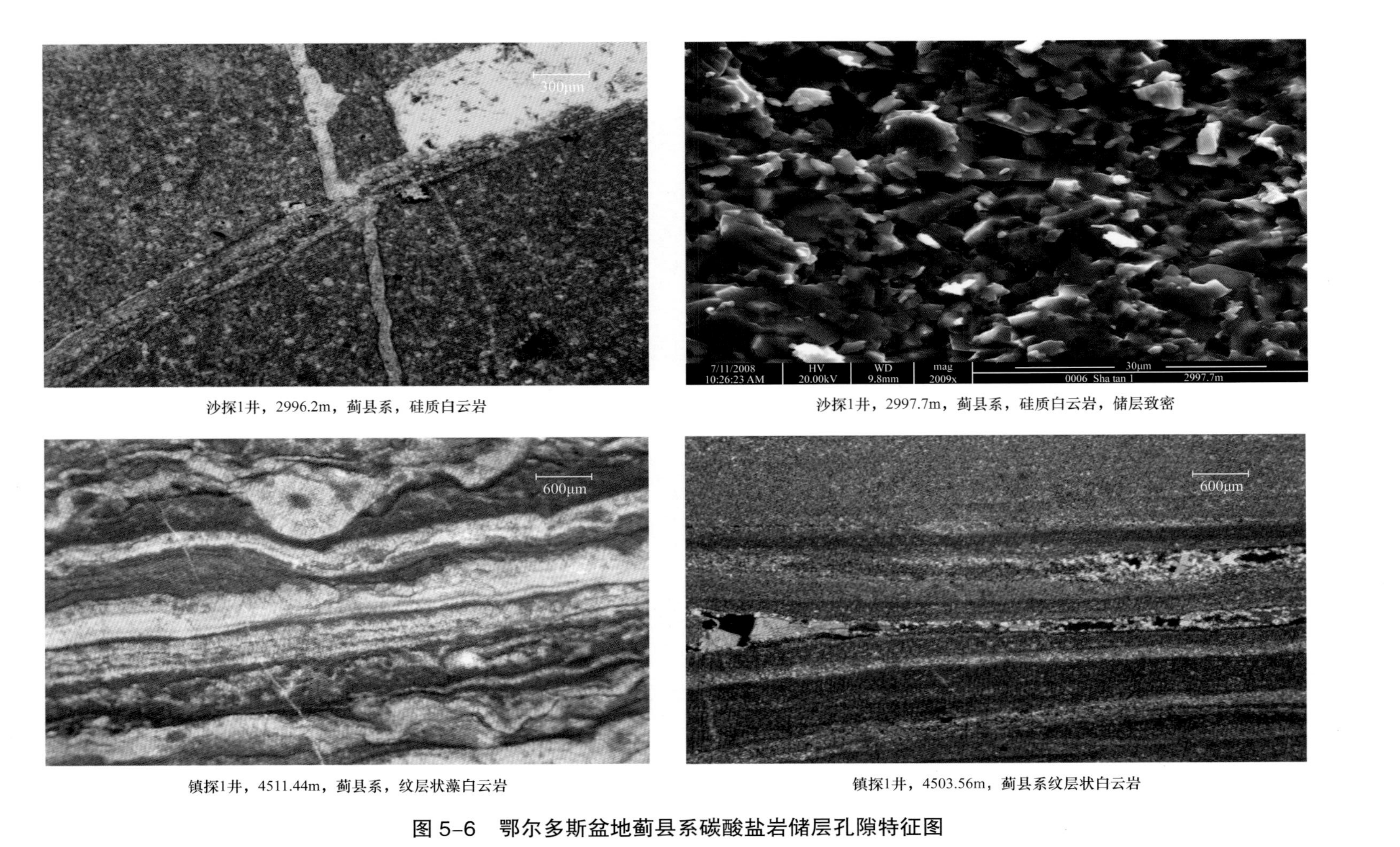

沙探1井，2996.2m，蓟县系，硅质白云岩

沙探1井，2997.7m，蓟县系，硅质白云岩，储层致密

镇探1井，4511.44m，蓟县系，纹层状藻白云岩

镇探1井，4503.56m，蓟县系纹层状白云岩

图5-6　鄂尔多斯盆地蓟县系碳酸盐岩储层孔隙特征图

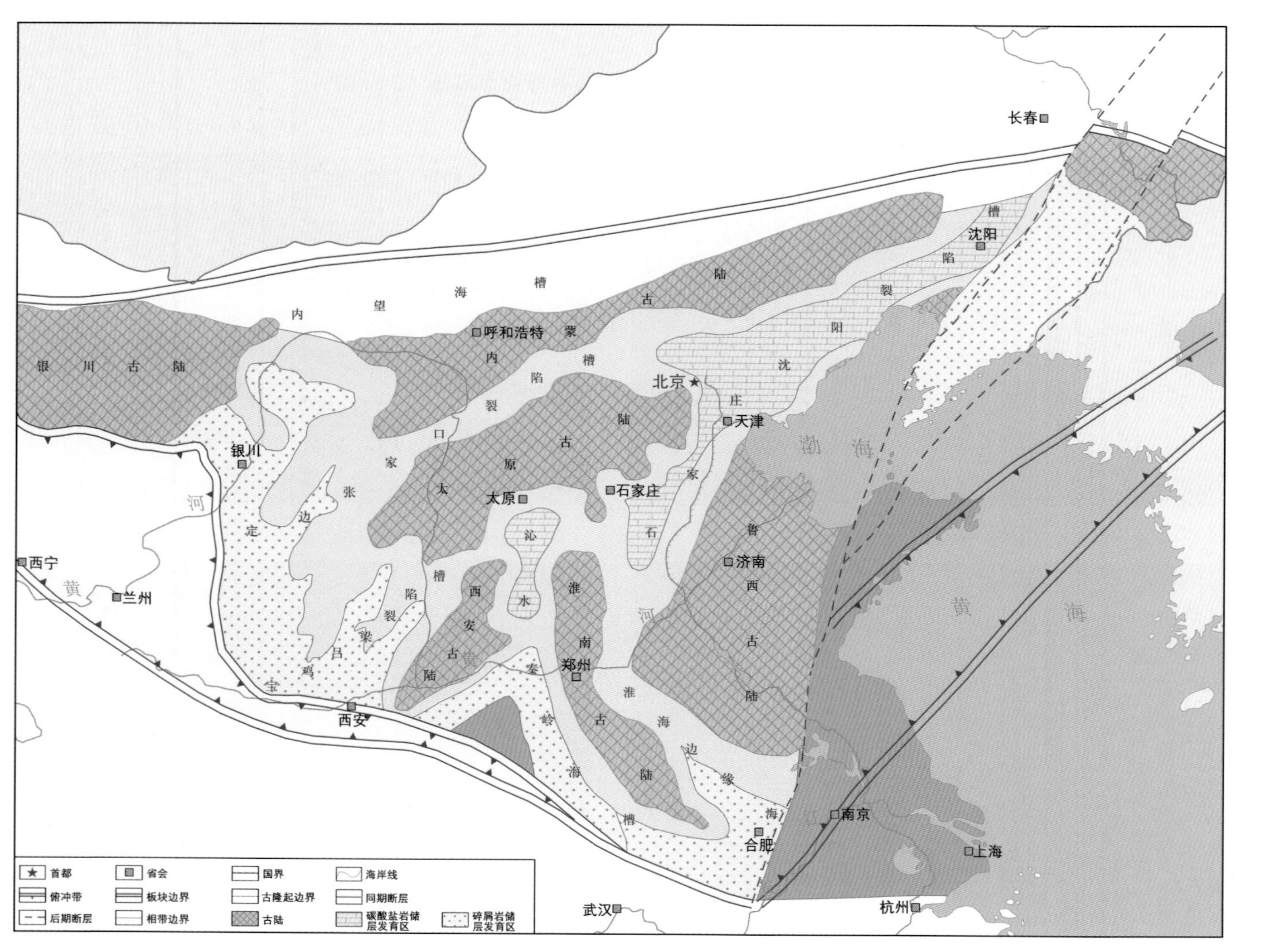

图 5-7 华北中元古界长城系储层分布与预测图

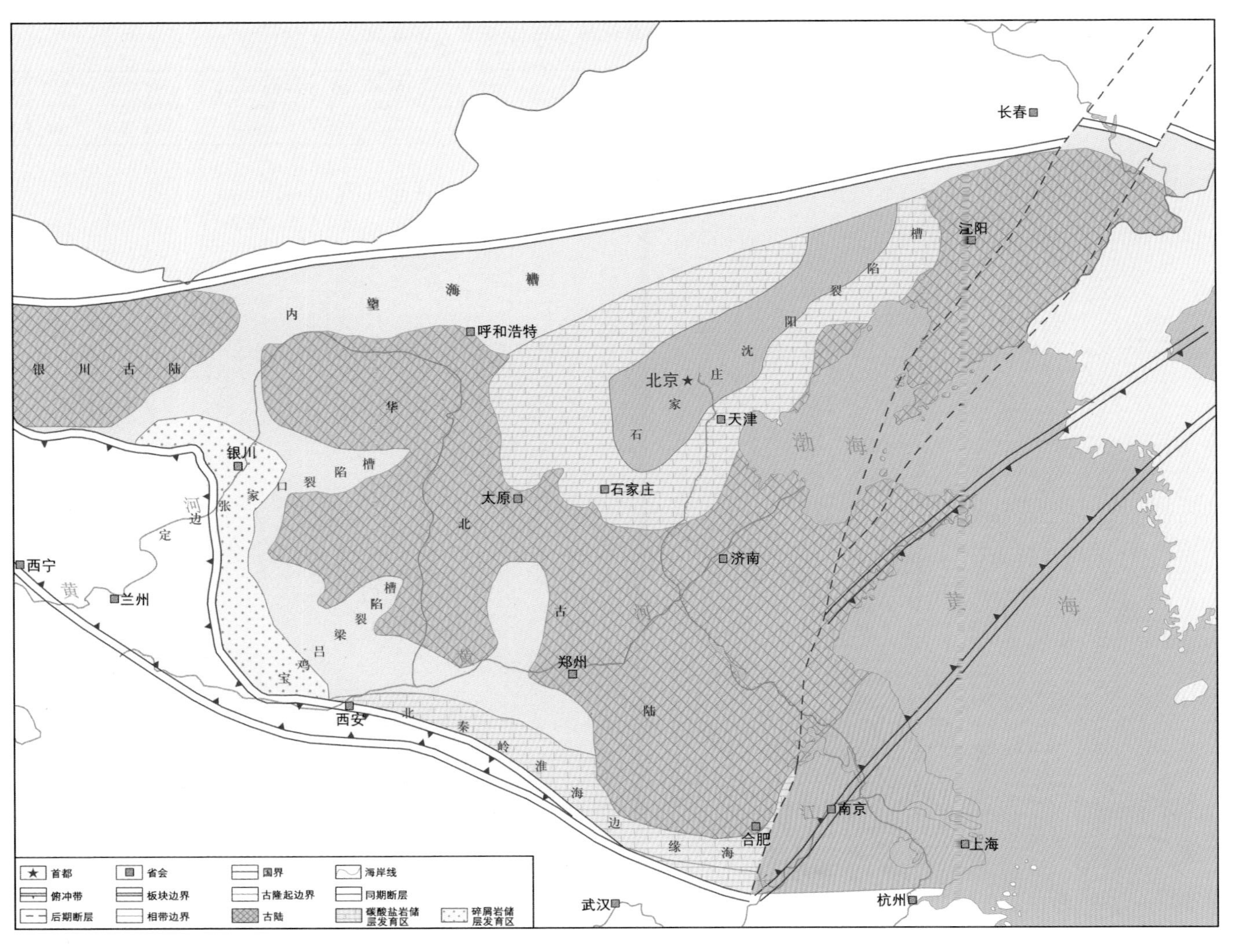

图 5-8 华北中元古界蓟县系储层分布与预测图

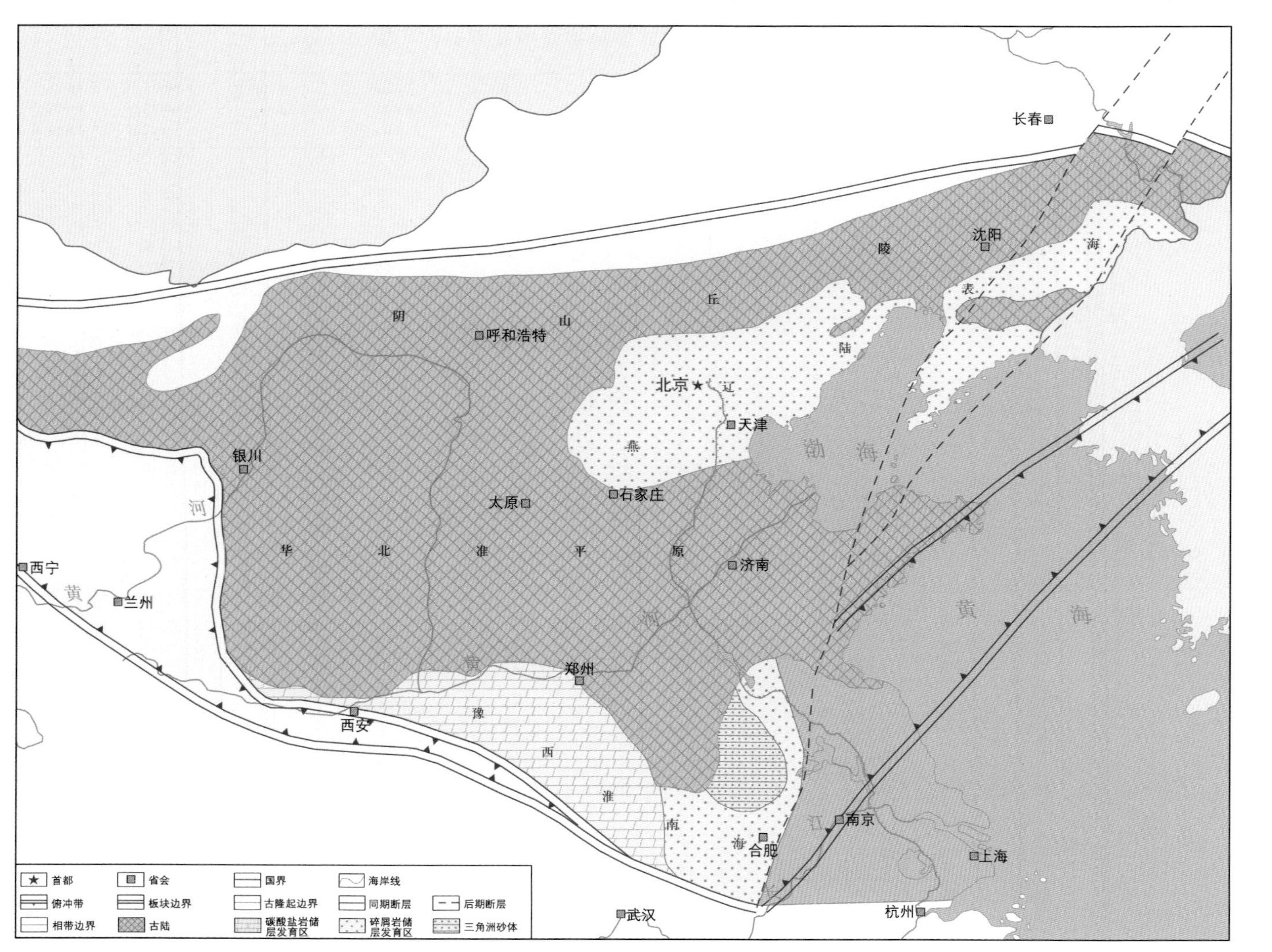

图 5-9　华北中元古界待建系储层分布与预测图

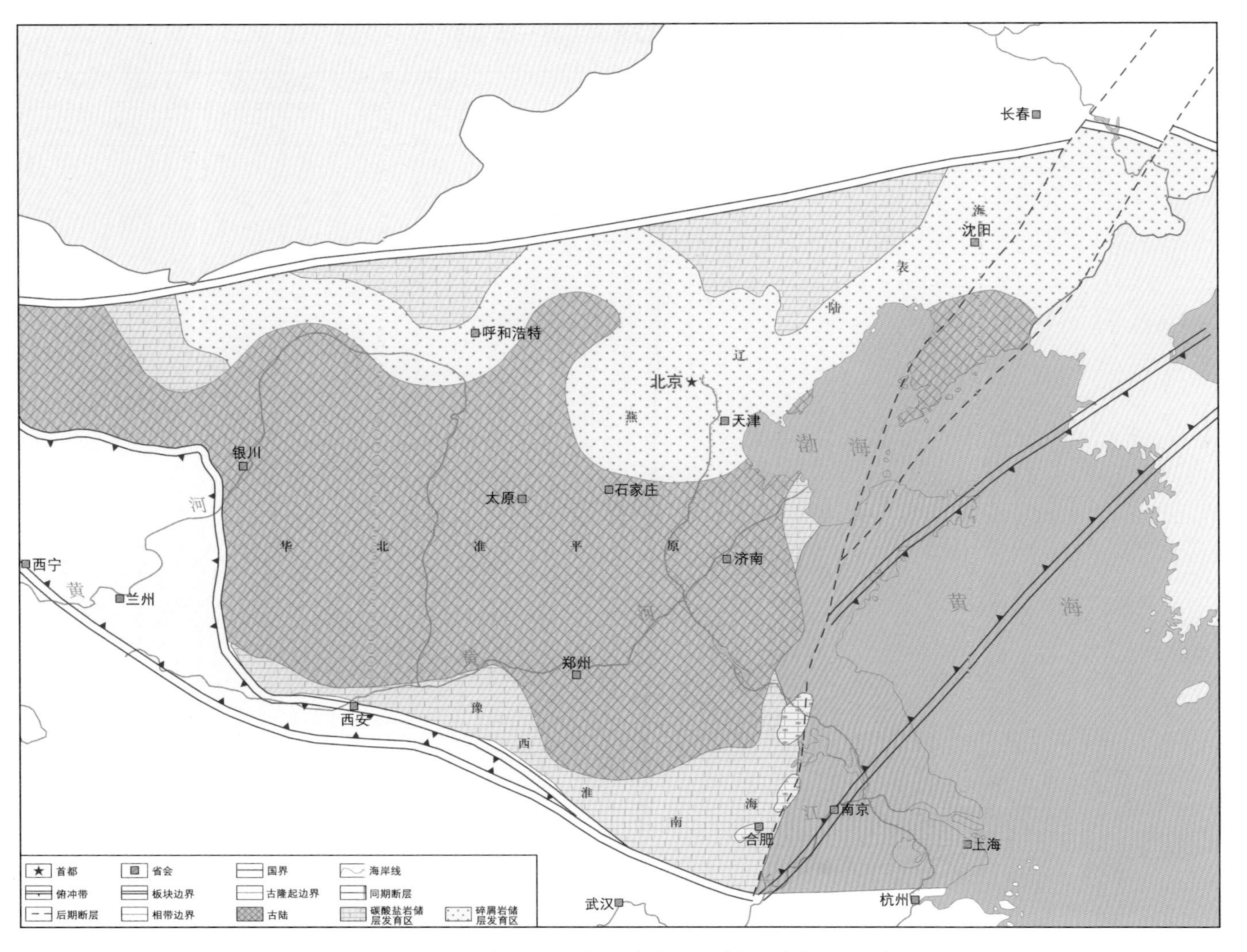

图 5-10　华北中—新元古界青白口系储层分布与预测图

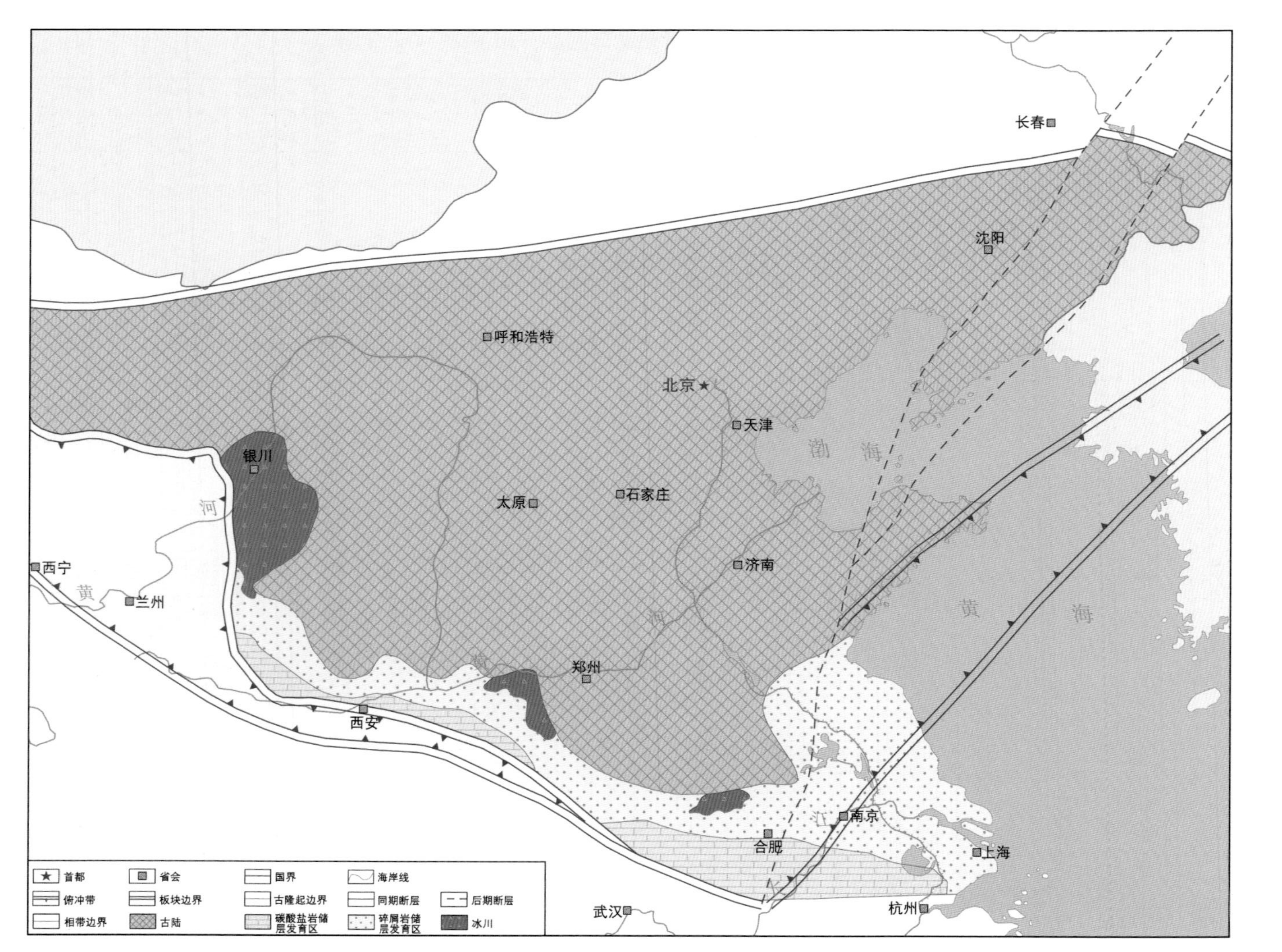

图 5-11　华北中—新元古界震旦系储层分布与预测图

第六章　含油气远景预测

中国中—新元古界古老、有机质热演化程度高，且经历了多期构造运动叠加改造，成藏有效性及勘探前景一直备受质疑。安岳大气田的发现让人们认识到，华北元古界这样的古老层系，仍然可以找到大气田。类比安岳大气田的形成，华北克拉通中—新元古界能否找到新的克拉通内裂陷，是否存在有利的成藏组合，已成为该领域能否勘探突破的关键。总体看，燕辽地区烃源岩厚度大、丰度高、热演化低（生油—湿气阶段），多套优质岩溶储层、盖层好，但构造破坏作用强，保存是关键；沁水盆地位于裂陷槽区，推测存在生烃中心；中—新元古界保存完整，保存条件好；鄂尔多斯盆地烃源岩厚度、丰度分布不均，演化程度高（干气阶段），碳酸盐岩、碎屑岩储层均发育，保存条件好。

第一节　成藏组合类型及特征

根据源储配置关系，华北中—新元古界发育新生古储、古生新储、自生自储（含非常规）三类成藏组合（图 6–1、图 6–2）。

一、新生古储型

新层系烃源岩向老层系储层供烃。典型实例有四川盆地筇竹寺组烃源岩—灯影组储层、华北冀中坳陷古近—新近系烃源岩—雾迷山组储层等组合，前者表现为裂陷槽控制的生烃中心侧向供烃，后者表现为古近—新近系生烃凹陷与潜山型储层对接供烃。从勘探现状看，这种组合实性最好。当前，四川盆地腹部应立足南华—寒武系，继续探索裂陷槽控制的常规天然气富集带；华北克拉通应以新生古储次生型油气藏为主，渤海湾盆地深层潜山型次生油气藏应引起重视。

二、古生新储型

老层系烃源岩向新层系储层供烃，多表现为下生上储。华北克拉通主要有燕辽地区洪水庄组烃源岩—铁岭组储层、高于庄组烃源岩—雾迷山组储层等组合，鄂尔多斯盆地长城系烃源岩—蓟县系储层、长城系烃源岩—寒武系储层等组合。这种组合勘探现实性相对较差：在燕辽地区，后期改造破坏严重，保存条件差；在鄂尔多斯，源灶中心在盆内分布不明，且元古界储层致密或不发育。

三、自生自储型

一类是烃源岩向本层系储层供烃，如鄂尔多斯盆地长城系泥质烃源岩—砂岩储层等组合。以桃59井区为例，长城系烃源岩长期处于低成熟阶段，古生代晚期以来进入主生烃期。元古宇致密储层与烃源岩主生烃期不匹配，自生自储型组合成藏有效性差。下古生界直接覆盖在长城系之上，且与烃源岩主生烃期匹配好，元古宇—下古生界次生型成藏组合有利。沁水盆地的长城系烃源岩在晚元古代即进入主生烃期。蓟县系白云岩储层与烃源主生烃期匹配好，元古宇自生自储型成藏组合有效性好，但原生气藏能否留存至今，保存条件是关键。

总体看，华北中新元古界自身形成的原生型组合勘探现实性差，古近—新近系作源、中—新元古界作储或中—新元古界作源、古生界作储的次生型组合勘探现实性好，元古宇—寒武系烃源岩自生自储的页岩气值得高度重视。

第二节　有利成藏组合发育区

华北地台于18亿年固结（克拉通化），受哥伦比亚大陆裂解（16亿—13亿年）影响，开始板内裂解，至少发育燕辽裂陷槽、熊耳中条裂陷槽、白云鄂博—渣尔泰裂陷槽、贺兰山裂陷槽、晋陕裂陷槽等5个裂陷槽，裂陷槽区沉积充填了数千米的长城系、蓟县系，发育多套优质烃源岩与碳酸盐岩储层，是成藏组合发育的物质基础。以航磁资料解译为基础，对鄂尔多斯盆地、沁水盆地、渤海湾盆地重点地区的二维地震测线进行重新处理解释，揭示深层地质结构；结合野外露头剖面、关键钻井资料，编制华北克拉通重点层系残余厚度图，进而刻画裂陷槽形态、走向及展布，以裂陷槽为评价单元，预测了华北克拉通中—新元古界含油气远景区（图6-3至图6-7）。

一、鄂尔多斯盆地

鄂尔多斯盆地深层发育NE走向长城系裂陷群，裂陷整体呈NE—SW向延伸，延伸前缘表现为支脉状分叉，与长城系SW—NE减薄趋势一致。盆地北部的甘陕裂陷槽向NE延伸到大同地区，可能与北缘的兴蒙裂陷槽连通；盆地南部的晋陕裂陷槽向东延伸穿过沁水盆地南部，可能与燕辽裂陷槽连通。贯穿鄂尔多斯盆地的二维地震测线显示，中元古界长城系、蓟县系均有深大断裂和裂陷槽的响应特征，表现为双断或单断堑垒相间样式。受裂陷槽控制，鄂尔多斯盆地内部长城系可能发育有效烃源岩，其分布与长城系裂陷槽形态基本一致。受后期地层抬升剥蚀影响，盆地内部缺失待建系、青白口系、南华系、震旦系，大部分地区为寒武系、甚至奥陶系直接覆盖于长城系之上；盆地西缘、南缘残留蓟县系和震旦系，地层缺失线呈“L”形展布。

综合分析，鄂尔多斯盆地元古宇—寒武系可能发育三种潜在的成藏组合：一是长城—蓟县系组合，裂陷槽区为源灶中心，蓟县系叠层石白云岩在地层缺失带附近形成岩溶储层，裂陷槽边缘与蓟县系叠加部位，源储配置有利，形成下生上储型成藏组合；二是长城—寒武系或奥陶系组合，裂陷槽区为源灶中心，可以向上覆寒武系或奥陶系颗粒滩白云岩供烃，形成古生新储型成藏组合；三是长城系内部组合，即在古隆起附近，长城系烃源岩向长城系致密砂岩储层供烃，形成自生自储型成藏组合。

需要强调的是，鄂尔多斯盆地元古宇—寒武系勘探有利区评价，核心是长城系烃源岩的确定。只要存在可靠的烃源岩，即使元古宇储层不发育，也会向上覆寒武系、奥陶系乃至更新层系供烃。相应地，油气勘探可以寻找以长城系源灶为中心的古生新储型成藏组合。

二、沁水盆地

重新处理地震资料发现，沁水盆地南部深层发育 SN 向中元古代克拉通内裂陷。比对冀中坳陷雾迷山组中部和杨庄组强相位反射，确定寒武系底、蓟县系雾迷山组底、杨庄组底、太古宇顶等 4 个关键界面。该区虽无钻井资料，但从地震反射追踪看，长城系、蓟县系保存相对完整，地层厚度从盆地中心向盆缘变薄。推测该裂陷槽既是熊耳裂陷槽向克拉通内部的延伸，又是燕辽、晋陕两大裂陷槽的交会部位。关键反射界面构造成图显示，该区元古宇—寒武系发育 10～12 个构造圈闭，面积 23～92km^2，顶界埋深 4800～6600m，闭合高度 80～220m。推测裂陷槽发育区，可能存在有效成藏组合和勘探有利区。

三、渤海湾盆地

渤海湾盆地拼接大剖面显示，中—新元古界—寒武系中新生代改造强烈，纵向上深大断裂贯穿元古宇—古近—新近系全部地层。受断块掀斜作用影响，中新生代断陷盆地凹陷中心发育巨厚的古近—新近系烃源岩，往往与元古宇—寒武系侧向接触，形成新生古储型成藏组合。因此，渤海湾盆地中新元古界勘探仍然要重视潜山型油气藏。除任丘风化壳型潜山外，近期应高度重视以元古宇—寒武系为储层的内幕型潜山勘探，北大港、羊二庄、增福台等潜山发育带应是勘探有利区。

此外，渤海湾盆地中—新元古界原生油气藏仍需持续探索。燕辽地区中—新元古界发现油苗 70 多处，昭示曾经发生过规模性生排烃活动；下马岭组、洪水庄组、串岭沟组三套优质烃源岩在燕辽地区广泛分布，且热演化程度适中，目前尚处生油和生气早期阶段；蓟县系铁岭组、雾迷山组广泛发育微生物岩优质储层，纵向上有多套源—储组合。但从成藏有效性看，关键是后期保存。综合评价认为，冀北坳陷、冀中坳陷北部地区，古近—新近系覆盖完整，保存相对有利，坳陷内保存相对完整的构造带，是寻找原生型油气藏的有利区。

第三节　有利勘探目标区

在综合地质评价基础上，依据全区元古宇顶面构造纲要及构造单元，初步明确华北中元古界有利勘探方向和区带（图 6-8），提出勘探目标，推动超前领域向现实领域转化。共优选冀北坳陷、冀中坳陷北部、沧县隆起北段、歧口凹陷、高阳低凸起、沁水盆地南部、鄂尔多斯盆地东南缘、鄂尔多斯盆地西缘、鄂尔多斯盆地南缘等 9 个有利勘探目标区。其中，鄂尔多斯盆地东南缘鼻状构造带黄龙背斜、鄂尔多斯盆地西缘冲断带环县西背斜、渤海湾盆地大厂凹陷南部断裂构造带侯尚村背斜、沁水盆地南部断裂构造带长治西背斜 4 个有利勘探区带值得近期勘探重视。

一、黄龙背斜带目标区

鄂尔多斯盆地东南缘中—新元古界裂陷槽深，可能发育长城—震旦系多套烃源岩系。黄龙背斜地区，断裂发育，背斜圈闭完整，规模较大，中—新元古界埋藏浅。建议探索寒武系—中—新元古界含油气情况。

二、环县西背斜带目标区

鄂尔多斯盆地西缘冲断带主要发育长城系烃源岩，页岩厚度大，有机质含量高，是优质烃源岩。冲断带断裂发育，背斜圈闭完整，规模较大，勘探程度低，中—新元古界埋藏适中。建议探索寒武系—中—新元古界含油气情况。

三、长治西断裂带背斜目标区

沁水盆地中—新元古界裂陷槽规模大，是燕辽裂陷槽与鄂尔多斯裂陷槽过渡带，发育长城系烃源岩系沁水盆地南部断裂发育，断裂背斜多，圈闭完整，规模较大，勘探程度低，中—新元古界埋藏适中。建议探索寒武系—中—新元古界含油气情况，同时加快沁水盆地中—深层矿权登记。

四、侯尚村背斜带目标区

大厂凹陷位于燕辽裂陷槽沉积中心，中新元古界发育多套页岩，是华北地区中—新元古界烃源岩最发育地区（图 6-9 至图 6-11）。大厂凹陷南部断裂发育，背斜圈闭完整，规模较大，勘探程度低，中新元古界埋藏浅。建议探索寒武系—中—新元古界含油气情况。

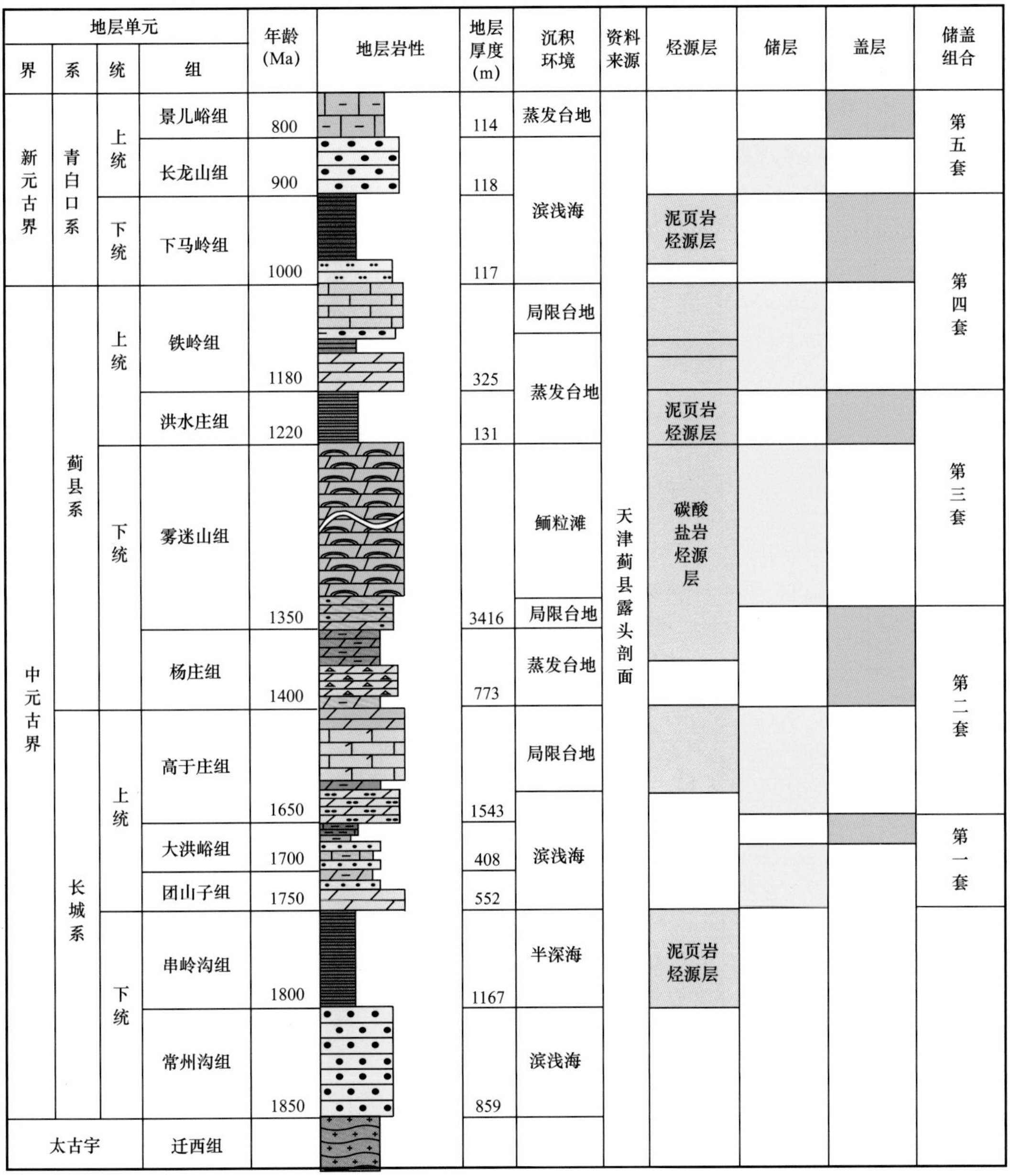

地层单元				年龄(Ma)	地层岩性	地层厚度(m)	沉积环境	资料来源	烃源层	储层	盖层	储盖组合
界	系	统	组									
新元古界	青白口系	上统	景儿峪组	800		114	蒸发台地	天津蓟县露头剖面				第五套
			长龙山组	900		118	滨浅海					
		下统	下马岭组	1000		117			泥页岩烃源层			第四套
中元古界	蓟县系	上统	铁岭组	1180		325	局限台地					
			洪水庄组	1220		131	蒸发台地		泥页岩烃源层			第三套
		下统	雾迷山组	1350		3416	鲕粒滩 局限台地		碳酸盐岩烃源层			
			杨庄组	1400		773	蒸发台地					第二套
	长城系	上统	高于庄组	1650		1543	局限台地					
			大洪峪组	1700		408	滨浅海					第一套
			团山子组	1750		552						
		下统	串岭沟组	1800		1167	半深海		泥页岩烃源层			
			常州沟组	1850		859	滨浅海					
太古宇			迁西组									

图 6-1　燕辽地区中—新元古界储盖组合分布特征图

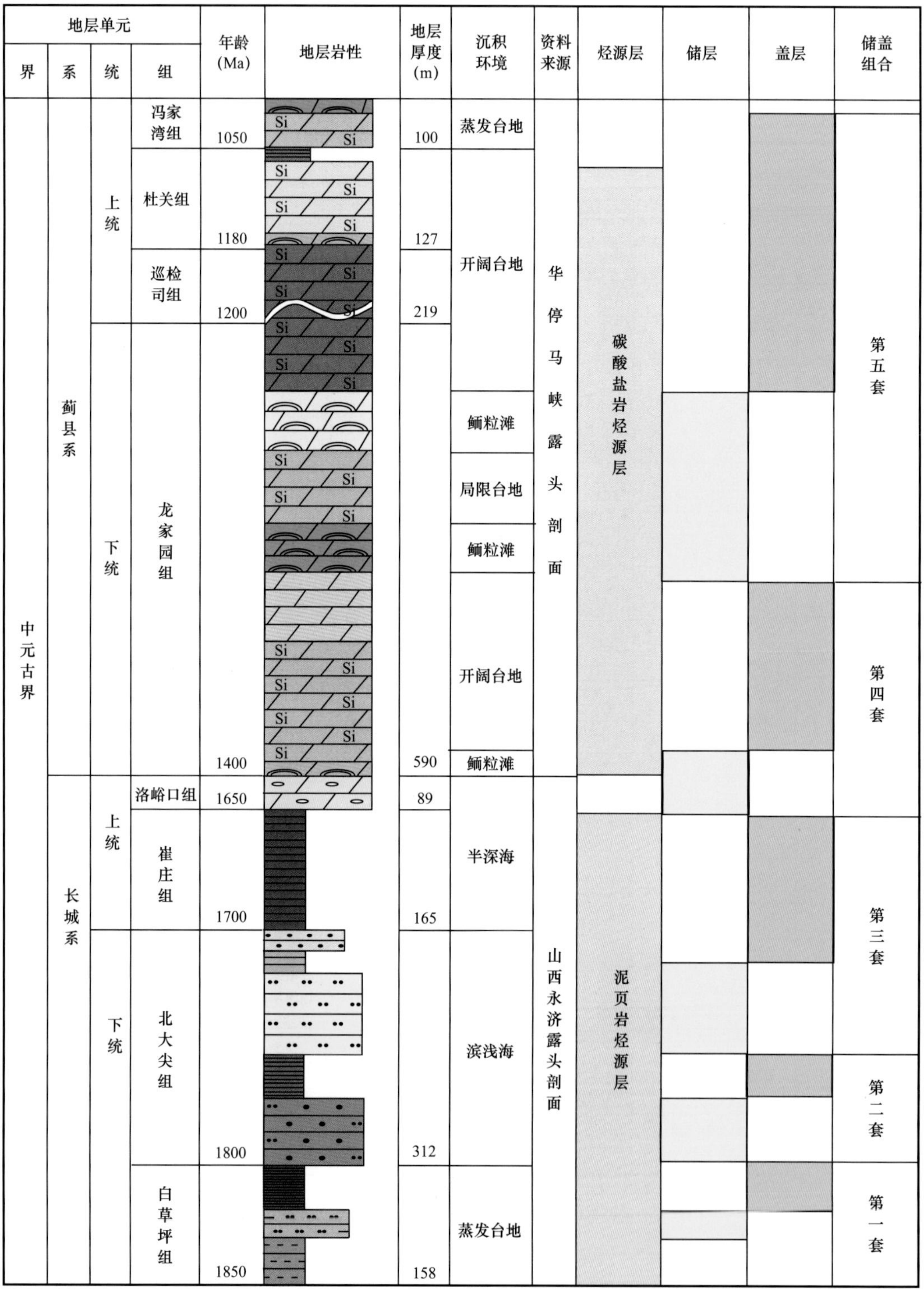

地层单元				年龄(Ma)	地层岩性	地层厚度(m)	沉积环境	资料来源	烃源层	储层	盖层	储盖组合
界	系	统	组									
中元古界	蓟县系	上统	冯家湾组	1050		100	蒸发台地	华停马峡露头剖面				第五套
			杜关组	1180		127	开阔台地		碳酸盐岩烃源层			
			巡检司组	1200		219						
		下统	龙家园组				鲕粒滩					
							局限台地					
							鲕粒滩					
							开阔台地					第四套
				1400		590	鲕粒滩					
	长城系	上统	洛峪口组	1650		89	半深海	山西永济露头剖面				第三套
			崔庄组	1700		165			泥页岩烃源层			
		下统	北大尖组	1800		312	滨浅海					第二套
			白草坪组	1850		158	蒸发台地					第一套

图 6-2　鄂尔多斯盆地中—新元古界储盖组合分布特征图

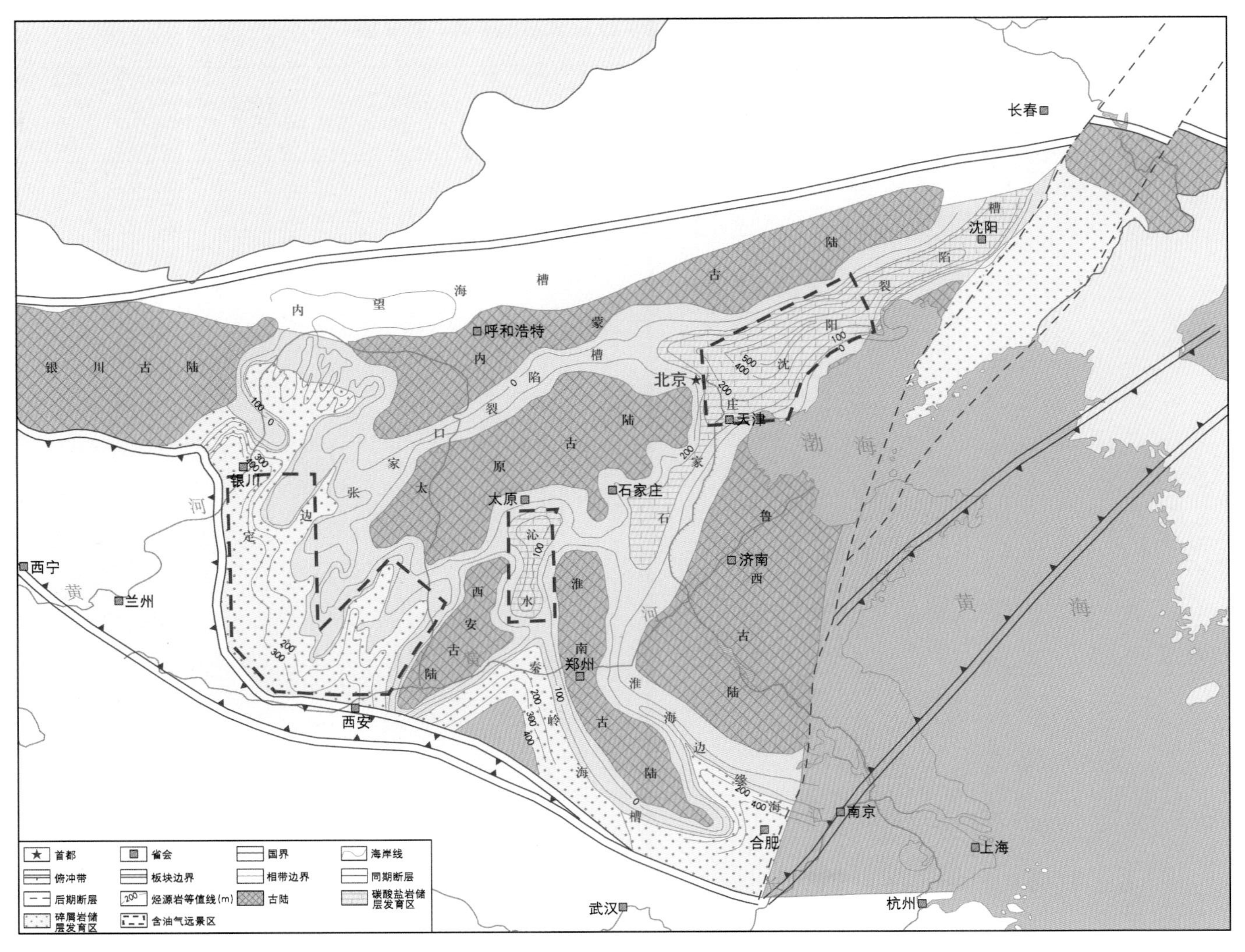

图 6-3　华北中元古界长城系含油气远景区预测图

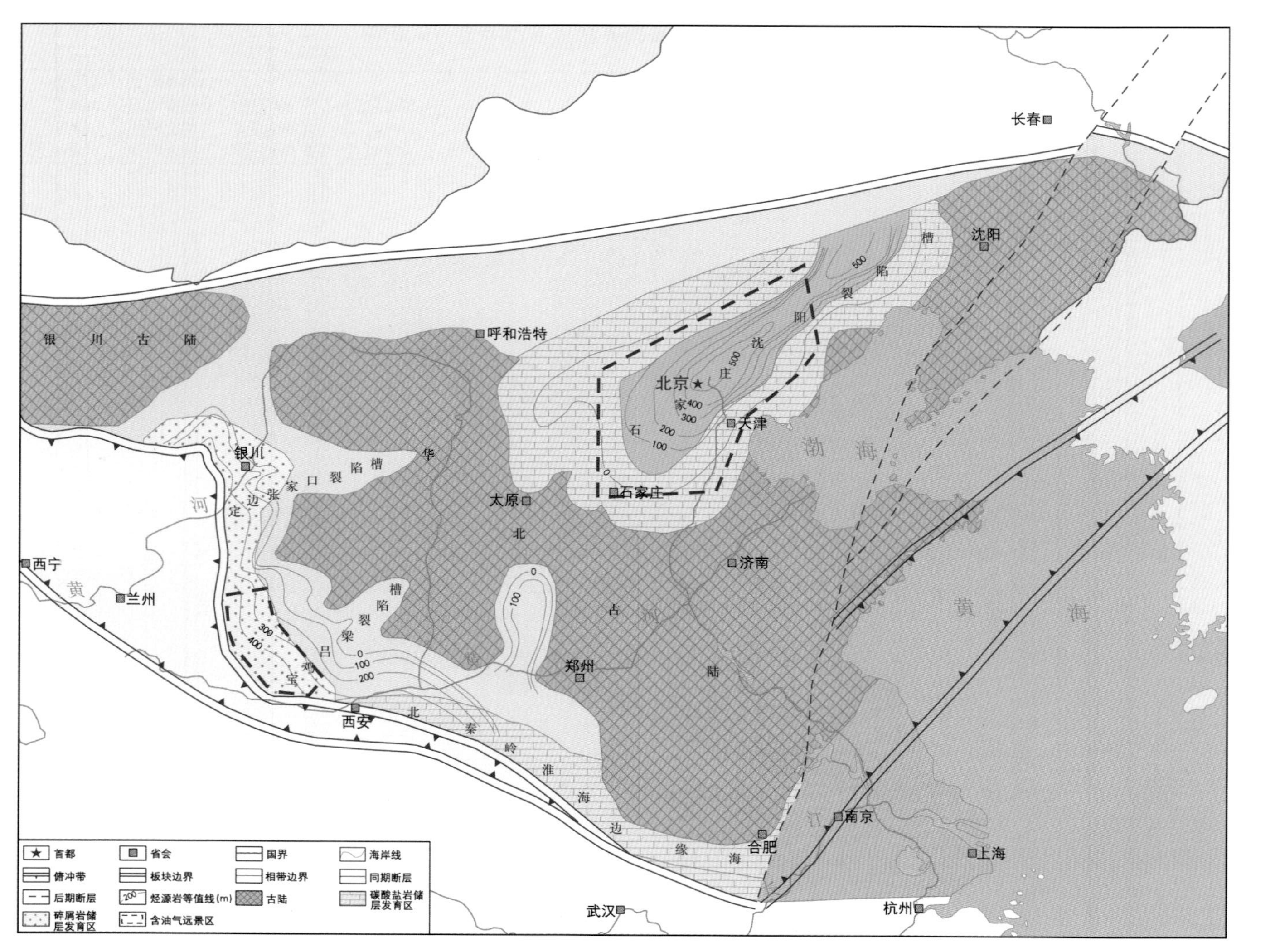

图 6-4 华北中元古界蓟县系含油气远景区预测图

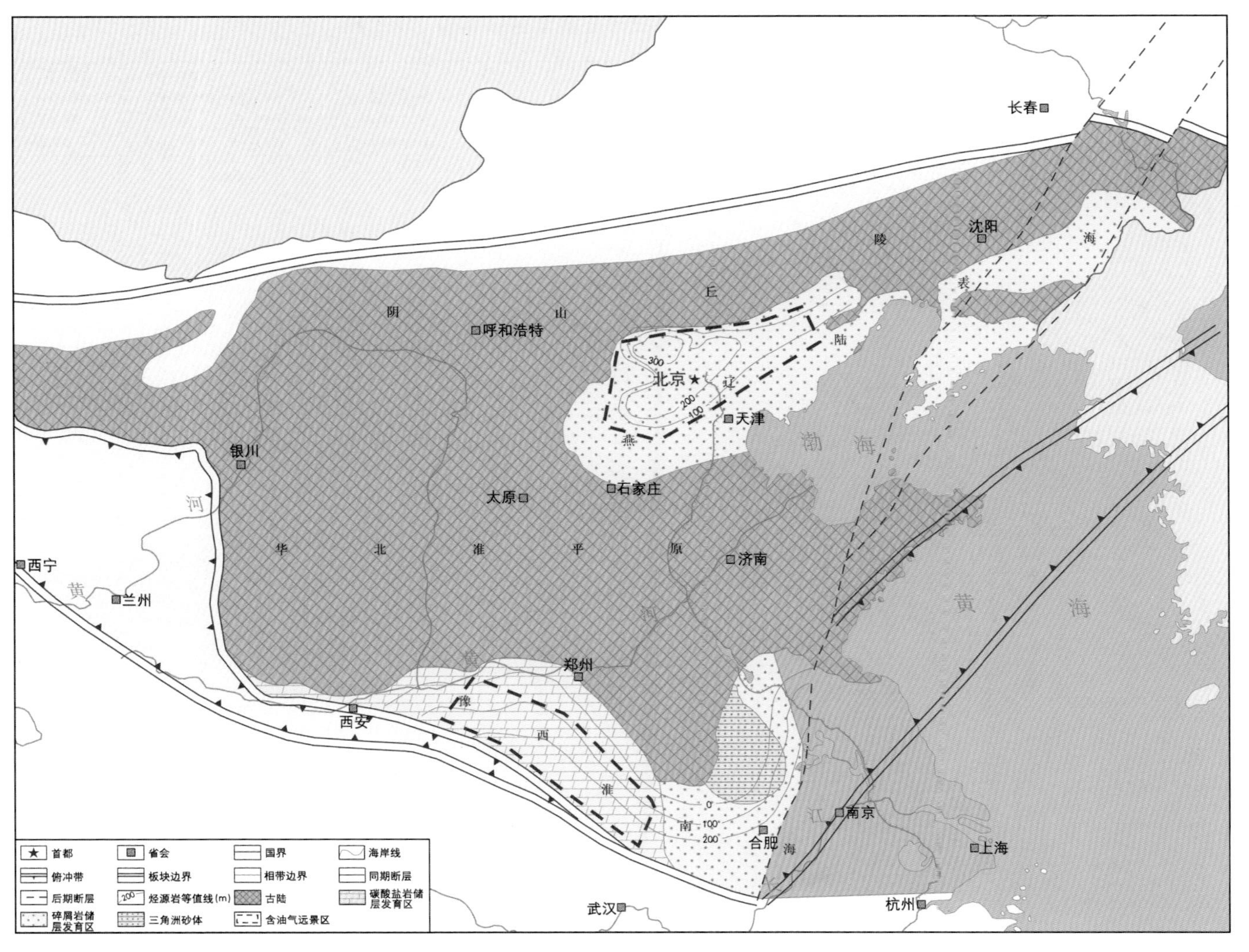

图 6-5　华北中元古界待建系含油气远景区预测图

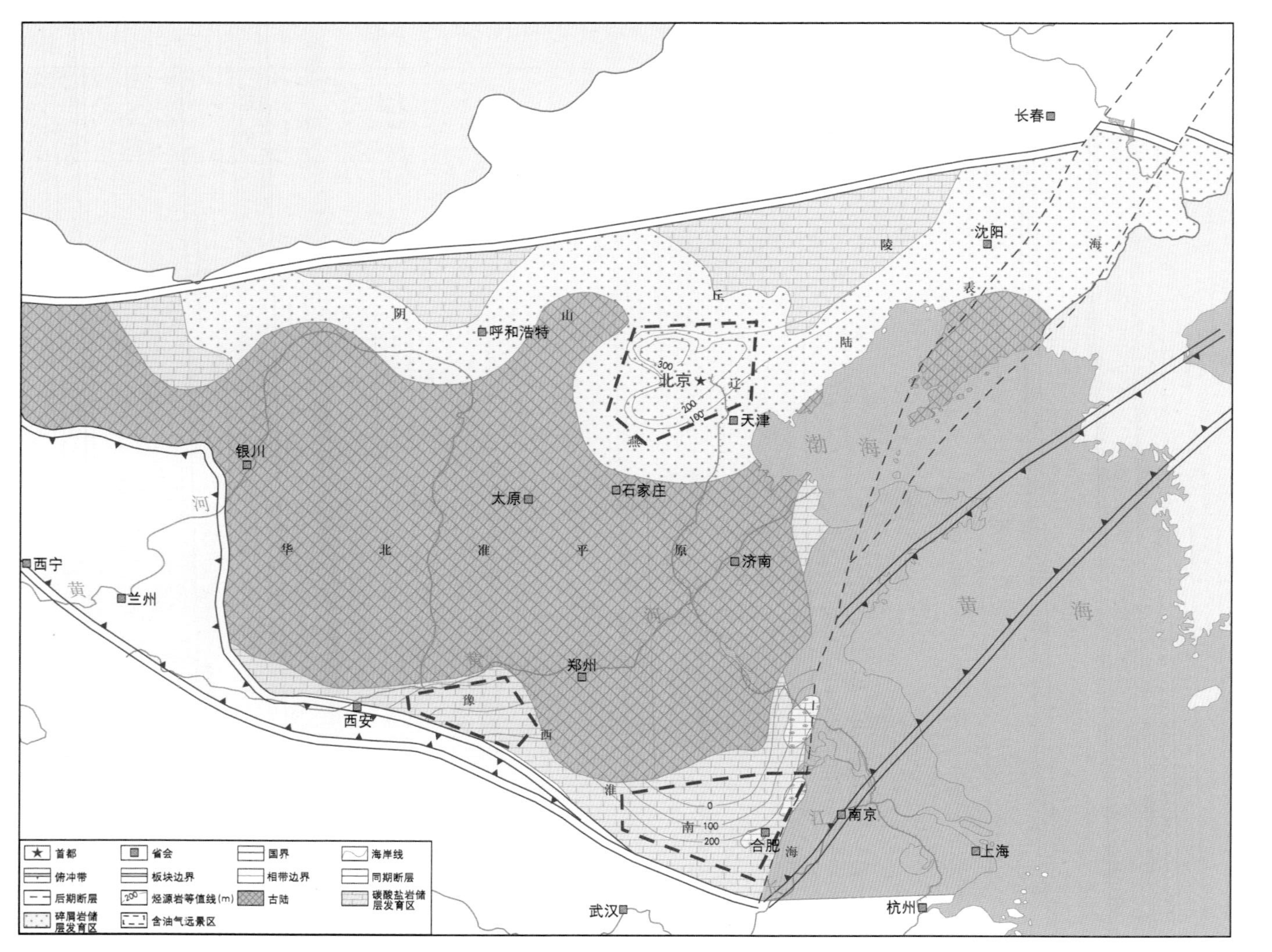

图 6–6 华北新元古界青白口系含油气远景区预测图

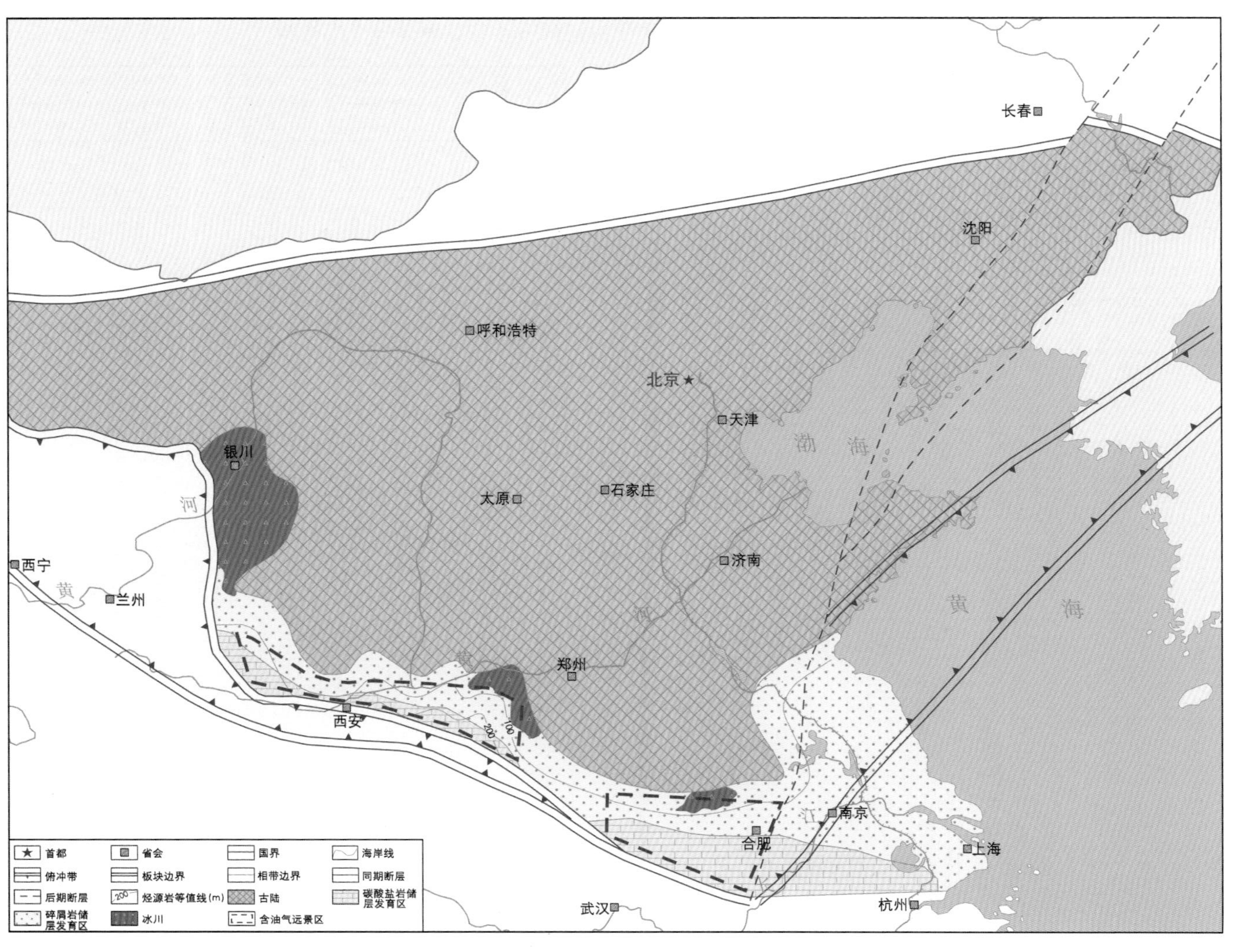

图 6-7 华北新元古界震旦系含油气远景区预测图

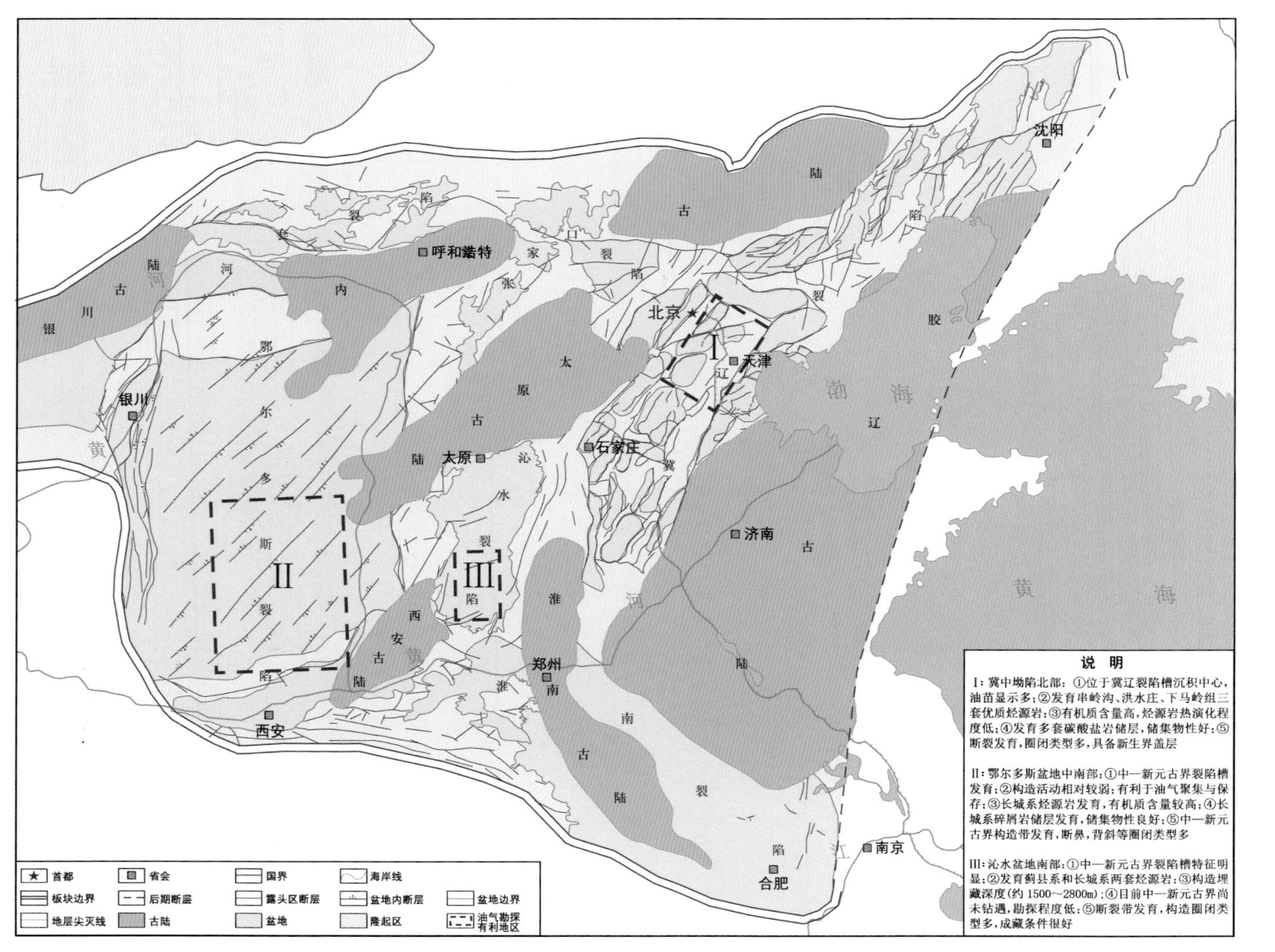

图 6-8　华北中—新元古界构造纲要及油气勘探有利地区分布图

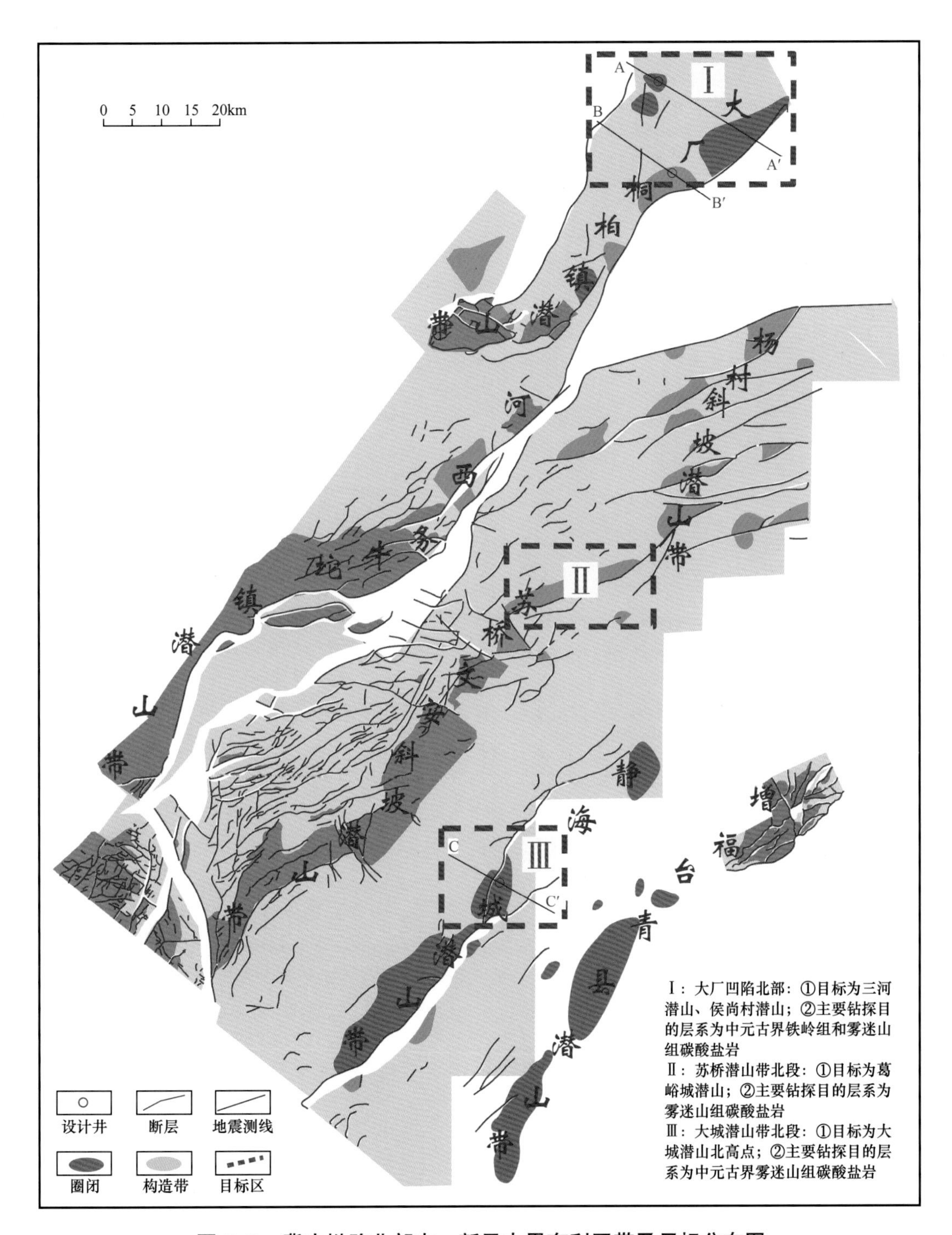

图 6-9　冀中坳陷北部中—新元古界有利区带及目标分布图

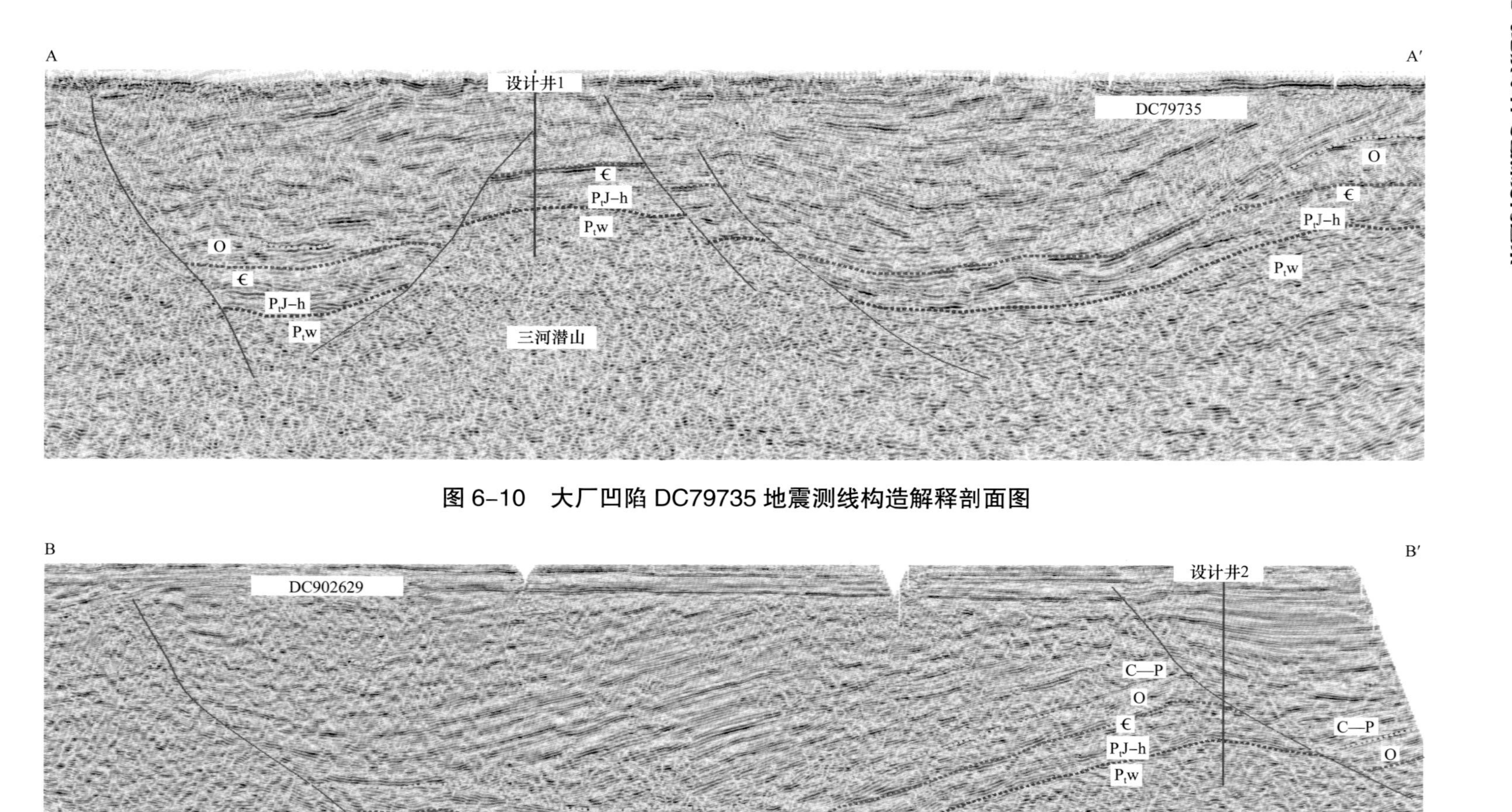

图 6-10　大厂凹陷 DC79735 地震测线构造解释剖面图

图 6-11　大厂凹陷 DC902629 地震测线构造解释剖面图

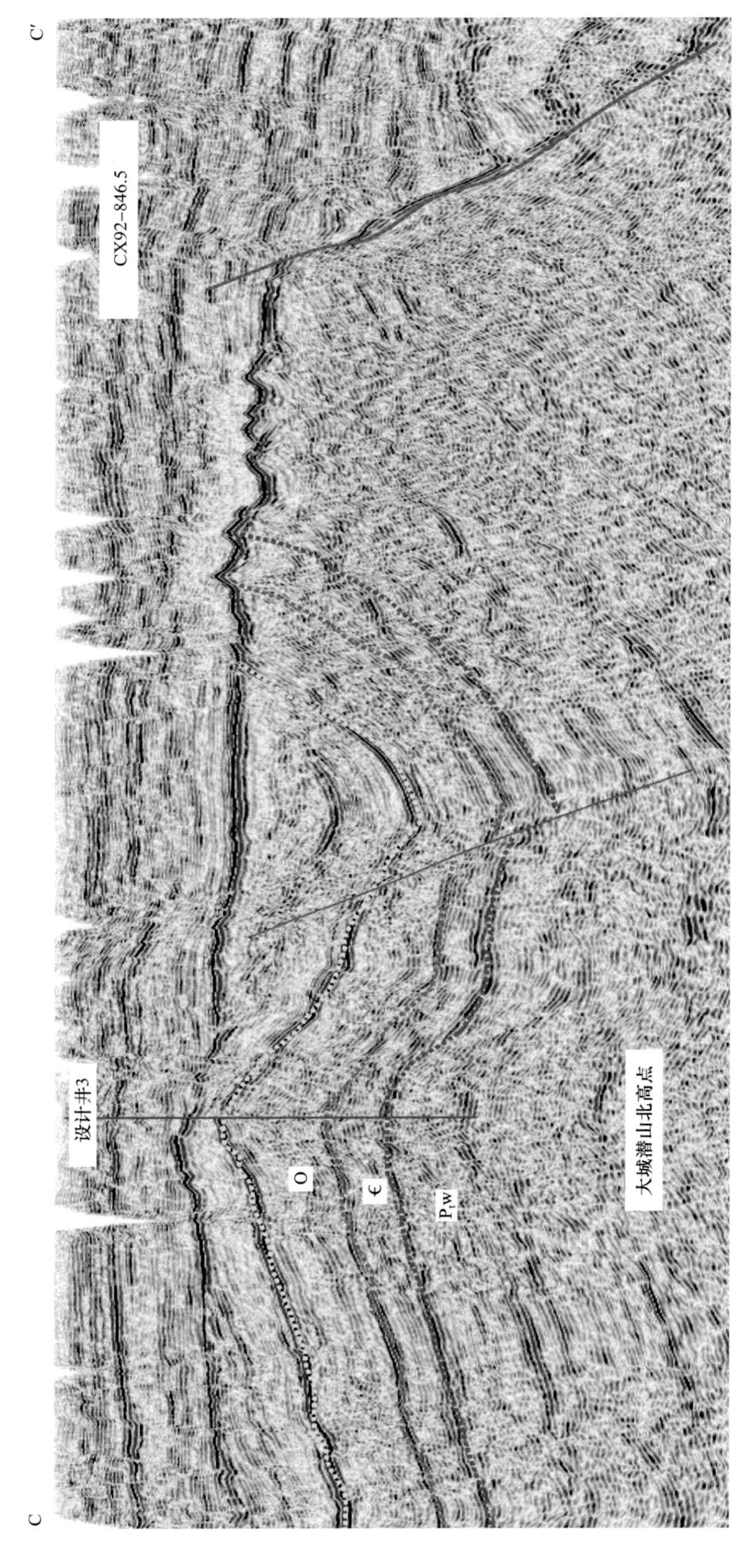

图 6-12 仓县隆起大城潜山带 CX92-846.5 地震测线构造解释剖面图

参考文献

蔡郁文，王华建，王晓梅，等，2017. 铀在海相烃源岩中富集的条件及主控因素［J］. 地球科学进展，32（2）：199–208.

陈谱镰，等，1980. 中国震旦亚界，前寒武地质研究［M］. 天津：天津科学技术出版社.

陈志耕，2013. 软流层的地球膨胀成因及其形成时间［J］. 地球科学进展，28（7）：834–846.

程克明，王兆云，钟宁宁，等，1996. 碳酸盐岩油气生成理论与实践［M］. 北京：石油工业出版社.

崔盛芹，等，1979. 燕辽极其邻区的古构造体系研究［J］. 地质学报，2：67–69.

戴金星，等，1988. 关于冀中坳陷煤成气探讨［J］. 石油实验地质，10（2）：189–194.

杜金虎，邹才能，徐春春，等，2014. 四川盆地川中古隆起龙王庙组特大型气田战略发现与理论技术创新［J］. 石油勘探与开发，41（3）：268–277.

范璞，等，1984. 不同沉积环境形成的原由中生物标志化合物（环烷烃）的特征［J］. 沉积学报，2（3）：1–17.

范璞，等，1991. 塔里木盆地石油地球化学［M］. 北京：科学出版社.

丰国秀，陈盛吉，等，1982. 岩石中沥青反射率与镜质体反射率之间的关系［J］. 天然气工业，8（3）：20–25.

傅家谟，刘德汉，贾蓉芬，等，1982. 碳酸盐岩地层油气远景评价的有机地球化学准则［A］. 中国科学院石油地球科学学术论文集，北京：科学出版社，131–133.

傅家谟，等，1982. 碳酸盐岩有机质的演化特征域油气评价［J］. 石油学报，1：1–6.

傅家谟，等，1984. 碳酸盐岩分散有机质的基本存在形式、演化特征与碳酸盐岩地层评价［J］. 地球化学，1：1–9.

管树巍，吴林，任荣，等，2017. 中国主要克拉通前寒武纪裂谷分布与油气勘探前景［J］. 石油学报，38（1）：9–22.

郝石生，1982. 碳酸盐岩油气分布的控制因素［J］. 天然气工业，2：21–27.

郝石生，1984. 对碳酸盐岩生油岩有机质丰度及其生油意义［J］. 地球化学，3：67–71.

郝石生，冯石，等，1982. 渤海湾盆地（华北地区）震旦亚界原生油气藏的形成条件及远景初探［J］. 石油勘探与开发，5：78–82.

郝石生，等，1984. 冀辽坳陷中—上元古界原生油气远景［J］. 石油与天然气地质，5（4）：54–60.

郝石生，等，1987. 华北北部中—上元古界原生油气特征［A］. 北京石油地质会议报告论文集，北京：石油工业出版社，266–288.

郝石生，等，1987. 碳酸盐岩生油岩热演化模拟实验［J］. 石油学报，增刊：25–31.

郝石生，等，1990. 华北北部中—上元古界石油地质学［M］. 北京：石油大学出版社.

华阿新，等，1989. 华北中—上元古界有机质成烃作用及生物标记化合物特征［J］. 中国科学院兰州地质研究所生物、气体地球化学开放实验室研究年报，1988-1989：10-43.

华北地区区域地层表，1979. 河北省、天津市分册［M］. 北京：地质出版社.

黄第藩，刘宝泉，王庭栋，等，1996，塔里木盆地东部天然气的成因类型及其成熟度判识［J］. 中国科学，D 辑，26（4）：366-371.

黄第藩，等，1984. 中国陆相有机质演化和成烃机理［M］. 北京：石油工业出版社.

黄第藩，等，1989. 论 4 - 甲基甾烷合孕甾烷的成因［J］. 石油勘探与开发，16（3），8-15.

黄第藩，等，1994. 塔里木盆地石油地球化学［M］. 北京：科学出版社.

黄第藩，等，1995. 煤成油的形成和形成机理［M］. 北京：石油工业出版社.

黄籍中，1984. 四川盆地阳新灰岩生油气探讨［J］. 石油学报，1，4 9.

黄籍中，1988. 碳酸岩盐不同相带有机质丰度分析［J］. 石油勘探与开发，11（2）：87-90.

金奎励，肖贤明，1990. 中国陆相烃源岩分散有机质的分类及其母质类型的光学评价法［A］. 第四届全国有机地球化学学术讨论会论文集，北京：中国地质大学出版社，175-184.

李三忠，戴黎明，张臻，等，2015. 前寒武纪地球动力学（Ⅳ）：前板块体制［J］. 地学前缘，22（6）：46-64.

刘宝泉，蔡冰，方杰，等，1990. 上元古界下马岭组页岩干酪根的油气生成模拟实验［J］. 石油实验地质，12（2）：147-160.

刘宝泉，等，1985. 华北地区中上元古界碳酸盐岩有机质成熟度与找油远景［J］. 地球化学，2：150-162.

刘宝泉，等，1987. 任丘油田古潜山晶洞油和内幕油藏原油的油源探讨［J］. 石油与天然气地质，8（3）：259-260.

刘宝泉，等，2000. 华北地区中上元古界烃源岩及油源对比研究［A］. 海相碳酸盐岩与油气国际研讨会论文集，海相油气地质，北京：石油工业出版社，1-2：3-4.

刘宝泉，方杰，等，1990. 冀北宽城地区中—上元古界、寒武系有机质热演化特征及油源探讨［J］. 石油实验地质，11（1）：2-8.

刘宝泉，秦建中，王东良，等，1989. 中国华北北部中—上元古界和下古生界生油气藏形成的可能性，深层油气藏储集层与相态预测［M］. 北京：石油工业出版社.

刘德汉，等，1986. 碳酸岩盐中沥青在研究油气生成演化和金属矿床成因中应用［A］. 有机质地球化学论文集，133-138.

刘德汉，等，1990. 碳酸岩盐生油岩中沥青变质程度和沥青热变质实验［J］. 地球化学，3（8）：237-243.

刘树根，马永生，孙玮，等，2008. 四川盆地威远气田和资阳含气区震旦系油气成藏差异性研究［J］. 地质学报，82（3）：328-337.

刘文汇，陈孟晋，关平，等，2009. 天然气成烃、成藏三元地球化学示踪体系及实践［M］. 北京：科学出版社.

马永生，郭彤楼，赵雪凤，等，2007. 普光气田深部优质白云岩储层形成机制［J］. 中国科学 D 辑：地球科学，37（增刊Ⅱ）：43–52.

毛光周，刘池洋，张东东，等，2014. 铀在Ⅲ型烃源岩生烃演化中作用的实验研究［J］. 中国科学：地球科学，44（8）：1740–1750.

梅博文，刘希仁，1980. 我国原油中异戊间二烯烷烃的分布及其与地质环境的关系［J］. 石油与天然气地质，1（2）：99–115.

聂宗笙，等，1985. 华北地区的燕山运动［J］. 地质科学，4：312–313.

秦建中，贾蓉芬，郭爱明，等，2000. 华北地区煤系烃源层油气生成、运移、评价［M］. 北京：科学出版社.

史继扬，等，1985. 苏北盆地生油岩甾、萜的地球化学特征和我国东部低成熟的生油岩与原同［J］. 地球化学，1：80–89.

宋鸿林，等，1984. 从构造特征论北京西山的印支运动［J］. 地质论评，30（1）：77–78.

孙枢，王铁冠，2015. 中国东部中—新元古界地质学与油气资源［M］. 北京：科学出版社.

王尔伟，等，1979. 燕山西段构造分布与特征［J］. 华东石油学院学报，1：54–58.

王鸿祯，1997. 地球的节律与大陆动力学的思考［J］. 地学前缘，4（3/4）：1–12.

王剑，2005. 华南“南华系”研究新进展—论南华系地层划分与对比［J］. 地质通报，24（6）：491–495.

王剑，段太忠，谢渊，等，2012. 扬子地块东南缘大地构造演化及其油气地质意义［J］. 地质通报，31（11）：1739–1749.

王剑，曾昭光，陈文西，等，2006. 华南新元古代裂谷系沉积超覆作用及其开启年龄新证据［J］. 沉积与特提斯地质，26（4）：1–7.

王培荣，1993. 生物标志物质量色谱图谱［M］. 北京，石油工业出版社.

王启超，误铁山，等，1980. 中国震旦亚界，前寒武地质研究［M］. 天津：天津科学技术出版社.

王铁冠，等，1980. 燕山地区震旦亚界油苗的原生性及其石油地质意义［J］. 石油勘探与开发，2：34–52.

王铁冠，等，1990. 生物标志物地球化学研究［M］. 武汉：中国地质大学出版社.

王铁冠，等，2000. 黄骅坳陷孔西潜山带奥陶系油藏的油源与成藏期次［J］. 海相油气地质，5（2）：47–51.

王铁冠，韩克猷，2011. 论中—新元古界的原生油气资源［J］. 石油学报，32（1）：1–7.

王兆云，赵文智，王云鹏，2004. 中国海相碳酸盐岩气源岩评价指标研究［J］. 自然科学进展，14（11）：1236–1243.

威布，G.W.，1976. 俄克拉荷马城油田—从保存在不整合面下的生油层中二次生油［J］. 严东生译，石油勘探与开发，增刊，97–104.

邬立言，等，1984. 碳酸盐岩有机质成熟度划分及有机质丰度与产烃率的关系［A］. 第二届有机地球化学和陆相生油会议论文集. 北京：石油工业出版社，123–124.

吴庆余，刘志礼，盛国英，等，1987. 来源于前寒武纪藻类的标志化合物［J］. 中国科学院地球化学研究所有机地球化学开放实验室研究年报，贵州人民出版社，111–121.
肖贤明，等，1992. 有机质岩石学及其在油气评价中的应用［M］. 广州：广东科技出版社.
谢树成，殷鸿福，2014. 地球生物学前沿：进展与问题［J］. 中国科学：地球科学，44（6）：1072–1086.
徐正聪，等，1983. 河北燕山地区地质构造基本特征［J］. 中国区域地质，3：29–55.
叶云涛，王华建，翟俪娜，等，2017. 新元古代重大地质事件及其与生物演化的耦合关系［J］. 沉积学报，35（2）：203–216.
曾凡刚，等，1994. 广西三种褐煤的生物标志物组合特征［J］. 石油与天然气地质，15（2）：141–150.
曾宪章，等，1989. 中国陆相原油和生油岩中的生物标志物［M］. 兰州：甘肃科学技术出版社.
翟明国，2013. 华北前寒武纪成矿系统与重大地质事件的联系［J］. 岩石学报，29（5）：1759–1773.
翟明国，2013. 中国主要古陆与联合大陆的形成：综述与展望［J］. 中国科学：地球科学，43（10）：1583–1606.
张爱云，等，1987. 海相黑色页岩建造地球化学及其成矿意义［M］. 北京：科学出版社.
张光亚，马锋，梁英波，等，2015. 全球深层油气勘探领域及理论技术进展［J］. 石油学报，36（9）：1156–1166.
张永昌，等，1991. 海相碳酸盐岩有机质性质及演化特征研究［J］. 天然气勘探与开发，93–98.
张永昌，等，1993. 海洋古细菌化石［J］. 地球科学，18：381–392.
赵师庆，等，1991，实用煤岩学［M］. 北京：地质出版社.
赵文智，胡素云，汪泽成，等，2018. 中国元古宇—寒武系油气地质条件与勘探地位［J］. 石油勘探与开发，45（1）：1–13.
赵岩，刘池阳，2016. 火山活动对烃源岩形成与演化的影响［J］. 地质科技情报，35（6）：77–82.
钟宁宁，秦勇，1995. 碳酸盐岩有机岩石学［M］. 兰州：甘肃科学技术出版社，89–91.
周中毅，等，1983. 碳酸岩盐矿物的包裹体有机质极其生油意义［J］. 地球化学，3：276–284.
朱光有，张水昌，梁英波，2006. 四川盆地深部海相优质储集层的形成机理及其分布预测［J］. 石油勘探与开发，33（2）：161–166.
朱士兴，等，1994. 华北地台中、上元古界生物地层序列［M］. 北京：地质出版社.
邹才能，杜金虎，徐春春，等，2014. 四川盆地震旦系—寒武系特大型气田形成分布、资源潜力及勘探发现［J］. 石油勘探与开发，41（3）：278–293.
Babcock L E，Peng S C，Geyer G，et al.，2005. Changing perspectives on Cambrian chronostratigraphy and progress toward subdivision of the Cambrian System［J］. Geoscience Journal，9：101–106.
Bumaman M D，2009. Shale gas play screening and evaluation criteria［J］. China Petroleum Exploration，14（3）：51–64.
Jackie R，Stephen B，John Z，et al.，2010. A best practices approach for shale gas characterization in the Marcellus shale.

Jarvie D M, 2007. Unconventional shale–gas systems : The Mississippian Barnett Shale of north–central Texas as one model for thermogenic shale gas assessment [J] . AAPG Bulletin, 91 (4) : 475–499.

Landing E, Peng S C, Babcock L E, et al., 2007. Global standard names for the Lowermost CambrianSeries and Stage [J] . Episodes 30, 287–299.

Martini A M, Walter L M, Ku T C W, et al., 2003. Microbial production and modification of gases in sedimentary basins : A geochemical case study from a Devonian shale gas play, Michigan basin [J] . AAPG Bulletin, 87 (8) : 1355–1375.

Peng S C, Zhou Z Y, Lin T R, 1999. A proposal of the Cambrian chronostratigraphic scale in China [J] . Geosciences 31 (2), 242.

Richardson N J, Densmore A L, Seward D, et al., 2008. Extraordinary denudation in the Sichuan Basin : Insights from low–temperature thermochronology adjacent to the eastern margin of the Tibetan Plateau [J] . Journal of Geophysical Research, 113: 1–23.

Rooney A D, Macdonald F A, Strauss J V, et al., 2014. Re–Os geochronology and coupled Os–Sr isotope constraints on the Sturtian snowball Earth [J] . Proc. Nat. Acad. Sci. USA, 111 (1) : 51–56.

Schroder S, Schreiber B C, Amthor J E, 2003. A depositional model for the terminal Neoproterozoic–Early Cambrian Ara Group evaporites in south Oman [J] . Sedimentology, 50: 879–898.

Shelton J, Bumaman M D, Xia Wenwu, et al., 2009. Significance of shale gas development [J] . China Petroleum Exploration, 14 (3) : 29–41.

Tissot B P, Welte D H, 1978. Petroleum formation and occurrence : A new approach to oil and gas exploration [M] . New York : Springer–Verlag, 185–188.

Visser, 1991. Biochemical and molecular approaches in understanding carbohydrate metabolism in Aspergillusniger [J] . Journal of Chemical Technology & Biotechnology, 50 (1) : 111–113.

Zhang S C, Wang X M, Hammarlund, E U, et al., 2015. Orbital forcing of climate 1. 4 billion years ago [M] . PNAS : 1406–1413.

Zhao Wenzhi, Wang Zhaoyun, Zhang Shuichang, et al., 2005. Oil cracking : An important way for highly efficient generation of gas from marine source rock kitchen [J] . Chinese Science Bulletin, 50 (22) : 2628–2635.

Zhao WenZhi, Wang ZhaoYun, Zhang ShuiChang, et al., 2008. Cracking conditions of crude oil under different geological envrionments [J] . Science in China Series D : Earth Sciences, 51 (1) : 77–83.

附　　图

野外地质剖面位置图

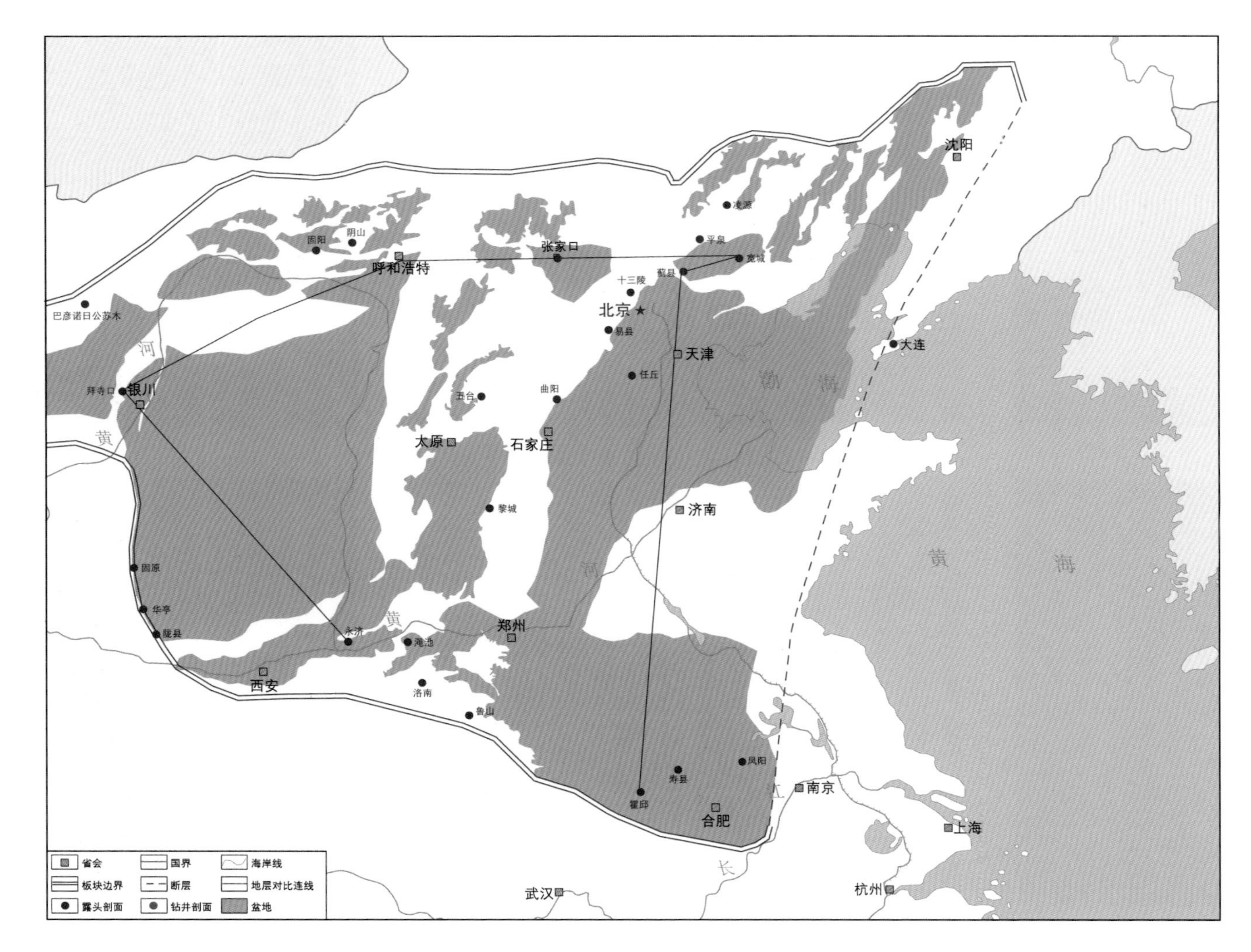

沈阳
凌源
平泉
宽城
蓟县
十三陵
北京
易县
天津
任丘
大连
渤海
黄海
张家口
呼和浩特
固阳
阴山
巴彦诺日公苏木
河
拜寺口
银川
黄
五台
曲阳
太原
石家庄
黎城
济南
河
固原
华亭
陇县
永济
黄
渑池
郑州
西安
洛南
鲁山
凤阳
寿县
霍邱
合肥
江
南京
上海
长
武汉
杭州
省会
国界
海岸线
板块边界
断层
地层对比连线
露头剖面
钻井剖面
盆地

晋南（中条山）永济风伯峪—王官峪剖面，长城系白草坪组有障壁滨岸沉积，白草坪组第三段下部有障壁滨岸沉积：由潮下沙坝—潮间混合坪以及障壁岛海滩沉积组成

晋南（中条山）永济风伯峪—王官峪剖面，长城系白草坪组有障壁滨岸沉积，潮间带砂岩层面上的波状层理和泥质披覆纹层

晋南（中条山）永济风伯峪—王官峪剖面，长城系白草坪组临滨沉积，白草坪组第三段中部的下临滨沉积相序

晋南（中条山）永济风伯峪—王官峪剖面，长城系白草坪组临滨沉积平行不整合接触，风暴沉积构造：泥砾和丘状交错层理

晋南（中条山）永济风伯峪—王官峪剖面，长城系白草坪组临滨沉积，风暴沉积构造：泥砾包在砂岩中

晋南（中条山）永济风伯峪—王官峪剖面，长城系白草坪组临滨沉积，砾岩层夹于红色泥岩中

晋南（中条山）永济风伯峪—王官峪剖面，长城系白草坪组临滨沉积，丘状和洼状交错层理

晋南（中条山）永济风伯峪—王官峪剖面，长城系白草坪组远滨—浅海陆棚沉积，白草坪组为远滨沉积：灰黑色页岩夹透镜状薄层砂岩

晋南（中条山）永济风伯峪—王官峪剖面，北大尖组与白草坪组为突变接触，底部大砂体沉积于滨岸环境，具反韵律相序结构

晋南（中条山）永济风伯峪—王官峪剖面，长城系北大尖组中部临滨—远滨沉积，北大尖组中部远滨沉积：灰黑色页岩薄层与石英砂岩互层，海侵发育黑色页岩

晋南（中条山）永济风伯峪—王官峪剖面，长城系北大尖组中部临滨—远滨沉积，近观：黑色页岩夹于石英砂岩中，但其亦夹有砂岩条带

晋南（中条山）永济风伯峪—王官峪剖面，长城系北大尖组中部临滨—远滨沉积，砂岩底部凹凸不平

晋南（中条山）永济风伯峪—王官峪剖面，长城系北大尖组前滨—临滨—远滨沉积，临滨沉积相序

晋南（中条山）永济风伯峪—王官峪剖面，长城系北大尖组前滨—临滨—远滨沉积，风暴浪基面上的侵蚀面和丘状交错层理

晋南（中条山）永济风伯峪—王官峪剖面，长城系北大尖组前滨—临滨—远滨沉积，丘状交错层理和泥砾纹层

晋南（中条山）永济风伯峪—王官峪剖面，长城系北大尖组前滨—临滨—远滨沉积，砂岩中的砾岩透镜体

晋南（中条山）永济风伯峪—王官峪剖面，长城系北大尖组前滨—临滨—远滨沉积，砂岩中的泥砾

晋南（中条山）永济风伯峪—王官峪剖面，长城系北大尖组前滨—临滨—远滨沉积，风暴流沉积构造：大型槽状交错层理

晋南（中条山）永济风伯峪—王官峪剖面，长城系北大尖组前滨—临滨—远滨沉积，风暴流沉积构造：泥砾和高角度交错层理

晋南（中条山）永济风伯峪—王官峪剖面，长城系北大尖组前滨—临滨—远滨沉积，远滨过渡带风暴流沉积的砾屑和正韵律层

晋南（中条山）永济风伯峪—王官峪剖面，长城系崔庄组（较）深水浅海陆棚沉积，崔庄组为灰黑色页岩，与下覆北大尖组砂岩为突变接触，反映了一个快速海侵过程

晋南（中条山）永济风伯峪—王官峪剖面，长城系崔庄组（较）深水浅海陆棚沉积，灰黑色含粉砂页岩夹透镜状薄层砂岩；砂岩为浊流沉积

晋南（中条山）永济风伯峪—王官峪剖面，长城系崔庄组与蓟县系洛峪口组不整合面，王官峪剖面的崔庄组：下部颜色较深，中部变为灰色上部为灰绿色

晋南（中条山）永济风伯峪—王官峪剖面，长城系崔庄组与蓟县系洛峪口组不整合面，长城系与蓟县系为不整合接触；崔庄组页岩顶面高低不平，不整合面上有铁质风化壳薄纹层

晋南（中条山）永济风伯峪—王官峪剖面，蓟县系洛峪口组叠层石泥质白云岩沉积特征，洛峪口组为浅紫红色块状叠层石泥质白云岩，沉积于相对安静闭塞的潟湖环境

晋南（中条山）永济风伯峪—王官峪剖面，蓟县系洛峪口组叠层石泥质白云岩特征，为结构较精细的柱状叠层石，柱体之间间距较大充填碳酸盐粉砂，下部柱体小，中上部变大，下部泥质含量高，上部变少

晋南（中条山）永济风伯峪—王官峪剖面，洛峪口组与龙家园组沉积界线，龙家园组沉积之前，洛峪口组顶部遭遇了短暂的侵蚀作用，沉积了一层含砾石的白云岩，砂和砾石成分为石英质，基质为白云石质

晋南（中条山）永济风伯峪—王官峪剖面，洛峪口组与龙家园组沉积界线，龙家园组底部为平行纹层和微波状叠层石

晋南（中条山）永济风伯峪—王官峪剖面，蓟县系龙家园组叠层石硅质白云岩特征，硅质条带平行纹层，有部分等距分布

晋南（中条山）永济风伯峪—王官峪剖面，蓟县系龙家园组叠层石硅质白云岩特征，具硅质交代叠层纹层

晋南（中条山）永济风伯峪—王官峪剖面，蓟县系龙家园组叠层石硅质白云岩特征，发育包菜状叠层石

晋南（中条山）永济风伯峪—王官峪剖面，蓟县系龙家园组叠层石硅质白云岩特征，发育微波状叠层石：溶孔沿特定纹层发育

晋南（中条山）永济风伯峪—王官峪剖面，蓟县系龙家园组叠层石硅质白云岩特征，近观：叠层石纹层由较粗粒的碳酸盐颗粒组成

晋南（中条山）永济风伯峪—王官峪剖面，蓟县系龙家园组叠层石白云岩储层特征，发育半球状叠层石（图为纵截面）

晋南（中条山）永济风伯峪—王官峪剖面，蓟县系龙家园组叠层石白云岩储层特征，发育半球状叠层石（图为横截面）

山西永济上张湾村剖面，长城系崔庄组，黑色泥页岩，岩石还原色与藻类繁盛程度和沉积水体深度相关

山西黎城串岭沟组暗色页岩，岩石还原色与藻类繁盛程度和沉积水体深度相关

陕西东秦岭洛南巡检司—石门剖面，古元古界高山河组与太古宙太华群界线图

陕西东秦岭洛南巡检司—石门剖面，高山河组下部有障壁滨岸沉积特征，下部为潮下潮道砂，中部是潮间坪纹层—薄层沙泥互层，上部为潮汐三角洲沙坝

陕西东秦岭洛南巡检司—石门剖面，高山河组下部有障壁滨岸沉积特征，潮下潮道砂体细节图

陕西东秦岭洛南巡检司—石门剖面，高山河组下部有障壁滨岸沉积特征，潮间砂泥薄互层

陕西东秦岭洛南巡检司—石门剖面，高山河组下部有障壁滨岸沉积特征，砂岩中含黏土披覆层

陕西东秦岭洛南巡检司—石门剖面，高山河组下部有障壁滨岸沉积特征，含潮汐冲刷的泥砾层

陕西东秦岭洛南巡检司—石门剖面，高山河组下部有障壁滨岸沉积特征，图中为潮汐三角洲沉积序列

陕西东秦岭洛南巡检司—石门剖面，高山河组下部有障壁滨岸沉积特征，潮汐层理：羽状交错层理

陕西东秦岭洛南巡检司—石门剖面，高山河组下部有障壁滨岸沉积特征，图中为潮坪的双黏土层和双向交错层理

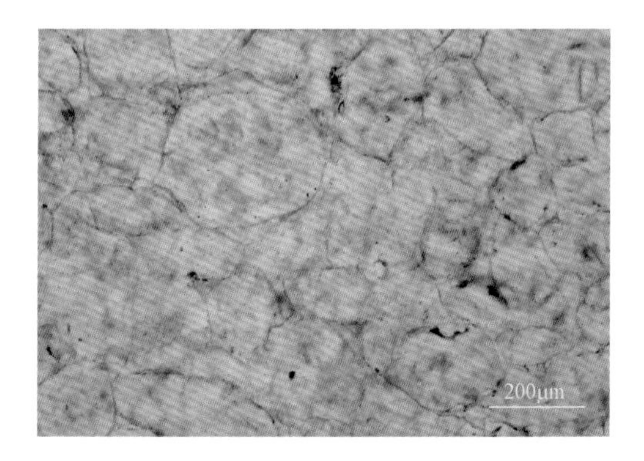

陕西东秦岭洛南巡检司—石门剖面，高山河组下部有障壁滨岸沉积特征，石英砂岩：硅质胶结—石英共轴次生加大，可见颗粒周缘的黏土边

陕西东秦岭洛南巡检司—石门剖面，高山河组下部有障壁滨岸沉积特征，石英砂岩：硅质胶结—石英共轴次生加大，可见颗粒周缘的黏土边

陕西东秦岭洛南巡检司—石门剖面，高山河组上部为灰黑色粉砂质泥页岩

陕西东秦岭洛南巡检司—石门剖面，高山河组上部灰黑色页岩呈现细粒浊流沉积特征

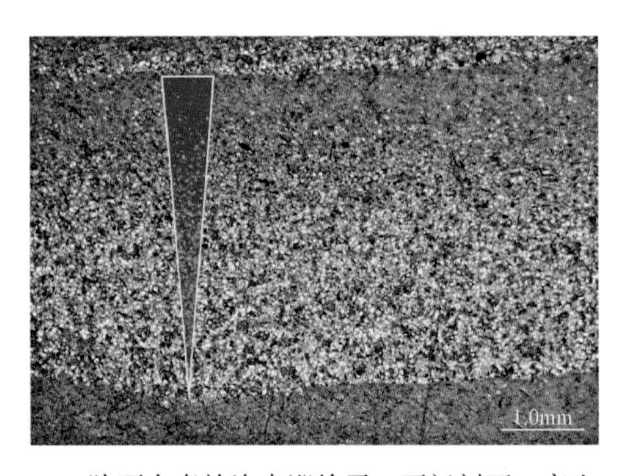

陕西东秦岭洛南巡检司—石门剖面，高山河组上部灰黑色页岩沉积特征，灰黑色页岩：细粒浊流显微结构特征——粒序纹层

陕西东秦岭洛南巡检司—石门剖面，高山河组上部灰黑色页岩沉积特征，重力流沉积：滑塌沉积构造

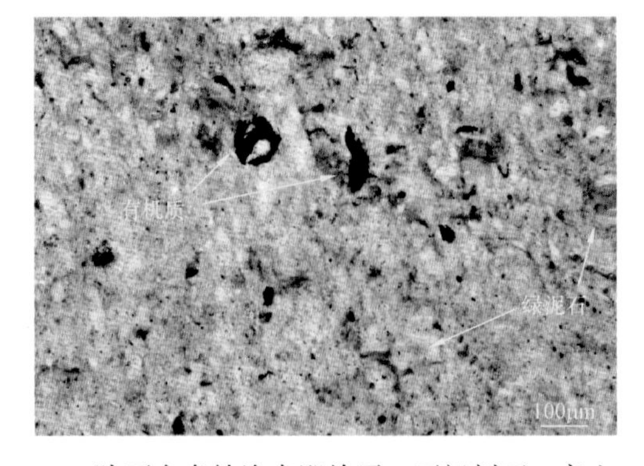

陕西东秦岭洛南巡检司—石门剖面，高山河组上部灰黑色页岩沉积特征，显微照片：灰绿色泥岩中的绿泥石和有机质斑块

陕西东秦岭洛南巡检司—石门剖面，中元古界蓟县系巡检司组凝块—叠层石硅质白云岩，潮坪潟湖环境的凝块—叠层石硅质白云岩沉积序列，白色条带为硅质岩

陕西东秦岭洛南巡检司—石门剖面，中元古界蓟县系巡检司组凝块—叠层石硅质白云岩，凝块颗粒组成的叠层构造，风浪或风暴较强，潮下环境

陕西东秦岭洛南巡检司—石门剖面，中元古界蓟县系巡检司组凝块—叠层石硅质白云岩，显微照片：凝块颗粒、粉晶—细晶白云岩

陕西东秦岭洛南巡检司—石门剖面，中元古界蓟县系巡检司组凝块—叠层石硅质白云岩，黑色硅质条带、白云岩中有砂屑、砾屑和凝块以及硅质碎屑（燧石碎片），具有一定风暴沉积的特征，潮下环境，可为储层

陕西东秦岭洛南巡检司—石门剖面，巡检司组 / 杜关组 / 冯家湾组界线和岩石特征，蓟县系巡检司组与杜关组的分界，可能为平行不整合接触关系

陕西东秦岭洛南巡检司—石门剖面，巡检司组 / 杜关组 / 冯家湾组界线和岩石特征，巡检司组上部含硅质条带叠层石白云岩

陕西东秦岭洛南巡检司—石门剖面，巡检司组 / 杜关组 / 冯家湾组界线和岩石特征，上图细节可见平行纹层叠层石和穹状叠层石

陕西东秦岭洛南巡检司—石门剖面，巡检司组/杜关组/冯家湾组界线和岩石特征，显微照片：巡检司组叠层石白云岩中的叠层石构造已被重结晶的粉晶—细晶白云石破坏

陕西东秦岭洛南巡检司—石门剖面，巡检司组/杜关组/冯家湾组界线和岩石特征，杜关组与冯家湾组分界，为平行不整合接触关系

陕西东秦岭洛南巡检司—石门剖面，巡检司组/杜关组/冯家湾组界线和岩石特征，冯家湾组硅质白云岩

陕西东秦岭洛南巡检司—石门剖面，巡检司组/杜关组/冯家湾组界线和岩石特征，冯家湾组硅质白云岩显微照片

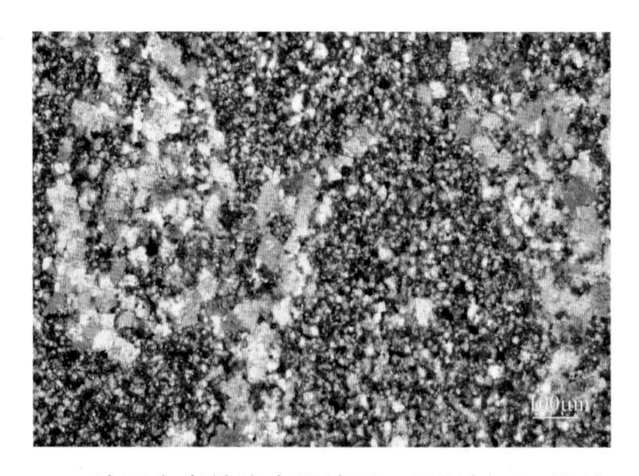

陕西东秦岭洛南巡检司—石门剖面，巡检司组/杜关组/冯家湾组界线和岩石特征，白云岩已大部分被硅化（交代作用）：残余白云石为粉晶和细晶、具半自形结构

陕西东秦岭洛南巡检司—石门剖面，蓟县系/震旦系界线和冰碛岩沉积特征，震旦系罗圈组与蓟县系冯家湾组的不整合接触，不整合面为高低不平的暴露岩溶面，震旦系罗圈组沉积了一套冰碛岩

陕西东秦岭洛南巡检司—石门剖面，蓟县系/震旦系界线和冰碛岩沉积特征，震旦系罗圈组冰碛岩：多成分砾石、磨圆差、分选差，发育大坠石砸穿冰水纹泥纹层

陕西东秦岭洛南巡检司—石门剖面，蓟县系/震旦系界线和冰碛岩沉积特征，震旦系罗圈组中部灰黑色页岩，风化为黄灰色调

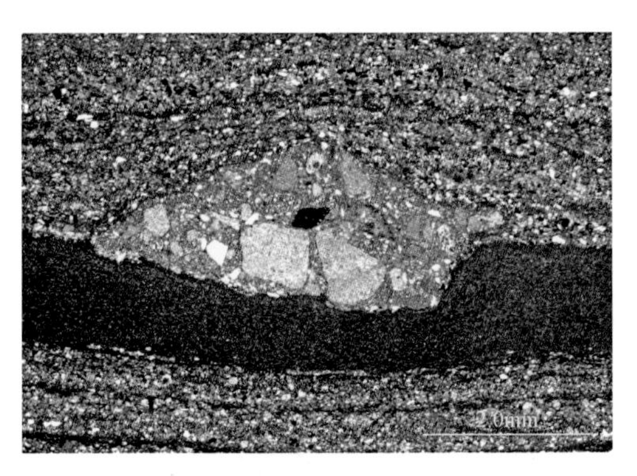

陕西东秦岭洛南巡检司—石门剖面，蓟县系/震旦系界线和冰碛岩沉积特征。显微照片：一颗坠石，即砾石掉落在泥质纹层上使其变形，砾石成分为砾屑白云岩

陕西东秦岭洛南巡检司—石门剖面，蓟县系/震旦系界线和冰碛岩沉积特征，显微照片，冰水纹泥沉积，细粒成分为白云石泥屑，较粗的颗粒有白云岩砂屑和部分石英等硅质碎屑，含有较高有机质的纹层

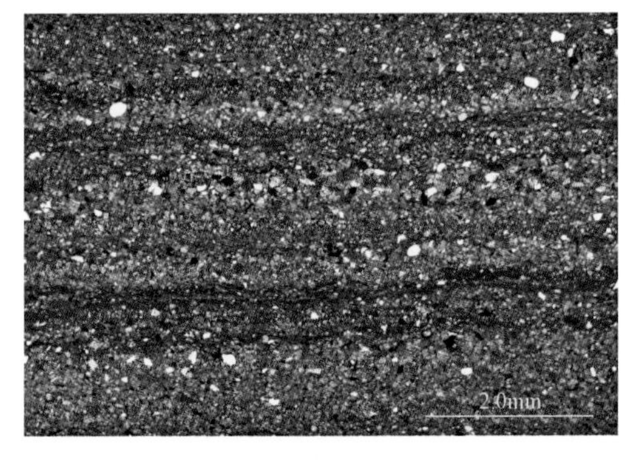

陕西东秦岭洛南巡检司—石门剖面，蓟县系/震旦系界线和冰碛岩沉积特征，显微照片，冰水纹泥沉积，细粒成分为白云石泥屑，较粗的颗粒有白云岩砂屑和部分石英等硅质碎屑，含有较高有机质的纹层

陕西东秦岭洛南巡检司—石门剖面，蓟县系/震旦系界线和冰碛岩沉积特征，罗圈组上部薄层砂岩夹极薄层灰绿色页岩：砂岩具典型的丘状交错层理

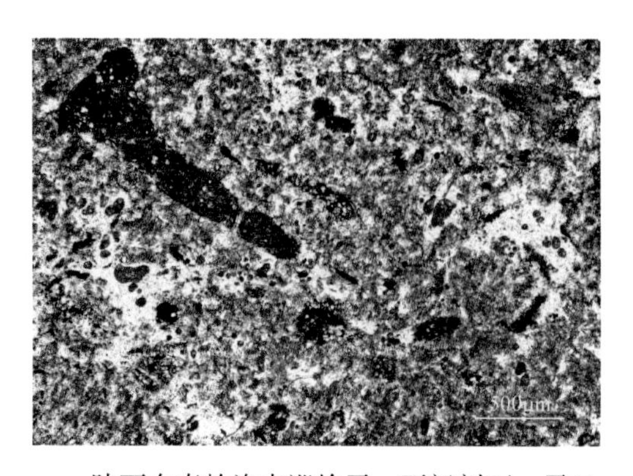

陕西东秦岭洛南巡检司—石门剖面，震旦系罗圈组黑灰色页岩与寒武系辛集组不整合面显微照片，显微镜下，岩石成分为硅质磷质石灰岩，疏松硅质组分疑与海绵骨针有关，碳酸盐矿物与早期的后生动物有关，但主要是微生物球粒和凝块；深色颗粒或生物碎片含有磷质和铁质

陕西洛南剖面长城系高山河组灰色泥、页岩

宁夏银川拜寺口剖面，蓟县系王全口组与长城系黄旗口组呈平行不整合接触

巴彦诺日公苏木剖面，蓟县系巴音西别组与青白口系海生哈拉组呈角度不整合接触

内蒙古五原县小佘太镇河湾村，长城系渣尔泰群中段黑色碳质板岩

内蒙古五原县小佘太镇河湾村，长城系渣尔泰群中段黑色碳质板岩

辽宁凌源魏杖子，岩石氧化色是含有铁的氧化物或者氢氧化物染色的结果，红褐色泥质云岩（雾迷山组 64 层）

辽宁凌源魏杖子，泥晶白云岩（雾迷山组一段 46 层顶部）

辽宁凌源魏杖子，泥晶白云岩（雾迷山组一段 20 层）

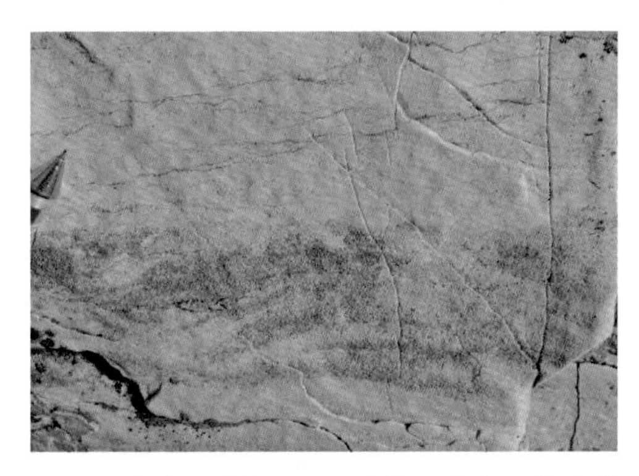

辽宁凌源魏杖子，层纹状泥晶白云岩（雾迷山组一段 6 层）

辽宁凌源魏杖子，藻纹层粉晶白云岩，见纹层状结构（雾迷山组一段 26 层）

辽宁凌源魏杖子，黑灰色粉晶白云岩（雾迷山组六段 288 层）

辽宁凌源魏杖子，层纹状叠层石（雾迷山组二段 53 层）

辽宁凌源魏杖子，亮晶鲕粒云岩（雾迷山组 128 层 D 段）

辽宁凌源魏杖子，波状叠层石（雾迷山组三段 161 层）

辽宁凌源魏杖子，柱状叠层石，柱高 20cm（雾迷山组七段 324 层）

辽宁凌源魏杖子，柱状叠层石（雾迷山组五段 210 层）

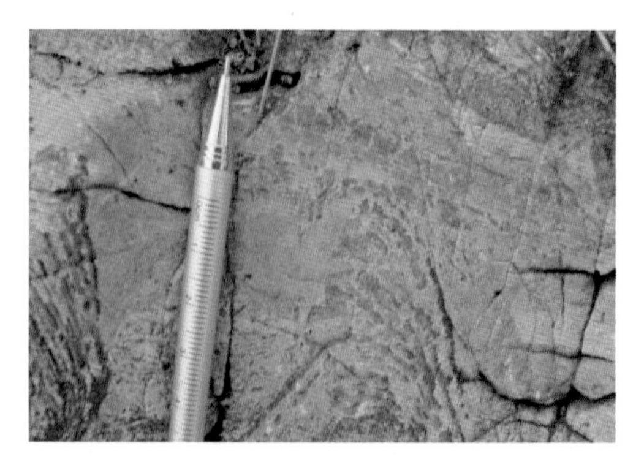

辽宁凌源魏杖子，锥状叠层石（雾迷山组六段 277 层）

辽宁凌源魏杖子，垂直层面连续分布的锥状叠层石（雾迷山组三段 160 层）

辽宁凌源魏杖子，锥状叠层石，锥高 7cm（雾迷山组一段 45 层）

辽宁凌源魏杖子，丛状叠层石，指状断面的板状体呈半放射的丛状（雾迷山组 253 层）

辽宁凌源魏杖子，丛状叠层石，板状体被硅化（雾迷山组 141 层）

辽宁凌源魏杖子，砂屑白云岩（雾迷山组四段 171 层）

辽宁凌源魏杖子，砾屑云岩，砾石成分为白云石及部分硅质（雾迷山组四段 160 层）

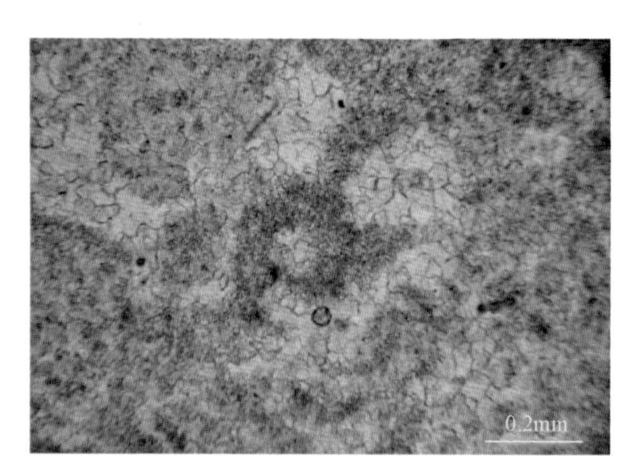

辽宁凌源魏杖子区，凝块石，可见圈层结构，（雾迷山组二段 64 层）

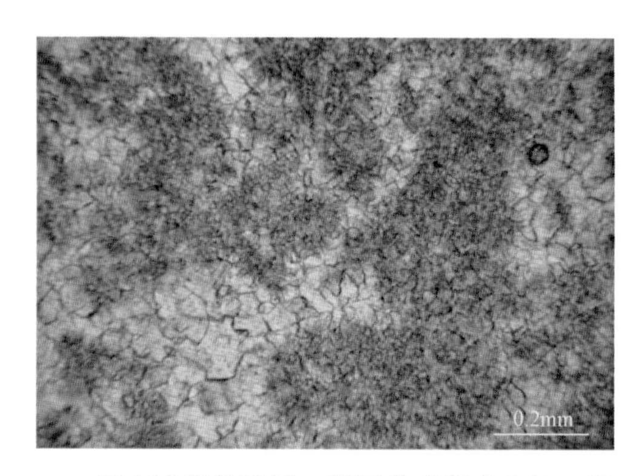

辽宁凌源魏杖子，藻团块（雾迷山组一段 41 层）

辽宁凌源魏杖子，亮晶鲕粒云岩，呈层状分布（雾迷山组五段 238 层）

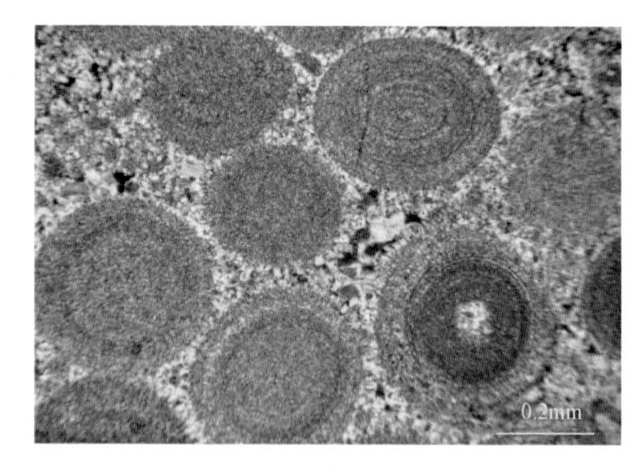

辽宁凌源魏杖子，部分鲕粒核心被硅化（雾迷山组四段 179 层）

辽宁凌源魏杖子，云质灰岩砂（雾迷山组七段 300 层）

辽宁凌源魏杖子，泥晶灰岩（雾迷山组七段 325 层）

辽宁凌源魏杖子，泥晶灰岩（雾迷山组七段 299 层）

辽宁凌源魏杖子，风暴砾屑灰岩（雾迷山组七段 323 层）

辽宁凌源魏杖子，波状叠层石灰岩（剖面雾迷山组七段 312 层）

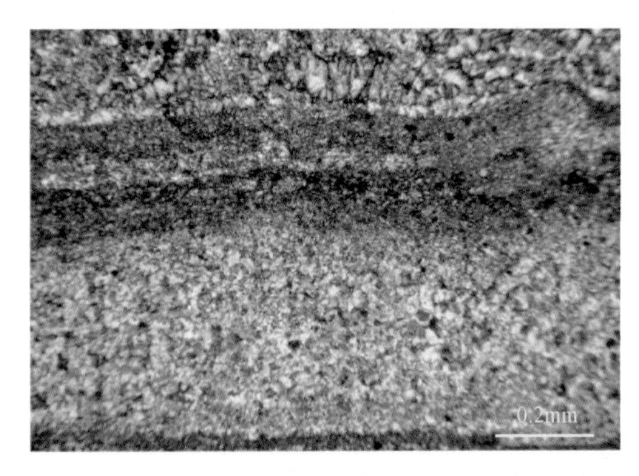

辽宁凌源魏杖子，硅化叠层石云岩，可见亮层被硅化，形成隐晶玉髓和微晶石英（雾迷山组二段 118 层）

辽宁凌源魏杖子，粉晶白云岩夹硅质岩，硅质岩厚 5cm，硅化作发育（雾迷山组一段 41 层）

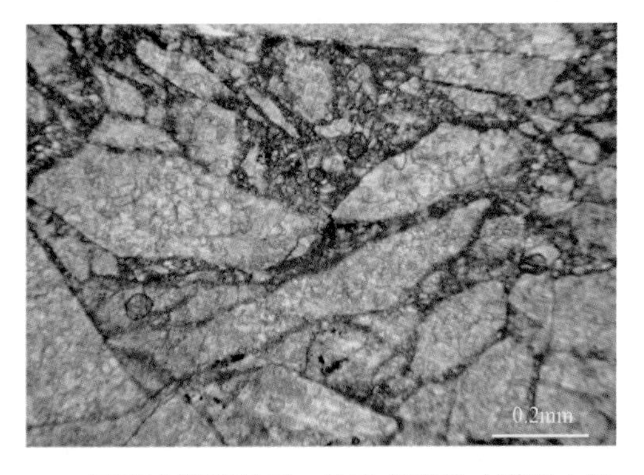

辽宁凌源魏杖子，构造角砾岩（雾迷山组五段 182 层）

辽宁凌源魏杖子，构造角砾，角砾边缘见弱溶蚀现象（雾迷山组七段 327 层）

辽宁凌源魏杖子，岩溶角砾白云岩（雾迷山组一段）

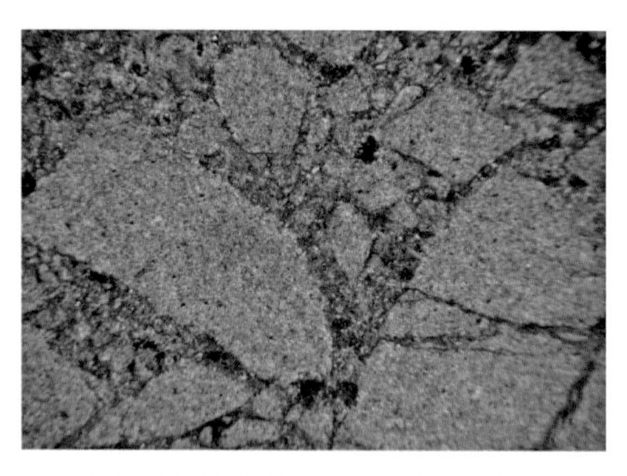

辽宁凌源魏杖子，岩溶角砾白云岩，角砾化作用明显，砾间充填褐铁矿（雾迷山组三段 124 层）

辽宁凌源魏杖子，核形石白云岩（雾迷山组 140 层 C 段）

辽宁凌源魏杖子，砾质白云岩（雾迷山组 161 层 A 段）

辽宁凌源魏杖子，凝块石白云岩，凝块石呈水平成层分布（雾迷山组 240 层 C 段）

辽宁凌源魏杖子，藻屑白云岩（雾迷山组253层C段）

辽宁凌源魏杖子，核形石（雾迷山组二段75层）

辽宁凌源魏杖子，风暴岩B段中的交错层理的层系厚约4cm（雾迷山组241层）

辽宁凌源魏杖子，风暴岩B段中的白云岩（雾迷山组239层）

辽宁凌源魏杖子，白云岩中的斜层理（雾迷山组128层D段）

辽宁凌源魏杖子，白云岩中的楔状交错层理（雾迷山组299层）

辽宁凌源魏杖子，羽状交错层理，细层厚4mm，层系厚8cm，产状343°∠43°（雾迷山组三段157层）

辽宁凌源魏杖子，羽状交错层理（雾迷山组157层B段）

辽宁凌源魏杖子，波状层理（雾迷山组七段323层）

辽宁凌源魏杖子，冲刷面（高于庄组116层，雾迷山组一段48层顶部）

辽宁凌源魏杖子，岩层表面的干裂痕（雾迷山组356层）

辽宁凌源魏杖子，波状叠层石（雾迷山组166层）

河北承德乌龙矶，波痕构造（龙山组）

河北承德宽城洪水庄组上部泥质白云岩段

河北承德宽城洪水庄组，中—上部黑色泥岩段

河北承德宽城洪水庄组中部黑色页岩段

河北承德宽城洪水庄组底部的硅质页岩段

河北承德宽城洪水庄组，杂色页岩夹泥灰岩段

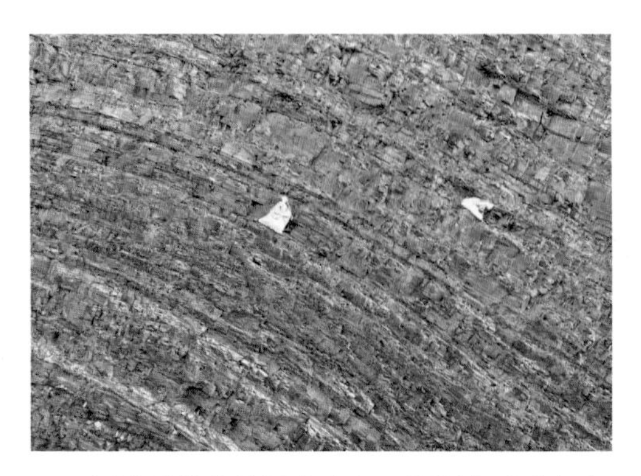

河北承德宽城洪水庄组，深绿色砂岩与灰黄色页岩互层段

河北承德宽城洪水庄组，黑色页岩段

河北承德宽城洪水庄组，黑色页岩段

河北承德宽城剖面，青白口系骆驼岭与待建系下马岭组呈平行不整合接触

河北承德宽城剖面，下寒武统府君山组与青白口系景儿峪组呈假整合接触

河北宽城，棕红色泥质白云岩，岩石氧化色是含有铁的氧化物或氢氧化物染色的结果（杨庄组 215 层）

河北宽城，岩石氧化色是含有铁的氧化物或氢氧化物染色的结果

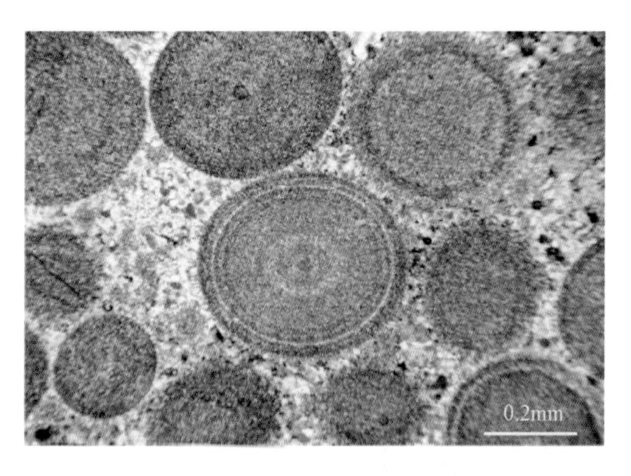

河北宽城，亮晶鲕粒白云岩，正常鲕粒（雾迷山组 179 层）

河北宽城，亮晶鲕粒白云岩（雾迷山组 238 层）

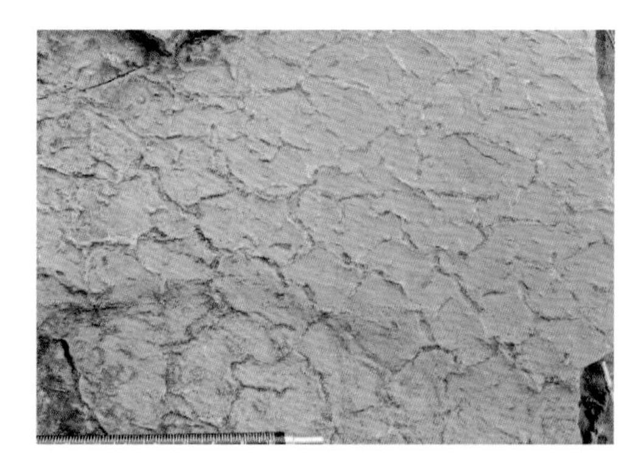

河北宽城，干裂（雾迷山组 358 层）

河北宽城尖山子，灰质结核灰岩（高于庄组 168 层）

河北宽城尖山子，藻灰结核灰质白云岩，藻灰结核内部发育水平状藻纹层，藻灰结核间充填有白云质，具有白云石化（高于庄组 169 层）

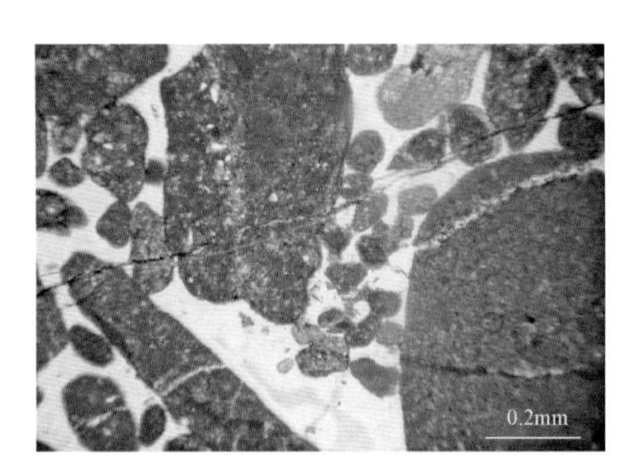

河北宽城尖山子，角砾白云岩（高于庄组一段 39 层）

河北宽城尖山子，瘤状石灰岩，可见硅质层绕着瘤体发生变形（高于庄组 137 层）

河北宽城尖山子，瘤状灰岩，呈杂乱状分布（高于庄组 142 层）

河北宽城尖山子，瘤状石灰岩，围岩为白云岩和硅质岩薄互层（高于庄组 141 层）

河北宽城尖山子，泥晶灰岩，水平纹层发育（高于庄组 119 层）

河北宽城尖山子，岩层面上极其发育的波痕（杨庄组 209 层）

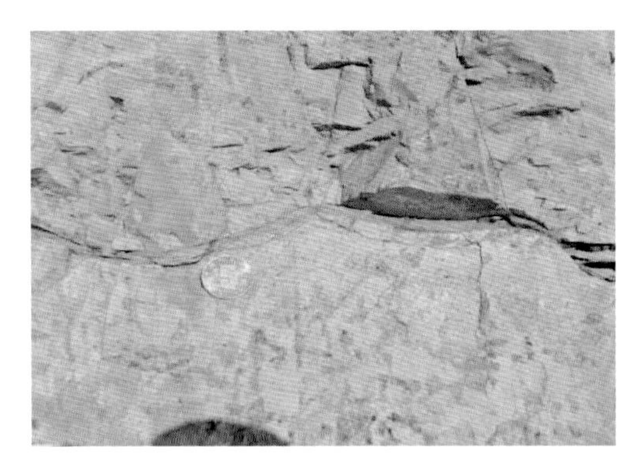

河北宽城尖山子，侵蚀面（高于庄组116层）

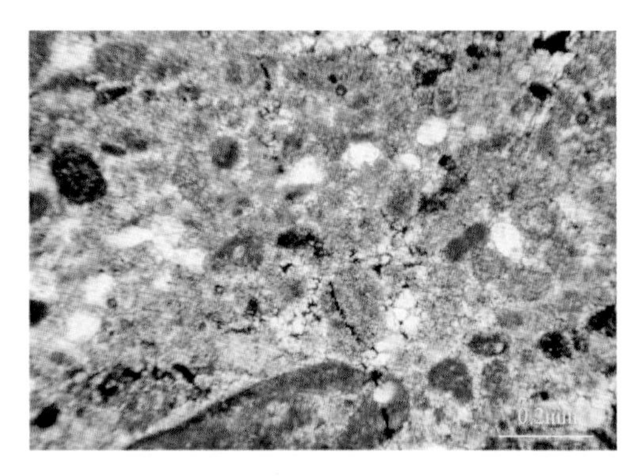

河北宽城北杖子，砂砾屑泥晶云岩其中含较多陆源石英砂（铁岭组一段16层）

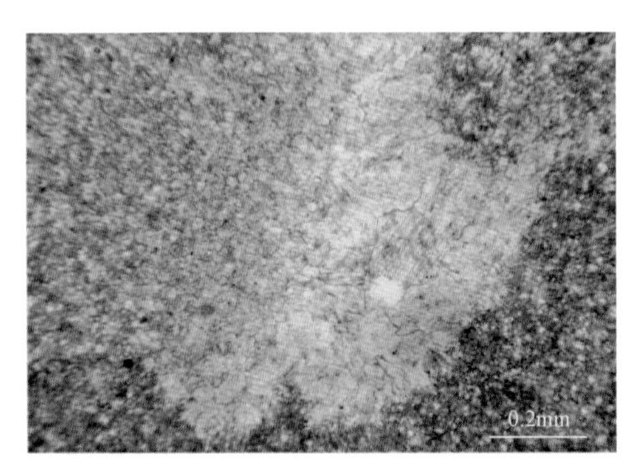

河北宽城北杖子，石灰岩，颗粒之间胶结物为方解石（铁岭组二段42层）

河北宽城北杖子，沙纹层理、平行层理、冲洗层理、板状构造、石英砂岩（龙山组）

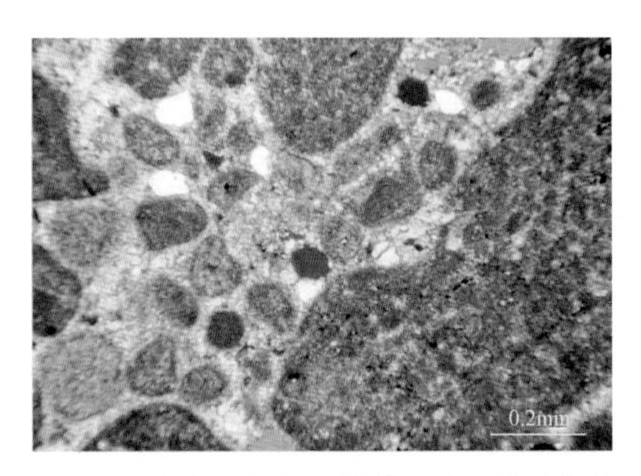

河北宽城北杖子，砾屑白云岩，见硅化现象，粒屑岩以及条带状硅质岩（铁岭组一段13层）

河北宽城北杖子，泥晶灰岩中的水平层理（铁岭组32层）

河北北杖子，岩石还原色与藻类繁盛程度和沉积水体深度相关，灰绿色粉砂质页岩与深灰色页岩互层（下马岭组 83 层）

河北北杖子，波纹状叠层石白云岩（雾迷山组 81 层）

河北赤城古子房，纹层状泥晶白云岩（雾迷山组八段 377 层）

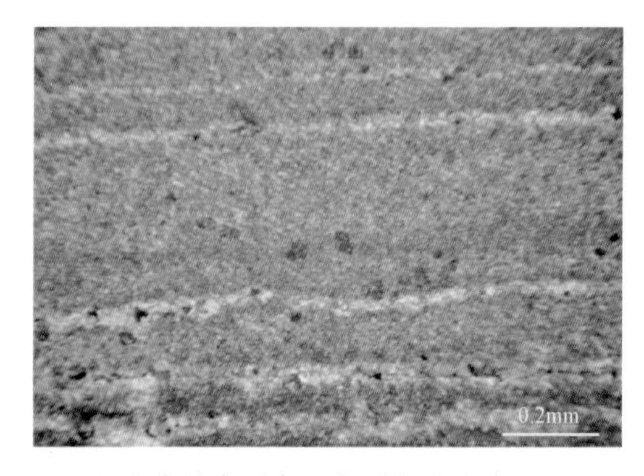

河北赤城古子房，水平纹层（雾迷山组四段 212 层）

河北赤城古子房，层纹状叠层石白云岩（雾迷山组六段 270 层）

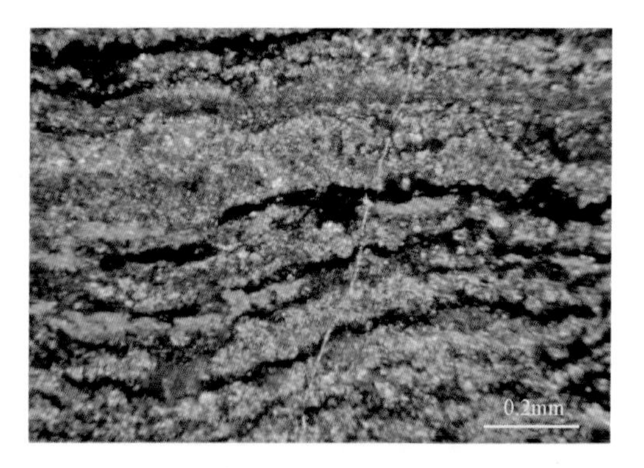

河北赤城古子房，波状叠层石泥晶白云岩，纹层被硅化（高于庄组第三段 34 层）

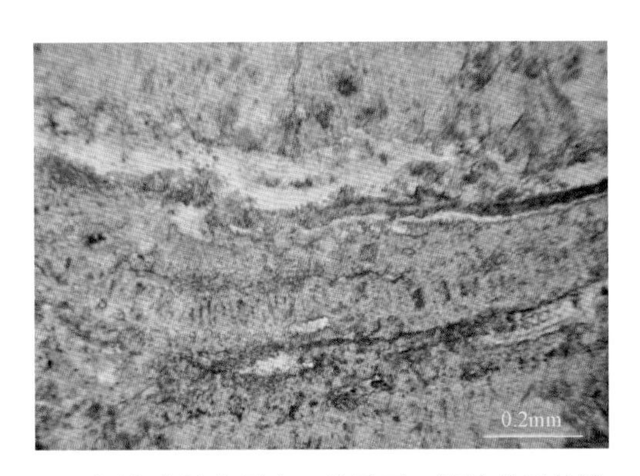

河北赤城古子房，叠层石，呈波状延伸波（雾迷山组五段 242 层）

河北赤城古子房，小锥状、球状叠层石（被硅化）（雾迷山组七段 316 层）

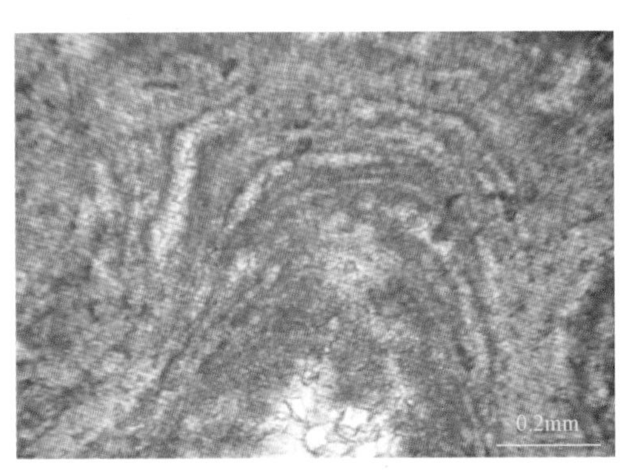

河北赤城古子房，藻类，呈穹隆状，可见波状纹层（雾迷山组五段 236 层）

河北赤城古子房，藻纹层（雾迷山组八段 372 层）

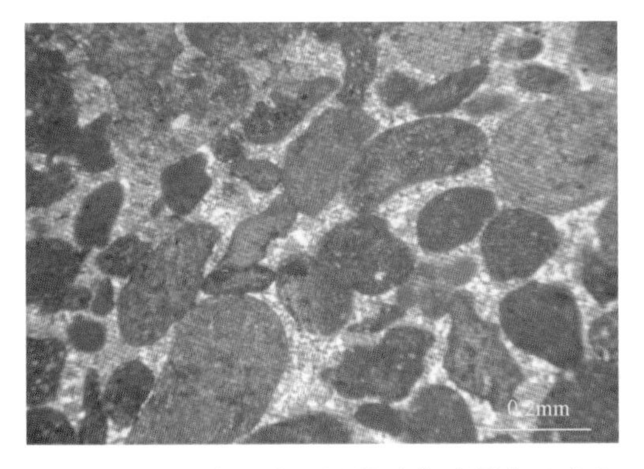

河北赤城古子房，泥晶硅化砂屑白云岩中砂屑之间为硅质内（高于庄组一段 14 层）

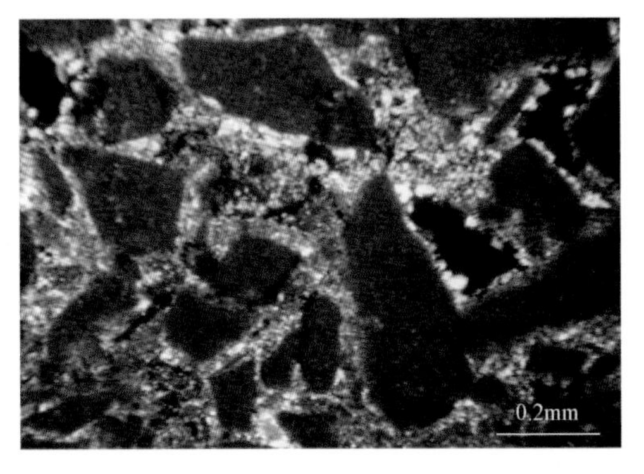

河北赤城古子房，硅质角砾状藻泥晶白云岩中的砂屑周围为硅质（雾迷山组五段 244 层）

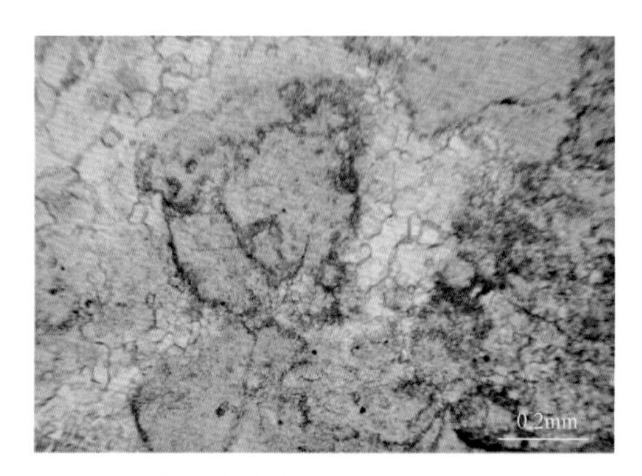

河北赤城古子房，凝块石（雾迷山组五段225层）

河北赤城古子房，中—细晶白云岩，有机质含量较高，部分呈藻凝块分布（雾迷山组七段310层）

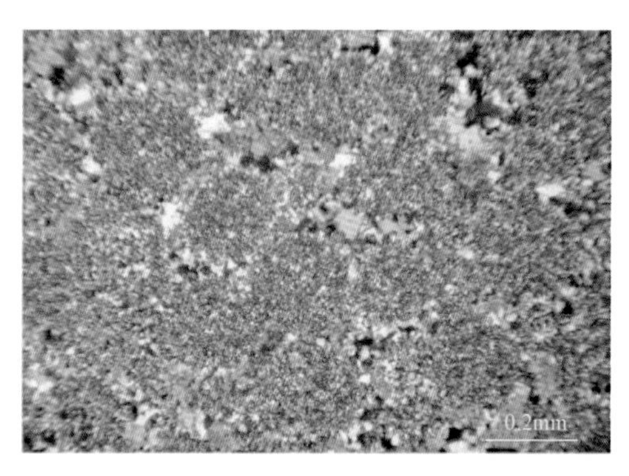

河北赤城古子房，鲕粒硅质岩（雾迷山组一段155层）

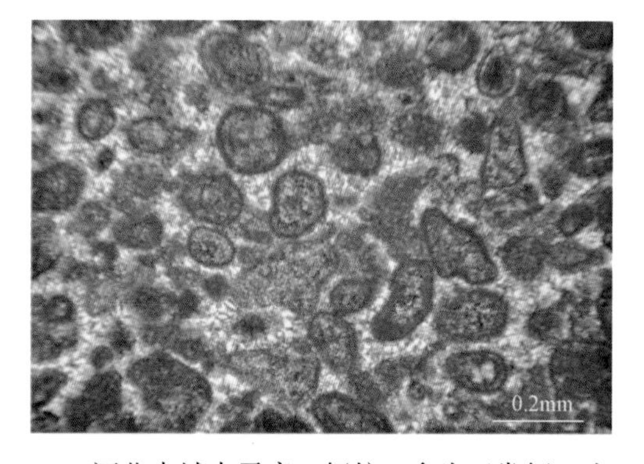

河北赤城古子房，鲕粒，多为正常鲕，边缘为硅质（雾迷山组六段293层）

河北赤城古子房，砂砾质白云岩（高于庄组三段36层）

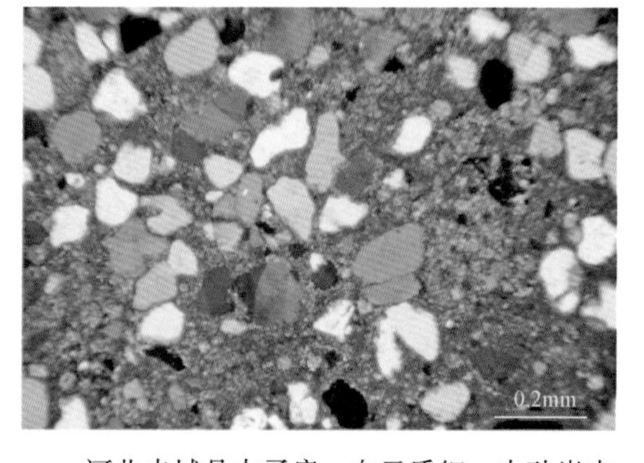

河北赤城县古子房，白云质细—中砂岩中的砂，石英颗粒分选较好，磨圆度一般，石英颗粒悬浮于泥晶白云岩上，属基底式胶结（雾迷山组二段157层）

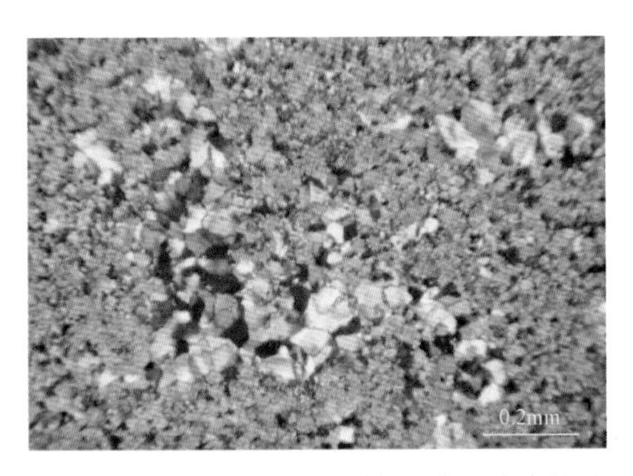

河北赤城古子房，硅质粉晶白云岩中的硅质，充填于溶蚀孔中（雾迷山组三段 175 层）

河北赤城古子房，大型瘤状石灰岩（高于庄组 80 层）

河北赤城古子房，大型瘤状石灰岩（高于庄组五段 80 层）

河北赤城古子房，浅灰色（风化黄褐色）白云质石灰岩，纹层发育（高于庄组六段 4 层）

河北赤城古子房，乳白色硅质条带（雾迷山组七段 298 层）

河北赤城古子房，硅质层，上部因含赤铁矿而呈红色（雾迷山组一段 35 层）

河北赤城古子房，白云质硅质岩中的硅质，为玉髓，呈放射状（雾迷山组五段 230 层）

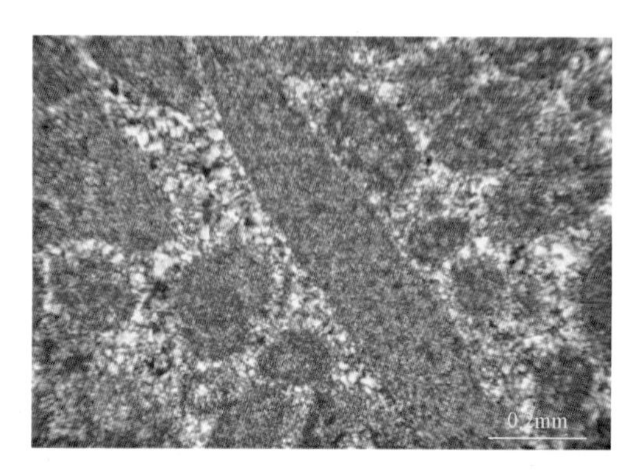

河北赤城古子房，硅质岩中砂砾屑，砾屑呈竹叶状，砂屑呈圆至次圆状（雾迷山组二段 157 层）

河北赤城古子房，微波状细—粉晶叠层石白云岩，叠层石被硅化（雾迷山组六段 274 层）

河北赤城古子房，障积岩（高于庄组九段 128 层）

河北赤城古子房，障积岩（高于庄组九段 128 层）

河北赤城古子房，障积岩（高于庄组九段 127 层）

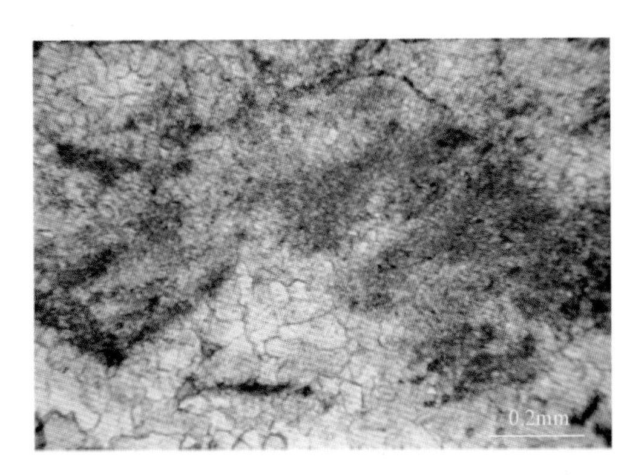

河北赤城古子房，障积藻礁白云岩，高于庄组九、十段 126、127、128、131 层发育

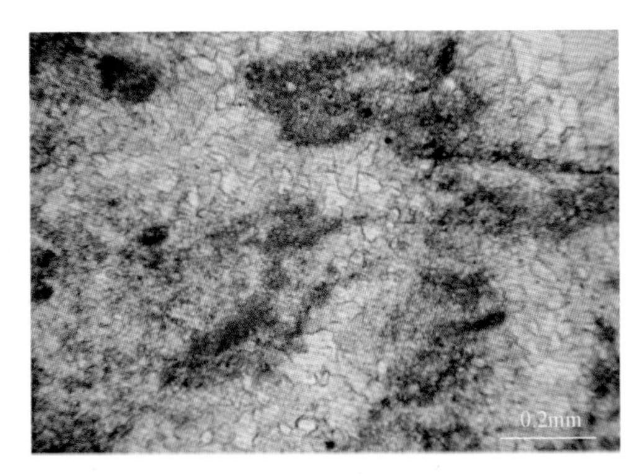

河北赤城古子房，障积藻礁白云岩，高于庄组九、十段 126、127、128、131 层发育

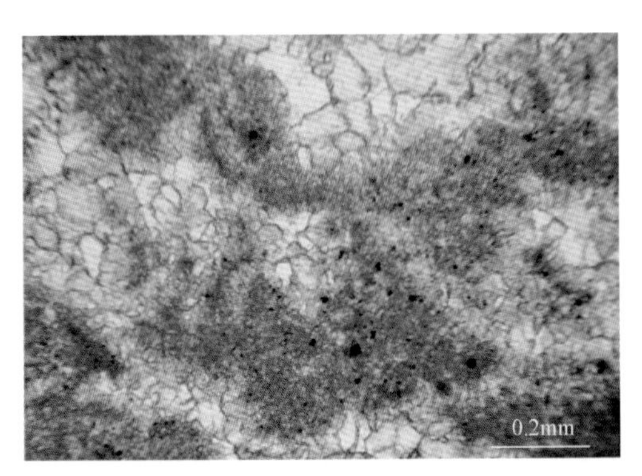

河北赤城古子房，障积藻礁白云岩，高于庄组九、十段 126、127、128、131 层发育

河北赤城古子房，障积藻礁白云岩，高于庄组九、十段 126、127、128、131 层发育

河北赤城古子房，构造角砾（雾迷山组七段 298 层）

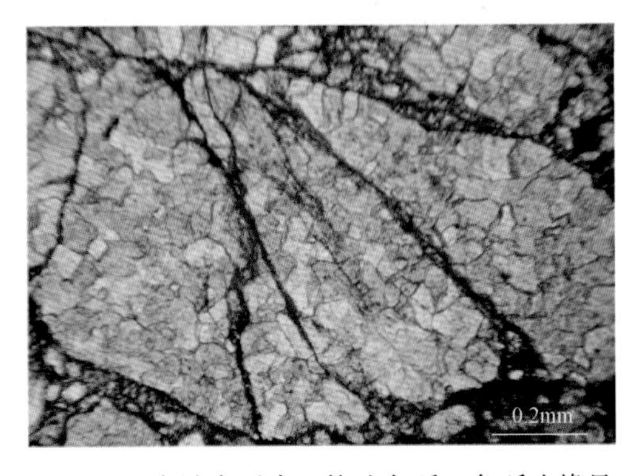

河北赤城古子房，构造角砾，角砾边缘见弱溶蚀现象（雾迷山组四段 187 层）

河北赤城古子房，浪成波痕、干涉波痕（雾迷山组六段 291 层）

河北赤城古子房，白色石英砂岩层表面的波痕（高于庄组一段 3 层）

河北赤城古子房，波状叠层石（雾迷山组五段 236 层）

河北赤城古子房，波状叠层石（雾迷山组五段 236 层）

河北怀来赵家山，黑灰色页岩（下马岭组三段 90 层）

河北怀来赵家山，灰黑色页岩（下马岭组三段 80 层）

天津蓟县串岭沟组，上部细砂岩条带夹白云岩段

天津蓟县串岭沟组，中部黑色页岩段

天津蓟县串岭沟组，黑色页岩

天津蓟县串岭沟组，中部黑色页岩段，见火山岩脉

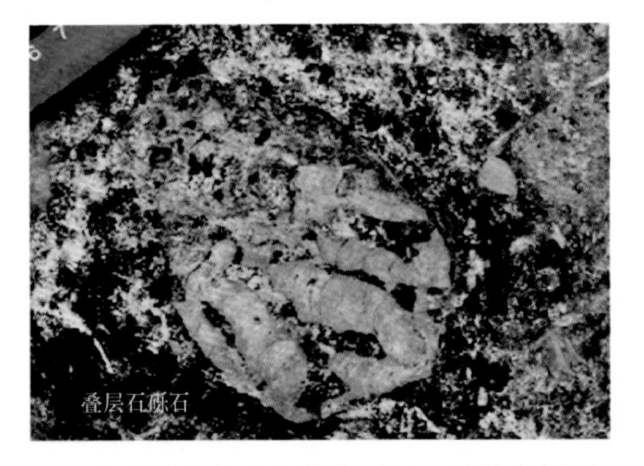

安徽霍邱县马店镇李西圩—马鞍山剖面，震旦系凤台组灰黑色钙质页岩和砾岩，杂基支撑砾岩代表了一种碳酸盐质的泥石流沉积

安徽霍邱县马店镇李西圩—马鞍山剖面，震旦系凤台组灰黑色钙质页岩和砾岩，杂基支撑砾岩代表了 种碳酸盐质的泥石流沉积

安徽霍邱县马店镇李西圩—马鞍山剖面，震旦系凤台组灰黑色钙质页岩和砾岩，灰黑色钙质页岩，含灰质粉砂

安徽霍邱县马店镇李西圩—马鞍山剖面，震旦系凤台组灰黑色钙质页岩和砾岩，杂基支撑钙质砾岩，砾石为微晶石灰岩，杂基高含钙质

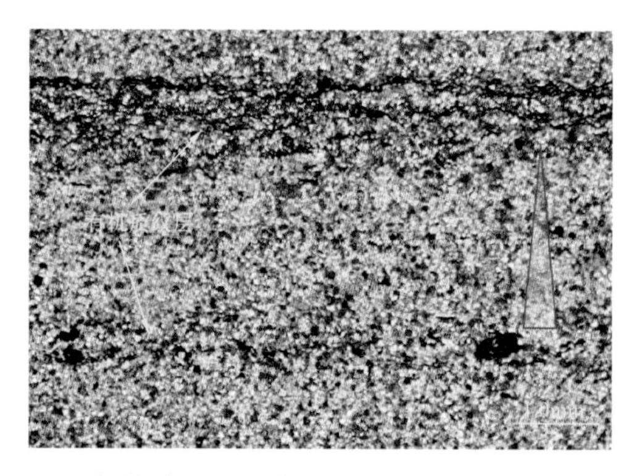

安徽霍邱县马店镇李西圩—马鞍山剖面，震旦系凤台组灰黑色钙质页岩和砾岩，具有粒序结构和有机质纹层（震旦系凤台组灰黑色页岩显微照片）

安徽霍邱县马店镇李西圩—马鞍山剖面，震旦系凤台组与寒武系马店组不整合界线，震旦系与寒武系为不整合接触。凤台组砾岩上有一层30～50cm的黄褐色铁铝质风化壳层，起伏不平。寒武系由黑色页岩组成，夹有鸭蛋大小的绿黄色磷质结核

安徽霍邱县马店镇李西圩—马鞍山剖面，震旦系凤台组与寒武系马店组不整合界线，寒武系底部的黑色页岩，纹理细密，高含有机质

安徽霍邱县马店镇李西圩—马鞍山剖面，震旦系凤台组与寒武系马店组不整合界线，寒武系底部的黑色页岩，纹理细密，高含有机质

安徽霍邱县马店镇李西圩—马鞍山剖面，寒武系马店组黑色页岩与猴家山组砂质石灰岩，寒武系猴家山组的砂质灰岩：石英砂，浑圆状、两个粒级——粗砂 + 细砂，基质为方解石

安徽霍邱县马店镇李西圩—马鞍山剖面，寒武系马店组黑色页岩与猴家山组砂质石灰岩

安徽霍邱县马店镇李西圩—马鞍山剖面，寒武系马店组黑色页岩与猴家山组砂质灰岩，马店组顶部黑色页岩：有机质含量高，含少量方解石晶屑和石英粉砂，发生挤压变形，纹理被破坏

安徽霍邱县马店镇李西圩—马鞍山剖面，寒武系马店组黑色页岩与猴家山组砂质石灰岩，寒武系猴家山组的砂质石灰岩：具微波状叠层石构造

安徽霍邱县马店镇李西圩—马鞍山剖面，青白口系刘老碑组和震旦系四十里长山组，四十里长山组极细砂岩—粉砂岩薄层夹灰黑色泥质纹层砂岩层有良好的爬升层理，并有冲刷、削截等沉积构造代表潮汐沉积环境

安徽霍邱县马店镇李西圩—马鞍山剖面，青白口系刘老碑组和震旦系四十里长山组，四十里长山组极细砂岩—粉砂岩薄层夹灰黑色泥质纹层显微照片：钙质粉砂岩，钙质胶结，粉砂成分主要为石英

安徽霍邱县马店镇李西圩—马鞍山剖面，震旦系九里桥组、四顶山组和倪园组碳酸盐岩，九里桥组下部为灰黑色厚层状小型柱状叠层石灰岩，中上部为薄层灰黑色石灰岩；四顶山组为块状白云岩；倪园组为中—薄层叠层石构造硅质白云岩

安徽霍邱县马店镇李西圩—马鞍山剖面，震旦系九里桥组、四顶山组和倪园组碳酸盐岩，九里桥组灰黑色石灰岩

安徽淮南剖面，待建系八公山组与青白口系刘老碑组为整合接触

安徽淮南剖面，待建系八公山组与青白口系刘老碑组为整合接触